高等学校教师教育创新培养模式
"十三五"规划教材

编委会

丛书主编　　靖国平

丛书副主编　（以姓氏笔画为序）

　　　　　　王　文　　王　锋　　孔晓东　　邓银城
　　　　　　李经天　　吴亚林　　张相乐　　胡振坤
　　　　　　徐学俊　　黄首晶　　谢新国　　雷体南
　　　　　　熊华生

编　　委　　（以姓氏笔画为序）

　　　　　　邓晓红　　卢世林　　叶显发　　刘启珍
　　　　　　汪　果　　张裕鼎　　金克中　　赵厚勰
　　　　　　姜　庆　　徐碧波　　曹树真

高等学校教师教育创新培养模式"十三五"规划教材

丛书主编◎靖国平

人格心理学
—— 理论·方法·案例

·（第二版）·

主　编　徐学俊
副主编　吕　莉　汪　果
参　编（以姓氏笔画为序）
　　　　王凤霞　汤舒俊　纪凌开　李小新　张立春
　　　　张裕鼎　陈慧君　周　武　贺　锋　龚艺华
　　　　蒋霞霞　谢云天

华中科技大学出版社
http://www.hustp.com
中国·武汉

内 容 简 介

本书以人格心理学的基本理论、方法为主线,既保留了对经典人格心理学理论的最佳理解,同时又增添了人格心理学最新的研究成果和趋势,包括人格和文化的研究、进化、自我、幸福感与人格的关系,以及青少年人格教育等内容。本书将理论与科学研究相结合,理论、方法与案例并重,着重描述经典理论家的精彩见解,并揭示了人们研究和证实他们理论的过程。

本书力求简明扼要,通俗流畅。既可以作为普通高等学校教师教育相关专业课程教材,也适合本科及以上层次的读者阅读。

图书在版编目(CIP)数据

人格心理学:理论・方法・案例/徐学俊主编. —2 版. —武汉:华中科技大学出版社,2015.8
(2024.7重印)
 ISBN 978-7-5680-1158-7

Ⅰ.①人… Ⅱ.①徐… Ⅲ.①人格心理学 Ⅳ.①B848

中国版本图书馆 CIP 数据核字(2015)第 200711 号

人格心理学——理论・方法・案例(第二版)   徐学俊 主编

策划编辑:	曾　光
责任编辑:	沈婷婷
封面设计:	龙文装帧
责任校对:	祝　菲
责任监印:	张正林
出版发行:	华中科技大学出版社(中国・武汉)　　电话:(027)81321913
	武汉市东湖新技术开发区华工科技园　　邮编:430223
录　　排:	华中科技大学惠友文印中心
印　　刷:	武汉邮科印务有限公司
开　　本:	787 mm×1092 mm　1/16
印　　张:	18.5　插页:2
字　　数:	395 千字
版　　次:	2012 年 8 月第 1 版　2024 年 7 月第 2 版第 5 次印刷
定　　价:	40.00 元

本书若有印装质量问题,请向出版社营销中心调换
全国免费服务热线:400-6679-118　　竭诚为您服务
版权所有　侵权必究

作者简介

徐学俊

教育心理学博士,现任湖北大学心理辅导研究中心主任,湖北大学教育硕士专业学位教育中心主任,心理学系责任教授,湖北大学"琴园学者"特聘教授,发展与教育心理学硕士学位点负责人,博士生导师。校级品牌专业(心理学)和省级精品课程(心理学)责任教授。

主要研究方向为:发展与教育心理学、课程与教学论、教师教育。担任的主要社会职务:中国心理学会会员,湖北省心理学会和心理卫生协会常务理事,中国教育学会学校心理辅导专业委员会常务理事、副秘书长,中国心理卫生协会青少年心理卫生专业委员会委员,武汉市教育学会中小学心理辅导与教育专业委员会理事长。曾任新加坡管理大学访问学者,多次出席国际华人心理学家学术会议。主要荣誉称号:享受国务院特殊津贴,武汉市优秀中青年专家,湖北省教育科学学术带头人。出版著作及学术成果:《青少年心理辅导》、《教育科学研究方法新编》、《心理健康导引》、《心理学教程》、《中小学心理健康教育活动》等;在《教育研究》等学术期刊发表学术论文80多篇,主持教育部和省市科研项目20多项。获得的主要奖项:湖北省政府社会科学优秀成果三等奖2项;湖北省政府高等学校教学优秀成果三等奖2项;武汉市政府社会科学优秀成果一等奖2项;武汉市政府科技进步奖二等奖1项、三等奖7项等。

总序

教师兴则教育兴,教师强则教育强。当今世界,大力加强教师队伍建设,创新教师教育培养模式,提高教师专业化水平,是世界各国教育改革与发展的一项共同目标。我国新近颁布的《国家中长期教育改革和发展规划纲要(2010—2020年)》提出:"教育大计,教师为本。有好的教师,才有好的教育";"加强教师教育,构建以师范院校为主体、综合大学参与、开放灵活的教师教育体系。深化教师教育改革,创新培养模式,增强实习实践环节,强化师德修养和教学能力训练,提高教师培养质量。"

教材建设与开发是创新教师教育培养模式、促进教师专业化发展的一个重要手段,也是深化教师教育改革、提高教师培养质量的一项重要举措。2009年6月,教育部启动实施"教师教育创新平台项目计划",明确提出要努力创新教师培养模式,加强教师教育学科群建设,深化学科专业、课程教学改革。在这种背景下,我们组织一批教学经验丰富、研究成果突出的高校专业教师,根据教师教育创新培养模式以及教师专业化发展的新形势、新目标和新任务,以华中科技大学出版社为平台,编写了"高等学校教师教育创新培养模式'十二五'规划教材",包括《教育学教程》、《心理学教程》、《现代教育技术教程》、《课程与教学论教程》、《中国教育史教程》、《外国教育史教程》、《教师伦理学教程》、《学与教的心理学》、《学校心理咨询与辅导》、《公关心理学》、《班主任工作教程》、《多媒体课件设计与制作》、《教育科研技能训练》、《教师教学技能训练教程》、《教师口语》和《人格心理学——理论·方法·案例》共16本。

通过教材建设与开发创新教师教育培养模式,探索教师专业化成长之路,是一种新的尝试,也是一项比较复杂的系统工程。本系列规划教材的编写,以《国家中长期教育改革和发展规划纲要(2010—2020年)》精神为指导,在坚持教材编写的科学性、创新性、系统性、规范性等基本原则的基础上,力图从以下三个方面进行有益的探索。

(1) 在传承教育学专业基础知识的基础上,突出教师教育教材编写的实践取向。教师教育教材体系的变革,是当前创新教师教育培养模式的一个重要课题。教师教育教材的编写,既要体现系统、严密、扎实的教育理论知识,又要突出丰富、生动、具体的教育实践情境;既要注重将抽象的理论知识引入鲜活的实践领域,还要注意将日常实践经验导向富有魅力的理论阐释。其重点和难点在于达成理论与实践两方面的动态平衡和相互转化,并始终专注于教材的现实取向和实践立场,以克服理论脱离实际、知识与能力相分离、所学非所用等方面的流弊。本系列规划教材的编写，力求在简明介绍、评述相关理论知识及其背景的基础上，凸显教材的实践取向和实用价值。如《班主任工作教程》、《多媒体课件设计与制作》、《教育科研技能训练》、《教师教学技能训练教程》、《教师口语》等教材，都充分体现了这种取向。

（2）在坚持教材编写为教师服务的基础上，突出教材编写的学习者取向。任何教材的编写，既要考虑教师"教"的需要，也要考虑学习者"学"的需要，好教材通常是教师"好教"，学生"好学"，教学一致，师生相长。本系列规划教材的编写，力求在为从事教师教育的专业教师提供优质的课程与教学设计的基础上，坚持"以学习者为主，为学习服务"的基本原则。基于创新教师教育模式所要达成的目标，教师的"教"需要满足于学生的"学"，"教材"需要趋向于"学材"。尽管许多教材名曰"教程"，但我们更倾向于将它转化为"学程"，追求"教程"与"学程"的有机统一。同时，在教材编写过程中注重学习资源与问题情境相结合、文字表述与图表呈现相结合、文本学习与思想交流相结合、知识掌握与能力训练相结合。

（3）在坚持教材编写的普适性、通用性原则的基础上，突出教材编写的区域性特色。湖北是我国的教育大省，湖北教育尤其是教师教育在中部地区具有重要的比较优势与特色。未来10年湖北将努力从教育大省迈进教育强省，而教师教育必将是我省基础教育改革与发展的一项重点工作。本系列规划教材的编写者以湖北省属高校专业教师为主，旨在充分利用湖北省丰富的高校教师教育方面的教学和研究资源，以及广大中小学校教育教学改革的先进经验，凸显教师教育教材编写的区域特色和比较优势。同时，也注意充分吸收其他地区教师教育的理论和实践成果。

本系列规划教材的编写，是一次较大规模的集体劳动的成果。湖北大学、江汉大学、长江大学、三峡大学、湖北师范学院、湖北第二师范学院、湖北民族学院、黄冈师范学院、孝感学院、咸宁学院（现已更名为湖北科技学院）、襄樊学院、荆楚理工学院、郧阳师范高等专科学校等10余所院校的百余名专业教师的热诚加盟，华中科技大学出版社领导和各位编辑的大力支持，各路同仁的精诚团结与通力合作，使本系列规划教材的编写得以顺利进行。编委会同仁深知编写系列规划教材是一件非常不易的大事，有的教材或许存在某些问题、差错，热诚欢迎广大读者及时指出，以便我们在下次修订时改正、完善。

新修订的本系列规划教材作为教师教育"十三五"规划教材，适用于高等师范院校学生和综合性大学师范专业学生学习，同时可作为在职教师培训教材和专业教师教学参考用书。

靖国平
2015年9月30日

第二版前言

古往今来，人格与人性都是联系非常紧密的两个词语。如同古代哲人对人性所进行的长期的、形而上学的争论一样，心理学家们对人格的研究，诸如人格的定义、人格的本质、人格的发展、人格的结构等问题的争论，也一直没有停止过。而且，这种争论还将延续下去，并且成为人格心理学研究领域的永恒课题。

作为心理学的重要分支之一，人格心理学在高等学校心理学及相关专业课程中成为一门核心课程。因此，《人格心理学——理论·方法·案例》是每一个学习心理学的人必读的一本书，因为它不仅介绍了人格心理学的理论基础，还提供了理解人生的心理思考和化解心结的技术方法。本书的特点是，既保留了对经典人格心理学理论的最佳理解，同时增添了人格心理学领域的最新研究成果和趋势，包括人格和文化的研究、进化、自我、幸福感与人格的关系，以及青少年人格教育等内容。因此，从某种意义上说，与市面上已出版的人格心理学方面的教材相比较，本教材的内容更与时俱进。优良的书籍将知识传递给一代又一代大学生，在本教材的编写和第二版修订过程中，我们始终致力于将传统理论的精华与杰出的研究成果相结合。

经过第二版修订，本教材更加突出了四个方面的特点，这可能会使本教材在众多的人格心理学教材中脱颖而出。

第一，本教材试图启发读者对人性的批判性思考。通过对本教材的学习，学子们将会在收获具体知识的同时，了解如何评估假设和研究。虽然这本教材读起来有趣、通俗易懂，但希望读者不要因此被误导，事实上我们坚持了科学和学术的最高标准。目标之一便是使众多大学生在多年后回顾时会认为"这本教材有助于塑造我的人格"。

第二，本教材将理论与科学研究相结合，理论、方法与案例并重。本书结合了最新的研究与最经典的理论。我们着重介绍经典理论家的精彩见解，并揭示了人们研究和证实他们理论的过程。自始至终，本教材都以"人格心理学——理论·方法·案例"为核心进行编写。

第三，本教材以全面深入、相互联系、深思熟虑的视角来思考人格，同时随着内容的推进，不断强调评估和整合。本教材竭力帮助学生理解与自己人生和社会生活重要问题有关的人格理论，例如，本教材评估了人格中生物因素的重要影响，介绍了行为遗传学和脑生理学领域的新进展；纳入了现代优生运动的危险性以供学生思考和讨论；不同理论取向部分反映了理论支持者的假设和价值，并且我们不断地鼓励学生去思考做人意味着什么。其实这本教材讲述了一个个关于人的性格的故事。

第四，本教材使人性回归人格领域。我们尝试将此教材编写成一部优秀的作品，富含激发学生兴趣的例子，学生对学习内容感兴趣才能学有所获。当然，对写作风格的重视并不意味着丧失了科学的精确性，正如一位评论者所说："当学生第一次涉足人格领域，这本优秀的教材在呈现人格的现实层面上是独一无二的。"

总之，我们致力于使本教材的内容清晰和流畅、一致和平衡，具有理论和实证的准确性、文化实证性和科学性，能兼顾整体和局部、基础与应用，以及对批判性思考方面的促进。这些目标虽然宏大，但我们认为为了学术的发展值得去不断地追求。

《人格心理学——理论·方法·案例》第二版的修订出版，首先要感谢华中科技大学出版社的大力支持。其次，要感谢湖北大学、长江大学、湖北师范学院、华中师范大学、江汉大学、湖北科技学院、江西赣南医学院等高校的鼎力协助。本教材是集体共同努力、精诚合作的结晶。参加本教材编写的所有作者都是高校从事人格心理学教学及研究的教师。本书的编写分工如下：第一章湖北大学徐学俊；第二章江汉大学陈慧君；第三章湖北科技学院蒋霞霞；第四章湖北大学王凤霞；第五章华中师范大学李小新，福建经贸职业技术学院贺锋；第六章湖北大学吕莉；第七章湖北大学张裕鼎；第八章湖北大学张立春；第九章湖北大学周武；第十章江西赣南医学院谢云天；第十一章长江大学汤舒俊；第十二章湖北师范学院龚艺华；第十三章湖北大学纪凌开。本书由徐学俊担任主编，吕莉、汪果担任副主编。全书由徐学俊提出编写大纲，并最后作统稿定稿。吕莉、汪果、李小新等协助统稿。湖北大学教育学院胡晨、解微微、袁吕发、陈喆、周津、范小青等研究生参与了本教材的校对工作。本书参考了国内外学者的研究成果，在此一并致谢。

由于作者的水平有限，加上人格及其研究的复杂性，书中存在一些错误在所难免，恳请读者提出宝贵意见，以便于我们作进一步修订。

编　者
2015 年 7 月

目录

第一章　人格与人格心理学 …… (1)
第一节　人格概述 …… (2)
第二节　人格心理学的研究取向与任务 …… (8)
第三节　人格心理学的研究方法 …… (11)
第四节　人格心理学的发展概况 …… (16)

第二章　弗洛伊德的经典精神分析取向 …… (22)
第一节　潜意识及人格结构理论 …… (23)
第二节　性本能及性心理发展阶段理论 …… (30)
第三节　焦虑及自我防御机制理论 …… (34)
第四节　经典精神分析理论的应用 …… (37)

第三章　人格的新精神分析取向 …… (44)
第一节　自卑情结：阿德勒的个体心理学 …… (44)
第二节　自我与石头的相遇：荣格的分析心理学 …… (48)
第三节　现代人的神经症人格：霍妮的社会文化理论 …… (55)

第四章　人格的特质取向 …… (61)
第一节　奥尔波特的人格特质理论 …… (61)
第二节　卡特尔的16PF人格特质理论 …… (67)
第三节　艾森克人格维度理论 …… (73)
第四节　现代特质心理学：大五和大七 …… (77)

第五章　人格的生物学取向 …… (82)
第一节　人格的生理机制 …… (82)
第二节　天性与教养之争：人格的行为遗传学研究 …… (91)
第三节　祖先留给我们的：人格的进化心理学理论 …… (96)

第六章　人格的行为主义取向 …… (106)
第一节　小艾尔伯特的恐惧：华生的行为主义心理学 …… (106)
第二节　动物的行为塑造：斯金纳的操作性条件反射理论 …… (111)
第三节　榜样教会了儿童：班杜拉的社会学习理论 …… (115)
第四节　社会学习理论的相关研究及应用 …… (120)

第七章　人格的认知取向 (126)
第一节　格式塔与信息加工理论 (126)
第二节　人人都是科学家：凯利的个人构念理论 (134)
第三节　米歇尔的认知-情感系统理论 (141)
第四节　认知人格理论的相关研究及应用：抑郁及其治疗 (145)

第八章　人格的人本主义和存在主义取向 (154)
第一节　马斯洛的人格自我实现论 (155)
第二节　自我成长的责任：罗杰斯以人为中心的理论 (160)
第三节　罗洛·梅的存在分析论 (166)

第九章　动机 (179)
第一节　追求卓越：成就动机 (179)
第二节　驾驭欲望：权力动机 (186)
第三节　情感需求：亲密动机 (189)
第四节　动机理论和动机研究方法 (190)

第十章　幸福和积极心理学 (196)
第一节　面向多数人：积极心理学的兴起 (196)
第二节　完满人生：幸福与人格 (203)
第三节　乐观、感恩：积极心理学领域的其他研究专题 (210)

第十一章　健康 (222)
第一节　压力与健康 (223)
第二节　A型人格与冠心病 (231)
第三节　人格障碍及其成因 (239)

第十二章　青少年人格教育 (254)
第一节　青少年人格发展特点 (254)
第二节　青少年偏常人格典型案例分析 (259)
第三节　学校人格教育 (263)

第十三章　人格的评估与测量 (268)
第一节　人格测量与评估的一般问题 (268)
第二节　人格自陈量表 (273)
第三节　人格投射测验 (278)
第四节　人格评估的其他方法 (282)

第一章 人格与人格心理学

 内容概要

人格与人格心理学
什么是人格
人格的特性
人格的结构
人格心理学的研究取向与任务
人格心理学的研究方法
人格心理学的发展概况

人,是这个世界上最为复杂、最为宝贵、最难捉摸的一种高智慧的生物。人的本质是人格。与心理学其他分支相比,人格心理学的主要特征是将人性作为其核心,关注整体的人。

人格是一个含义十分丰富而且定义多样的概念。生活中人们所说的"某人温文尔雅,某人傲慢自私,某人谦虚谨慎,某人敢作敢当,某人害羞退缩"等,就是对人的人格所进行的描述。人格心理学作为心理学的重要分支之一,是以完整的人为研究对象,研究其特有行为模式的心理学。

案例 1-1

生活中的事实

前不久,学校80周年校庆,接到大学同学聚会的通知,30多年未见老同学马上可以相见,总是令人忍不住地感到兴奋。聚会临近,每天都在不停地想:他变成什么样子了?见面问他什么问题呢?是问"还喜欢吃学校食堂的热干面吗"还是问"在哪家商店买的名牌衣服"?不过,见面以后就会发现,根本就不用问这些问题,因为站在面前的这些感觉熟悉而又陌生的半百老人是你还能认出来的老同学。变化比较大的部分是岁月印刻的容貌,不变的那些部分应该就是心理学家所说的"人格"。由此可见,人格与我们的生活紧密相连。无论你是选择伴侣,和同学/同事相处,还是给老板打工,生活处处都离不开人格的印记。

那么,究竟什么是人格?人格有哪些特性和结构?研究人格的方法有哪些?这些问题我们在本章将会了解到。

第一节 人格概述

一、什么是人格

"人格"(personality)一词来自拉丁文"persona",它的原意是面具,是戏剧人物的角色及身份。许多把人格定义为面具的心理学家把人格看做每个人公开的自身。

图 1-1 此人有人格吗？你呢？

它是人们从自身筛选出来并公之于众的一个侧面(见图1-1)。同时,也包括个人被隐藏起来的真实的自我(黄希庭,2002)。人格是一个极为抽象的概念(Peterson,1992)。一般认为,人格不单指性格,还应包括气质、能力、信念等内容。准确地说,人格是指一个人的跨时间、跨情境的一致性行为特征的群集。其中,人格的组成特征是因人而异、五花八门的。人格心理学家往往会针对这一现象,深入研究人格的构成特征及其形成过程,从而推测它对塑造人的行为有何影响。

迄今为止,人格仍是一个没有公认定义的概念(Pervin,1996)。多年以来,关于人格的定义有50多种,包括罗列式定义、综合式定义、层次性定义、适应性定义、区别式定义及本质性定义等(Allport,1937)。列举如下几种。

其一,人格是对个体在特定情境中的行为的预测(Cattell,1950)。其二,人格是个体环境(包括其自身)的实际方面或感知方面的体验、分辨或操纵的相对持久的倾向系统(Bronfenbrenner,1951)。其三,人格是个人的性格、气质、智力和体格的相对稳定而持久的组织,它决定着个体适应环境的独特性(Eysenck,1970)。其四,人格是代表个人或人们的一般特征,说明对情境的反应持久的模式(Byrne,1980)。其五,人格是个人心理特征的统一,这些特征决定人的外显行为和内隐行为,并使他们与别人的行为有稳定的差异(Mischel,1980)。其六,人格是一个人区别于另一个人并保持恒定的具有特征性的思想、情感和行为的模式(Phares,1991)。

在众多的定义中,有代表性的是 Allport 概括的两种相对的定义。

其一,人格是一个人所引起的别人对他的反应,即把人格看成是一系列复杂的反应。持这种观点的人认为,"个人究竟如何取决于其行动"。强调个人的可见性(可观察到的)行为,而轻视人格的不可见因素,即若要判断一个人的人格特征,只要仔细观察其在各种情境中的行为举止就可以了。

其二,人格是一种控制行为的内部机制,这种内部机制的特质决定了一个人的人格。其中,"自我说"与"特质说"就属于这一范畴。例如,我们要确认每个人都具备某种特质,而这种特质反过来决定每个人在一定情境下所采取的行动。

中国学者根据国外学者的定义,形成了几种有代表性的定义,主要观点如下。

人格是个体的内在行为上的倾向性,它表现一个人在不断变化中的全体和综合,是具有动力一致性和连续性的持久的自我,是人在社会化过程中形成的给予人特色的身心组织(陈仲庚等,1986)。

人格是个体在行为上的内部倾向,它表现为个体适应环境时在能力、情绪、需要、动机、兴趣、态度、价值观、气质、性格和体质等方面的整合,是具有动力一致性和连续性的自我,是个体在社会化过程中形成的给人以特色的心身组织(黄希庭,2002)。

人格是个人在各种交互作用过程中形成的内在动力组织和相应行为模式的统一体(郭永玉,2005)。

本书认为,人格是个体在先天遗传的基础上,通过环境、教育和自身主观努力等因素的交互作用,在社会化过程中形成的内在动力组织与外在行为模式整合的统一组织。

二、人格的主要特性

(一) 人格具有整体性

人格是个体整个精神面貌的表现,是一个人的各种人格倾向性和人格特征的有机结合体。通常这些成分或特征不是孤立存在的,同时也不是机械地绑合在一起的,而是错综复杂地相互联系、彼此交互作用组成的一个完整的统一体。这种整体性包含三层含义。

1. 内在统一性

在现实生活中,凡属于有血有肉的活生生的正常人,一般总能正确地认识和评价自己,合理定位,及时调整自己内部心理世界中出现的相互矛盾的心理冲突。因为只有这样,才能使个体的动机和行为长期保持和谐一致。一旦失去了人格的内在统一性,个体的行为就会经常由几种相互抵触的动机支配,这种人格是不正常的,属于人格分裂现象,也就是人们通常所说的"双重人格"或"多重人格"。

2. 全面性

要认识人与人之间的不同,一般需要从整体角度,通过与不同人的人格特征的联系和比较,真正认识个体的差异。例如,同样是不声不响、沉默寡言,显得比较孤僻的人格特征,如果发生在不同个体的身上,可能会有不同的意义:张三可能因为比较害羞,所以不敢抛头露面,表现出怯懦的一面;李四可能是不想暴露自己的真实面貌,表现出比较虚伪的一面;王五则可能是想依靠他人的努力来获取自己的利益,表现出懒惰的一面等。

3. 复杂性

俗话说:"人上一百,形形色色。"如同逛街的人们,由于需要、兴趣各异,逛街的目的也各不相同(见图1-2)。人格就是由多个紧密相连的成分构成的不同层次、不

图1-2 逛街的人们往往各取所需

同侧面、不同水平的复杂体。就其成分来讲，有低级与高级之分，有主要与次要之分，有主导和从属之分，因此，人格是一个十分复杂的系统组织。

（二）人格具有独特性

不同民族的群体人格中含有一些共有的成分。例如，人们在一些问题的看法上，在对事、对人、对己所持的态度和价值判断上，个体愿望的实现等方面，都有某些共性特征。这种共性通常是在一定的群体环境、社会环境及自然环境中逐渐形成的。比如，中华民族在表达人际交往和个人情感方面就比较含蓄，以内向者居多，大多数人性情比较安静，与人交谈表现出拘谨或克制。出现这种情况，与长期共同的生产生活方式、民族文化的传播及受儒家思想的影响等因素有关。

案例 1-2

米德（Mead，1863—1931）等人对新几内亚三个民族的研究

居住在山地的阿拉比修族，已婚男女在家庭中都要照顾孩子，同样负担家务。无论男女老幼都不欺侮别人，不争强好胜，不自作主张，都爱护别人，互相协作。大家都有安定感，表现得都很亲切、温和。居住在河川地带的孟都古母族，习惯于狩猎。男女之间有权力和地位之争，对孩子的处罚非常残酷。所有的人在气质、性格方面都表现出攻击、残酷、嫉妒、竞争、粗暴、尊大等特征。居住在湖泊地区的张布里族，男女两性所扮演的角色有明显的差异。女性掌握生产劳动和消费的实权，她们性情刚毅；男性从事美术工艺和祭祀，整日学舞蹈、装饰和吹笛求爱，以取悦女人。母亲对子女除了进行哺乳和身体保护之外，很少接触他们。孩子从1岁起由父亲担负养育责任。女人在气质和性格方面是攻击性和支配性的，具有保护者的活泼、快活的特点。男性相对女性表现出自卑感。

（引自（美）玛格丽特·米德《文化与承诺》，周晓虹，周怡，译，有改动）

现实生活中，人们的兴趣、喜好是多种多样的：有爱好体育的；有爱好美术的；有酷爱音乐的；有对文学作品爱不释手的。人们的能力也各不相同：有组织能力强的；有观察问题细致的；有思维表达能力强的；有富于想象力的；还有善于操作的。此外，人们在气质和性格的表现上更是各具特色：有脾气暴躁的，有慢条斯理的，有热情直爽的，有虚情假意的；有大胆勇敢的，有退缩依赖的；有公而好义的，有假公济私的，等等。即使是生理面貌相似的双生子或同体两头人，他们的心理面貌也有不完全相同的地方（见图1-3）。

美国心理学家西尔格德（Ernest R. Hilgard，1904—2001）对遗传因素进行分析

图 1-3 即使是双胞胎，人格也不同

之后指出："……人的每一染色体含有基因的数目大约是 1 000 个，也许更多一些。由于基因的数量这么多，要使两个人有相同遗传因素是不大可能的，即使是同父同母的兄弟姐妹也非常不相像……"。

心理的共同性和差异性在人格中具有统一性，它们的统一性有以下两种含义。

其一，某一群体共有的心理特点总是通过群体内的成员个体体现出来，它制约着个体的独特性。尽管每个个体都有其各自的特点，但群体并未失去本群体的一致风格。

其二，人类所具有的某些共同的心理活动规律会表现在不同的个体身上。如人们观察事物时，有的人表现得比较认真、细致，有的人表现得比较粗枝大叶、马虎。这种差异性也含有人类共有的观察能力。

（三）人格具有稳定性和可变性

稳定性是人格的特点之一。个体出生以后，在社会化过程中，通过各种因素的交互作用，会逐渐形成一定的行为动机、理想、信念、价值观和人生观，形成比较稳定的人格。大量研究表明，个体的行为中偶然表现出来的心理特征和心理倾向是不能代表一个人的人格的。例如，一个处事非常谨慎的人，往往表现出循规蹈矩、遇事稳重等特点，但他偶尔也会表现出冒失、冲动的举动。必须看到，谨慎标志着他的人格特征，而冲动则不是他的人格特征。事实证明，在个体身上总会表现出各种各样的心理特征。有些是经常出现的，是比较稳定的，构成人格特征的就是指那些稳定的心理特征。人格具有稳定性，表明个体是具有人格的个体，否则就很难说明个体的人格是什么样子。也正因为人格具有稳定性，我们才可能把一个人和另外一个人从精神面貌上区别开来。

可变性是人格的另一特点。人格虽然具有稳定性但并不意味着它是不可改变的。心理学研究表明，人格具有可变性或可塑性，尤其是正在成长中的儿童的人格是不稳定的，容易受到客观环境的影响（见图 1-4）。一般而言，成年人的自我发展良好，人格就比较稳定，因为自我调控在人格改变中起到了重要作用。

图1-4　孩子们的人格是可塑的

（四）人格具有生物性和社会性

人是具有社会性的生物，因此，在探讨人格的本性时就必须考虑人的生物性和社会性。人的自然的生物特性不能预定人格的发展方向，然而它却构成了人格形成的基础，影响着人格发展的途径和方向及人格形成的难易程度。

与此同时，不能把人格归结为先天固定下来的，也不能把它的发展看成是由自然遗传决定的特征的成熟过程。个体刚生下来是不具有人格特质的，既没有写作能力和为社会、为集体工作的热情，也不可能表现出勇敢或怯懦、坚强或优柔寡断、勤劳或懒惰等人格特点，更不可能有克服困难的毅力。从印度"狼孩"身上我们可以看出，尽管他们也具有人的生理组织，有双手及大脑，但由于他们的成长关键期生活于动物群中，没有人的社会生活环境，机体组织虽然生长着或"成熟着"，可是并没有形成正常人应具备的智力，也不具备人的基本道德品质，更不可能形成人的人格（见图1-5）。

图1-5　印度"狼孩"

案例1-3

印度"狼孩"的故事

1920年，在印度加尔各答东北的一个名叫米德纳波尔的小城，人们常见到有一种"神秘的生物"出没于附近森林，往往是一到晚上，就有两个用四肢走路的"像人的怪物"尾随在三只大狼后面。后来人们打死了大狼，在狼窝里终于发现这两个"怪物"，原来是两个裸体的女孩。其中大的七八岁，小的约两岁。后来这两个小女孩被送到米德纳波尔的孤儿院，还给她们取了名字，大的叫卡玛拉，小的叫阿玛拉。

在孤儿院里，人们首先对她们进行了身体检查，发现她们虽然营养不良，但身体的生理状况是正常的。人们还发现这两个"狼孩"虽然长得与人一样,但行为举止却完全和狼一样,她们白天睡觉,夜晚活动,常常像狼那样号叫,她们用四肢爬着走路,用手直接抓食物送到嘴边吃。于是研究者就在人类的正常社会环境里对其进行训练,教她们识字,教她们学习人类的基本行为方式和生活技能。然而,阿玛拉很快不幸死亡,卡玛拉在四年之后(十一二岁时)才能够讲一点点话,智力水平也只相当于一个普通婴儿的智力水平。卡玛拉学会两脚步行,竟花费了5年的时间。卡玛拉一直活到大约17岁,但她直到死都没有真正学会说话。

(引自邱泽奇《社会学是什么》,北京大学出版社,2002,有改动)

人格是在先天为儿童所提供的生物实体的基础上,通过社会活动和社会交往逐渐社会化的。在人格形成的过程中,既不能排除社会因素,也不能排除生物因素,它们二者相互作用。如果想在其中寻求任何一种作为人格形成的基础,都会导致各种形式的还原论。

三、人格的结构

根据国内外学者的研究,人格具有狭义结构和广义结构两种分类。

1. 人格的狭义结构

我国心理学家通常把心理现象分成心理过程和人格心理两大部分。这两类心理现象是相互联系、相互制约的。从其特点来看,心理过程通常具有机能性,是流动的、不稳定的信息加工过程。人格心理则是通过这种机能形成的,是心理现象中的那些稳定成分制约和调节心理的过程,标志着个人的心理特点。人格的狭义结构(见图1-6)是指人格心理部分。从人类纷繁复杂的诸多心理现象中,可以根据它们共有的某些特性分为构成人格心理的人格倾向性和人格心理特征这两大类。

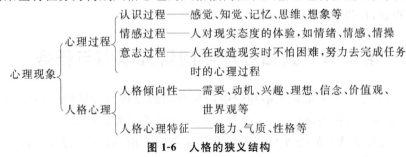

图1-6 人格的狭义结构

2. 人格的广义结构

人格的广义结构是从人的本质出发,把人格看成是具有生物性和社会性个体的人格。也就是说,人格标志着人的整个精神面貌。可以从人格倾向性、人格心理特征、心理过程和心理状态四个方面来理解广义的人格心理结构。

其一,人格倾向性。它是指决定人对事物的态度和行为的动力系统,以积极性和选择性为特征。其中包括需要、动机、兴趣、理想、信念、价值观、世界观等不同成分。这些不同成分都可以进一步划分为不同层次。人格倾向性能反映为人的活动积极性、理念和信念及有意识地选择某种生活方式。例如,在现实生活中,有的人安于现状,不思进取;有的人乐于贡献,造福于人民等。这些都表现出个人所特有的人格倾向性的差异。

其二,人格心理特征。它是指在心理活动中所表现出来的比较稳定的成分,包括能力、气质和性格等。人和人之间在人格心理特征方面是有差异的。例如,每个个体都可以进行认识活动,但认识能力和认识水平却各不相同。有人善于观察事物的细节,而有的人却容易忽略细节;有的人思考问题敏捷、细致,有的人思考问题却迟缓、粗心大意等。

其三,心理过程。它包括认知过程(感觉、知觉、记忆、思维、想象等)、情绪过程、意志过程。这些之所以被称为心理过程,是因为它们都有一个发生、发展和完成的过程。如认知过程中的记忆,它总是经历识记、保持、再认或回忆这几个环节;思维则要经历发现问题、明确问题、提出假设、验证假设的过程。心理过程是人脑对客观现实的反映形式,它保证着人和客观现实的联系。人总是通过认识、情感、意志去反映现实,去完成活动,因此,可以说心理过程是完成活动的一种暂时性的心理机能。

其四,心理状态。它是指在当前这一刻相对稳定的心理活动,是由机体内外刺激的影响在大脑皮层中进行的兴奋和抑制活动的具有独特性的暂时状态,通常影响着个体所进行的各种活动。例如,教师要取得良好的课堂教学效果,不仅依赖于客观条件,也依赖于一些主观因素。其中包括学生的学习基础、学习态度及课堂中的心理状态。教师的任务就是要采取因材施教策略,不断巩固学生的积极心理状态,控制和消退不利于听课的心理状态。心理状态具有不断变化性、直接现实性、广泛性等特点。

总之,人格心理结构的各个方面是有机联系着的,它们构成了一个不断自我调节、自我控制、自我完善的活动系统。

第二节　人格心理学的研究取向与任务

人格研究是心理学家对人格理论中所包含的假设进行验证的一种活动。人格心理学以整体的人作为研究对象,显然这种研究极为重要,但实际工作起来则十分困难,因为它要涉及人的心理与行为的许多复杂的方面(陈仲庚、张雨新,1987),同时也要涉及许多生理的和环境的变量(郭永玉,2005)。

一、人格心理学的研究取向

人格的科学研究存在着侧重点不同的三种研究取向:临床取向、相关取向和实验取向(梁宁建,2006)。

(一)临床取向

临床取向是临床心理学家或临床医生常用的一种研究方式。临床途径(clinical

approach)的研究或个案研究(case study)是指在自然情境中对个体进行系统的、深入的考察,包括行为观察、深度访谈和个人资料分析(郭永玉,2005)。在这方面的代表人物有很多,包括:法国医生沙可(Jean Martion Charcot,1825—1893)采用催眠术对癔症患者进行的临床治疗;弗洛伊德(Sigmund Freud,1856—1939)采用自由联想、析梦、阐释等精神分析技术进行的临床研究;默里(Murray)编制的主题统觉测验对人格进行的系统研究;人本主义心理学家罗杰斯(Carl Rogers,1902—1987)和凯利(George Kelly,1905—1967)通过临床研究提出的自我实现的人格理论和个人构念的人格理论等。此取向的优点是:能够对各种人格特征的丰富现象和整体机能进行观察,形成人格研究的假设和观点(梁宁建,2006)。

(二)相关取向

相关取向(correlation approach)是心理测量和心理统计家常用的研究方式。相关取向的研究是指使用统计测量方法来建立不同人格变量之间或人格变量与其他变量之间的关系(郭永玉,2005)。此类研究可以追溯到英国心理学家、遗传学家高尔顿(Galton,1822—1911),他强调遗传的作用,首次采用"家谱调查分析法"、"双生子研究法"等方法来系统研究个体之间的差异。美国心理学家卡特尔(Cattell,1905—1998)延续了此研究取向,运用语义分析技术和因素分析法,编制了"16种人格因素问卷"量表。英国心理学家艾森克(Hans J. Eysenck,1916—1997),通过问卷项目反应进行因素分析,发现人格具有内倾性-外倾性、神经质和精神质三个基本维度。心理学家(Costa, & McCrae,1992)在此基础上提出了人格特质是由开放性、情绪稳定性、外倾性、责任心和宜人性这五大要素构成的,即大五人格模型(five-factor model,FFM)。此取向的优点是:采用统计方法建立人格数据之间的相互关系,具有科学性(梁宁建,2006)。

(三)实验取向

实验取向是实验心理学家常用的研究方式。实验途径(experimental approach)的研究在很多方面代表着科学理想,通过操纵一个变量(通常称为自变量),研究者可以测查其对另一变量(因变量)的效应。例如,改变词组呈现的时间(自变量),以考查被试的再认成绩等记忆指标(因变量)(郭永玉,2005)。德国心理学家冯特(Wundt,1832—1920)创立了世界上第一个心理学实验室,被认为是实验研究取向的开创者。此外,经典条件反射实验的代表人物俄国生理学家和心理学家巴甫洛夫(Pavlov,1849—1936)在对狗的实验中,得出了气质的生理机制;行为主义心理学热衷于实验取向,美国心理学家斯金纳(Skinner,1904—1990)则在鸽子、老鼠等动物实验研究的基础上,得出了操作性条件反射原理。此取向的优点是比较科学,实验方法使人格研究实现了数据化、可操作性、可重复性和可验证性。但由于现实环境与实验情境的差异往往比较大,因此,人们对实验结果的解释还不能完全令人信服(梁宁建,2006)。

二、人格心理学的主要任务

人格心理学是心理学学科的重要分支,其主要任务或目的是采用科学方法,通过系统研究,探讨人格现象,揭示人格规律,帮助人类全面了解自己和他人,进而完善人格,提升生活质量及幸福指数。与一般科学的目的一样,人格心理学的目的包括描述、理解、预测和控制四个方面。这四个方面循序渐进、由浅入深,从理论到实践。

(一)描述

描述(description)就是客观地呈现所要研究问题的事实,通常不涉及价值判断,也不去寻求造成事实的原因,只是将与研究问题有关的现象呈现出来。其中,准确描述是科学解释的前提,也是进行科学研究的起始环节。描述性研究需要对人的典型行为进行系统观察和详细记录,并做好分类和命名。例如,青少年的人格形成与发展分为哪几个阶段,儿童厌学行为的表现及成因有哪些等,都可以通过描述性研究加以解决。

(二)理解

理解(understanding)或解释(explanation)就是揭示事实的原因,分析现象的前因后果之间的联系。这是比描述更复杂、更困难的研究,因为现象之间的关系往往是十分复杂的。正确理解或解释是有效预测和控制的前提,也是科学研究的关键。解释需要理论,在尽可能的情况下,心理学家们总是试图在实验的基础上建构理论,并通过新的实验去检验和完善理论。由于存在多因一果和因果交互作用的现象,加之不同的实验设计所控制的条件有所不同,因此就会出现一种现象多种理论解释的情况。例如,关于儿童攻击性产生的原因,有挫折-攻击理论,认为遭受挫折会激发攻击行为;有模仿学习理论,认为攻击行为是榜样学习的结果。这些解释各有其合理之处,在实际应用中,往往是整合各种理论并根据具体情境进行具体分析的(徐学俊、王文,2011)。

(三)预测

预测(prediction)就是根据已有的相关知识和信息,去估计某种事物或现象在未来发生的可能性。就人格心理学研究而言,预测力是判断人格理论优劣的标准之一。相对于"事后诸葛亮"式的解释,人们更需要事前准确的预测。例如,运用心理测验技术,可以预测一个人在突发事件等条件下,应激反应与健康水平因果相关;通过对一个人近期生活事件的了解,可以预测其随后的情绪稳定性、社会适应性等状况。

(四)控制

控制(control)就是采取针对性措施,使事物朝着人所期望的方向发展,避免消极事件的发生或将其危害降到最低程度。控制的方法有很多,通常可以根据预期结果去改变行为发生的条件。例如,通过对学生人格特质的监测,教师可以采取因材施教、分层培养的方法,针对不同学生的情况,及时调整教学要求,开展差异教学,使大多数学生在已有认知经验的基础上,有所进步,学有所获。

第三节 人格心理学的研究方法

人格心理学和其他心理学分支学科一样,必须具有严谨的态度和科学的方法。人格心理学家常用的方法有:在自然状态下,采用观察法;发现并揭示人格与行为之间存在某种因果关系,采用相关研究法;控制一定条件对被试进行变量比较,采用实验法等。此外,人格心理学研究还有调查法、测验法和个案研究等方法。

一、观察法

观察法是指在自然情境中直接观察、记录研究对象的行为特点,了解人的心理活动现象与规律的方法。研究者对观察对象的行为特征,必须预先做出界定,并制作相关记录表格,及时记录所观察到的事实;观察要达到一定的时间规定,每次观察的时段采取抽样法确定,以保证结果的客观性;若有多位观察者,或委托他人进行观察,则需要在观察前对观察者进行必要的培训,才能确保多人观察和记录标准的一致性,减少误差。国际知名的科学家珍妮·古德尔(Jane Goodall)曾经深入非洲,长期观察类人猿的自然习性,得出类人猿社会行为及使用工具的行为与人类惊人的相似的结论(见图1-7)。

图1-7 珍妮·古德尔的观察研究

观察法根据不同的分类标准,可分为不同的类型。

1. 根据观察情境的变化,有自然观察和控制观察

自然观察是在自然情境中进行的观察,控制观察是在预先设置或控制的情境中进行的观察。

2. 根据观察者身份的不同,有参与观察与非参与观察

在参与观察中,观察者作为参与者实际参与被观察者的活动中。在非参与观察中,观察者以旁观者的身份开展观察研究。

观察是获取人格研究资料的重要方法。它既可以单独使用,也可以与其他方法结合起来使用。因为观察只能获得一些描述性的资料,不足以解释造成事实的原因,因此单独使用观察法多在研究之初,后期的深入研究常常需要实验法、调查法、个案法等多种方法的辅助。

为了确保观察的客观性和准确性,研究者要避免下列现象。

(1) 观察者效应。当被观察者觉察自己被观察时,可能会产生行为变化。为了获得真实可靠的观察结果,要多使用参与观察。

(2) 观察者偏差。观察者只注意符合其假设的事实,对与假设相左的事实不能察觉。例如,如果假定男生的冲动性高于女生,就忽略女生那些不同于男生的冲动方式。

(3) 拟人化错误。观察者常常不自觉地将自己的思维、情感或动机加到动物或他人身上,以解释其行为。

因此,运用观察法需要遵循以下原则。

其一,观察目标应集中,每次只观察被观察者的某种行为。例如,在儿童游戏活动中,选择只观察儿童具有攻击性的行为。

其二,观察之前,应先明确规定的行为特征。例如,观察儿童是否具有攻击性,要侧重观察儿童侵犯行为、同情或友情等行为表现,并详细记录观察到的事实。

其三,在使用非参与观察时,可借助一些特殊设备,如单向玻璃、隐蔽摄像机等,降低观察偏差。

其四,尽量采用时间取样方法进行观察。可以在一天或一周的不同时间段,对被观察者进行同一方式的观察,然后对观察记录进行综合分析,得出结论。

观察法的优点是,获取的资料、信息比较真实客观,能够发现许多平时不大注意的现象;缺点是难以进行精确的分析,也很难进行重复观察验证,而且会受到观察者主观经验、技能和观察仪器等因素的影响。

二、相关研究法

相关研究法通过研究发现人的人格特质、行为或事件之间相互关联的程度。相关研究不仅要对各个变量进行量化测量,还要测量两个变量关系的强度与方向。

例如,观看媒体暴力画面与从事实际的暴力行为有多强的相关?如果这一相关程度强,那么我们便知道两个变量的关联性很大;如果这一相关程度弱,那么这两个变量的关联不大。心理学及其他领域的研究用相关系数(correlation coefficient)这一统计学上的说法来计量两个量化变量的相关强度(Benjamin B. Lahey,2008)。

相关系数(r)用来表示两个变量之间的相关程度和方向。相关系数是从$+1.00$到-1.00之间的一个数。其中,$+1.00$表示两者之间存在完全正相关,-1.00表示

两者之间存在完全负相关,0 表示两者之间完全不相关。正相关意味着一组变量的分数增加时,另一组变量的分数也随之增加。如运动员的身高和体重存在正相关;而运动员穿的运动鞋大小与他的性格特质之间的相关系数为 0,即完全不相关。负相关意味着一组变量的分数增加时,另一组变量的分数反而减少。在心理学研究中,相关系数在 0.60 或以上表示高相关,在 0.20 到 0.60 之间表示具有实际和理论价值并对预测有用,在 0.0 到 0.20 之间表示预测作用很小(见图 1-8)。

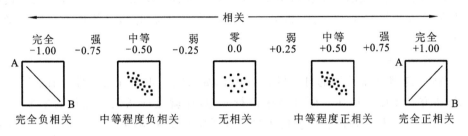

图 1-8　相关系数说明两个变量之间的相关程度

三、实验法

实验法是心理学研究的主要方法之一。实验法是指有计划、有目的地控制无关变量,系统地操纵自变量,观测因变量随自变量改变而受到的影响,验证自变量与因变量之间的因果关系的方法。实验中的变量应该是可以量化的因素、特征或情境,通常可分为以下几种。

（一）实验中的变量

1. 自变量

由实验者操纵、安排、控制并实施的实验条件叫自变量,是能引起被试变化及差异的原因,自变量的范围、欲取值及大小由实验者决定,不依赖其他任何条件。

2. 因变量

实验者要观察、测量和记录被试发生变化的变量叫因变量或依从变量,是由自变量操纵所造成的结果。

3. 无关变量

无关变量是自变量以外所有可能影响因变量变化的条件,是实验的干扰因素,又叫控制变量。

例如,一项关于饥饿是否影响记忆力的实验,食物是自变量,记忆力是因变量,而睡眠时间、智力水平及记忆任务的难度等则是无关变量。实验者为了控制无关变量,通常把被试分为实验组和控制组,实验组实施自变量,控制组不实施自变量,两组被试在睡眠时间、智力水平、记忆任务的难度等无关变量上基本等值。为了保证实验组和控制组在无关变量上等值,分组要求采用随机的方式,即任何一个被试被分到任何一个组的机会均等。

(二) 实验的形式

根据实验场所的不同,实验法可分为实验室实验和现场实验。前者在实验室进行,后者在实际生活情境中进行。

1. 实验室实验

实验室是科学的摇篮,是任何科学研究的基地和场所,实验室对科技发展有着非常重要的作用。实验室实验(laboratory experiment)是在人造的隔离环境中进行的试验,它便于控制无关变量,真实显示因果联系,但有时结果的推广和应用受到局限。

2. 现场实验

当研究者所不能控制的自然界突发事件(如天灾)、重大社会事件(如战争)等发生时,研究者往往选择在实际环境中进行实验,这就是现场实验或田野实验(field experiment),也称实地试验。现场实验减少了实验室实验的人为性,但无关变量的控制较为困难。

在心理学研究方法中,实验法被认为是设计最严谨、结论最可靠的方法。实验法在心理学研究中的运用,使心理学的科学地位得以确立,解释、预测和控制等研究目标得以实现。由于心理学研究对象的主观复杂性,一些心理和行为难以进行实验研究,或目前还不具备实验研究的条件,所以心理学研究既要"重实验",又不能"唯实验"。

为保证研究结果的可靠性,实验过程要避免下列现象。

(1) 安慰剂效应(见图1-9)。即使不施以自变量的影响,仅仅贴上"被实验"的标签,就可能使被试产生研究者所期望的改变,这就是安慰剂效应。这种因变量的变化来自被试自己的期望。安慰剂是一种假的药片或针剂,它的作用来自给人的暗示,而不是真实的药物成分(Moerman, 2002)。糖丸和生理盐水注射液是常用的安慰剂。为了预防安慰剂效应的发生,可采用单盲设计。单盲实验中,被试不知道自己是否真正接受了实验处理。

图1-9 安慰剂效应

(2) 实验者效应。实验者的期望或无意识的影响可能作用到实验结果,这就是实验者效应。由于这种效应,实验者往往会得到自己期望的结果。之所以发生这种情况,是因为被试对研究者的期望十分敏感(Rosenthal, 1994)。为了预防实验者效应的发生,可采用双盲设计。双盲实验中,研究者和被试都不知道谁真正在接受实验处理,实验者效应和安慰剂效应都能得到较好的控制。

四、临床研究法

在心理学研究中,用实验法去研究抑郁、变态人格、精神错乱等精神障碍是比较困难或难以进行的,而且不少心理学实验在道德上常常受到人们的指责,因此,心理学家可以采用临床研究法来研究这类心理问题。临床研究法又叫个案研究法,是针对某一位被试的各方面情况进行的跟踪研究。

临床研究以详细的观察和一些专门的心理测验为基础,广泛收集被试的资料,包括生活史、家庭关系、社会环境、人际关系、智力和人格等心理和行为特点。临床研究的优点是能够细致解释个案的某些心理和行为产生、发展、变化的原因,有助于帮助研究者获得某种假设。但由于研究者不能对个体的心理活动进行严格的控制,或收集不到相关的信息资料,因此就难以与其他个体或群体进行比较,也很难对人类心理现象及行为表现加以概括。

五、调查法

调查法是人格研究中最常用的一种方法,是指研究者针对某一问题,采取问卷施测等方式,要求被试自由表达意见和态度,以此来分析群体心理倾向的研究方法。

实施调查法时要向被试询问一系列问题,因此,问卷中的问题必须经过仔细推敲,调查的对象也必须是随机抽取且具有代表性的样本。代表性样本是指能够准确代表一个大的群体(总体)的一小组人,样本中的成员无论是年龄、性别、职业、种族等人口学变量比例与总体要大致一样。例如,假设要进行一项调查,其中个体的身高是一个重要的变量,可以根据随机数码表选取样本,以确保样本的代表性(见图1-10)。

图 1-10　身高调查中能代表总体的随机样本(下排)

调查法一般有两种形式:一是问卷调查;二是访谈调查(晤谈法)。

问卷调查主要是在现场发放问卷,可以向多人同时收集同类问题的资料,比较节省人力、物力和财力。随着现代信息技术的发展,越来越多的研究者开始通过互联网进行调查,使调查成本更加低廉。

访谈法主要是通过面谈方式,对一人或数人分别收集资料,分析和推测群体心理特点及心理状态的方法。访谈法不需要特殊条件和设备,容易掌握。只需事先设计好访谈提纲,并做好必要的记录(录音)。只是访谈需要耗费大量的时间,而且访谈对象的人数一般比较少,难以收集大量资料,因此,访谈法具有局限性。

六、测验法

测验法运用标准化测量工具来度量个体对某一事物反应的差异,也可以考察一组被试在不同时间或情境中的反应差异。

测验法一般可分为直接心理测验和间接心理测验两大类。直接心理测验主要用于测量个体能够觉知的感觉、知觉、记忆、思维、行为等;间接心理测验主要有投射测验,用于测量个体不能知觉的动机、情感及人格特质等。

测验法按测验内容可以分为成就测验、智力测验、人格测验和态度测验等;测验法按测验形式可以分为文字测验和非文字测验;测验法按测验规模可以分为个别测验和团体测验。关于人格测量与评估的具体内容将在第十三章中专门讨论。

第四节 人格心理学的发展概况

一、人格心理学的产生

一般认为,现代人格心理学的正式诞生以美国心理学家奥尔波特(Gordon W. Allport,1897—1967)所著的《人格:心理学的解释》(*Personality: A Psychological Interpretation*,1937)及哈佛大学心理诊所所长默里的《人格探究》(*Explorations in Personality*,1938)两本书的出版为标志。

二、人格心理学的基本范式

范式是指在某一学科中被公认的或共同接受的理论观点,它决定着该学科的研究对象和研究方法、策略或取向(陈建文、王滔,2003)。传统的人格心理学理论可以分为四个理论学派或基本范式,分别是精神分析范式、特质论范式、行为主义范式、人本主义范式。

(一)精神分析范式

精神分析理论是所有人格理论中内容最复杂、影响最大的理论。精神分析范式早期由弗洛伊德创立,后期由荣格(Carl Gustav Jung,1875—1961)、阿德勒(Alfred Adler,1870—1937)、艾里克森(E. H. Erikson,1902—1994)等发展起来。精神分析范式认为,人格发展的动力是人的性本能和潜意识的能量,强调个体生活的早期经验,由自卑情结而导致的追求优越、心理防卫机制等因素在儿童人格形成和发展中的重要影响。精神分析范式采取临床个案研究方法,通过对梦的解析、自由联想、投射测验等具体的评价、分析技术来获得个体潜意识层面的情感体验信息。但是,精神分析范式没有实证研究,因此从其诞生之日起,就受到广泛质疑。但是,随着人格研究的不断深入和发展,人们逐渐发现,个体无意识的想法(如通过内隐学习获得的信息)其实对个体的行为还是有着重要的影响的(张兴贵、郑雪,2002)。

(二)特质论范式

特质论范式的主要代表人物有奥尔波特、卡特尔及后来的"大五"、"大七"因素模型的人格研究者。特质论范式强调个体人格是由特质组成的,特质决定个体的行为,通过对特质的调查,可以预测个体的行为;人格特质是人类共有的,但每一种特质在量上是因人而异的,这就造成了人与人之间在人格上的差异性;人格特质表现为跨情境的一致性、普遍性和跨时间的稳定性、持续性。特质论范式的基本任务就是根据人们外部行为表现,列出人格特质表来描述个体,并解释特质形成的原因(张丽华,2005)。

特质论范式在早期主要采用因素分析、多变量分析及自陈量表等方法来进行研究。近年来,随着人格的个体差异研究的盛行,西方一些特质心理学家主张使用同伴提名法来研究儿童人格结构,以弥补成人评定方法的不足(张野、杨丽珠,2003)。另外,特质论范式也开始综合使用实验法、自然观察法、结构方程模型等多种方法研究人格特质。但由于技术发展的局限和变量控制的困难,人格特质的生理研究目前还难以有所进展。特质论者已经不再像以前那样热衷于建构大而全的理论,而是注重在具体情境中研究具体的特质问题,这似乎已成为特质论范式发展的主流趋势。

(三)行为主义范式

行为主义范式最初产生于华生(Watson,1878—1958)和斯金纳的行为主义。行为主义范式十分强调外部环境的作用,而对个体内在力量则比较忽视,通常把人格看成是各种行为的总和,是各种习惯系统的最后产物。行为主义研究的主要问题是行为的习得,强调采用更加严格的实验方法。

20世纪50年代,行为主义范式开始转向社会认知领域的研究,由罗特(Rotter,1916—)的社会学习理论发展到班杜拉(Bandura,1925—)的社会认知理论。而后,米契尔(Mischel,1930—)又提出了认知-情感的人格系统理论,从而弥补了特质论研究的不足。特质论把行为倾向的跨情境的一致性作为人格,而对情境间的差异则不予以考虑。米契尔则认为,个体在不同情境下所表现出来的差异,正是稳定而有机的人格结构的反映。这一理论强调个体对客观情境赋予自己的认识和情感,人对情境的解释是主观和客观的结合,是人与环境互动的结果。米契尔把认知的概念置于人格研究的核心地位。这一观点可以说是行为主义范式发展的一大进步。

(四)人本主义范式

人本主义范式的代表人物有马斯洛(Maslow,1908—1970)、罗杰斯、罗洛·梅(Rollo May,1909—1994)等人。人本主义范式重视个体的主观体验,关注个人对世界的认识与看法,强调人的自身价值及自我实现的需要。人本主义范式提出的以人为本的观点,在当时开辟了人格研究的新途径。同时,人本主义论者对人类自然本性抱着乐观态度,对人类潜能和人生目的的发展抱有极大的兴趣,并进行了大量卓有成效的研究工作。

人本主义论者主张以心理健康者为研究对象。马斯洛就曾指出,我们必须研究最好的、最健康的、最成熟的人类榜样,这在某种程度上既矫正了行为主义的机械特质,又使得人格研究摆脱了精神分析悲观绝望的影响,为积极心理学理论做好了铺垫。在研究方法上,人本主义范式主张采用访谈、自我报告、自由联想、投射技术、传记分析等方法。人本主义范式对人格的解释虽然是主观主义的,但它的哲学思想(即现象学和存在主义)所强调的直接研究和描述意识到的现象,以及认为个人的自我意识、主观性的存在是人格研究的基本课题的观点,在当今已成为跨文化心理学研究的重要理论基础。

应当指出,相比较而言,以上四种范式的研究目的各有侧重。精神分析范式关注的是对人格发生动力的探讨;特质论范式重视人格结构的静态画面的研究与描述;行为主义范式强调的是人格形成和发展过程的研究;人本主义范式则试图从人格发展的最高阶段(即自我实现)来探索人性的本质及人格存在的终极目的与价值。

三、人格心理学理论的新范式

在近几年来的研究中,人格心理学出现了三种新的人格研究范式。其中社会-认知范式和生物学范式分别源自于行为主义范式和特质论范式,而进化心理学范式应被视为人格心理学的新范式。

(一)社会-认知范式

以班杜拉、米契尔为代表的社会-认知范式,尝试从个体的认知过程(主要是直觉和记忆)来研究个体的人格,他们试图以各自的理论来整合社会-认知范式。在阐述人格的形成与发展时,班杜拉与米契尔都强调人与环境的互动,以及认知在个体人格形成中的作用,把人格看成人与环境相互作用的结果,但对于人与环境是如何统一起来的,并没有十分清楚的脉络。另外,研究者还试图寻求多种测量方法与技术手段对理论进行验证。目前在社会-认知范式下的许多研究的联系还是比较松散的,通常是由大量各不相同但又寻求相互独立的小主题组成,没有把它们连接起来的总的主题,更没有提出一套彼此具有系统关联的假设构架。

(二)生物学范式

生物学范式来源于特质论范式所使用的特质研究方法,强调个体行为模式差异的生理起源。随着解剖学和生理学研究的进一步发展与深入,从神经系统结构与功能的角度探讨人格产生的内在机制,以及它们之间的相互关系已成为可能的事情。已有研究发现,人类的某些情绪和社会性特质在大脑中都有确定的解剖点,如杏仁核对人的攻击性和某些情绪有重要的影响作用(张兴贵、郑雪,2002)。

(三)进化心理学范式

进化心理学范式强调人类与动物之间的必然联系,认为人类与其他生物一样都是生物进化的必然结晶。进化心理学范式目前存在的主要问题有:一方面,缺乏经过验证的理论构想,只从生物遗传的角度说明人类行为模式的演变,这使得它对人类进化及行为的解释缺乏说服力;另一方面,在个体的适应性行为中,更关注性行为的进化与发展,这似乎与弗洛伊德所强调的性本能及达尔文的生物进化论观点都有着千丝万缕的联系。

四、人格心理学研究的未来趋势

(一)结构性研究与历程性研究逐步整合

从目前各种研究资料的比重来看,以特质论为代表的结构性研究依然占据主流,对人的动态性考察仍显不足。因此,人格心理学未来的重要发展方向之一,就是建立不同层次和水平的模型,以此来呈现特质与遗传因素、情境与行为的动态作用途径。毋庸置疑,这项工作需要多个相关学科的参与和合作(何宁、苗丹民,2006)。

(二)纵向研究得到加强

在心理学分支里,发展心理学以儿童为主要的研究对象,人格心理学则主要致力于说明和解释成人的人格,这两个领域鲜有交叉。因此,个体早期所表现出的气质特点如何发展出成年期的人格表现,将是人格心理学面临的重要课题与任务。特别是如何在发展的框架内联系生物、环境与行为这些因素,人格稳定与变化的作用机制是怎样的,针对特质结构的人格测评技术需要做哪些改进等问题,都将是未来人格研究领域的着力之处。

(三)文化视角开始引入

Marcus(2004)认为,文化与人格的"联姻"促使人们思考:其一,认识到特定文化下人格模型的实存性及其影响;其二,避免源于个别文化系统观察下的结论出现过于泛化的谬误;其三,理解单纯借助进化、经济、生物因素对人格或文化加以解释的局限性。传统人格理论追求的是具有普遍意义的人性,因此未能对文化与人格的关系做出深入和系统的探讨。文化视角的深入包括:文化与心理的动态作用机制;如何解决人格的文化特殊性与跨文化一致性这对矛盾;非西方文化下的本土化研究如何摆脱东西方跨文化比较的研究范式而获得从内容到方法上的独创性,等等。

(四)研究手段不断丰富

目前,人格研究过分依赖于自陈测验的现象受到越来越多的批评和指责,研究者针对《人格与社会心理学杂志》供稿情况,通过大学生自陈式问卷进行相关分析或因素分析得出结论的研究占有相当的比例。方法上的单一使研究者很容易忽视其他有价值的资料来源,同时也会导致研究广度与深度的降低。作为旨在探讨个体差异的人格研究,不仅需要由定量研究提供的同质群体的共性说明与描述,更需要定性研究在微观层次上对个人现场的生动分析与解释性理解。近年来在人格研究中兴起的叙事研究法正是通过对个体生活故事和意义建构做出解释,达到对"现实人"的整体和动态领悟。因此,整合不同的研究方法,不仅能够丰富人们对同一现象的理解,还可能有效地避免因方法的局限性而产生的错误,已成为提高人格研究整体水平的必由之路。

 温故知新

  人格心理学是一门相对独立的学科。它是研究和解释个体思想、情感、意向和行为的具有整体性的独特模式的心理学分支学科。人格心理学涉及影响个体与他人、社会、环境之间交互作用的诸多维度和层面,包括生物学的、认知主义的、人本主义的、行为主义的、精神分析的、特质论的多个流派,以整体的观点对人的心理与行为的原因进行探究,并对人性进行系统的解释。

  整体性、独特性、稳定性、可变性、生物性和社会性是人格的基本特性。人格心理学的目的包括四个方面,即描述、理解、预测和控制。这些方面可以帮助我们去完整地认识人格、理解人格。每种人格理论都是以一种综合而全面的模式介绍人格是怎样构成和怎样发挥作用的。但是心理学家从来不满足于仅仅描述人格,还研究如何应用那些影响人们生活的信息。这些应用包括心理治疗、教育和职业行为。每个流派的心理学家还必须找到测量他们所研究和使用的人格建构的方法。因此,评价是人格心理学各流派的另一个重要领域。

  在四种传统人格心理学范式的基础上,近几年人格心理学出现了三种新的人格研究范式,包括社会-认知范式、生物学范式和进化心理学范式,并且出现了新的发展趋势,如结构性研究与历程性研究逐步整合、纵向研究得到加强、文化视角开始引入、研究手段不断丰富等。

本章练习

1. 名词解释

  人格 特质 人格范式 相关研究 实验法 自变量
  因变量 无关变量 描述 预测 理解

2. 怎样理解人格结构的整体性?
3. 举例说明人格具有稳定性、独特性、可变性、生物性、社会性等特征?
4. 简评人格心理学的几种范式。

本章参考文献

  [1] Buss. D. M. Evolutional Psychology[J]. Annual Review of Psychology, 1991, 42:471-473.

[2] Benjamin B. Lahey. 心理学导论[M]. 吴庆麟,译. 上海:上海人民出版社,2008.

[3] Dennis Coon. John O. Mitterer. 心理学导论——思想与行为的认识之路[M]. 11版. 郑钢,译. 北京:中国轻工业出版社,2007.

[4] 黄希庭. 人格心理学[M]. 杭州:浙江教育出版社,2002.

[5] 郭永玉. 人格心理学——人性及其差异的研究[M]. 北京:中国社会科学出版社,2005.

[6] 梁宁建. 心理学导论[M]. 上海:上海教育出版社,2006.

[7] 郑雪. 人格心理学[M]. 广州:暨南大学出版社,2011.

[8] 范蔚. 人格教育的理论与实践[M]. 重庆:西南师范大学出版社,2003.

[9] 徐学俊,王文. 心理学教程[M]. 武汉:华中科技大学出版社,2011.

[10] 张兴贵,郑雪. 人格心理学研究的新进展与问题[J]. 心理科学,2002,25(6):744-745.

[11] 张玮. 人格心理学研究发展的综述[J]. 价值工程,2010,29(33):179.

[12] 任俊,叶浩生. 积极人格:人格心理学研究的新取向[J]. 华中师范大学学报:人文社会科学版,2005,44(4):120-126.

[13] 何宁,苗丹民. 当前人格心理学研究中存在的问题与对策[J]. 心理学探新,2006,26(3):23-26.

[14] 张丽华. 人格心理学研究的基本范式和基本取向[J]. 教育科学,2005,21(2):53-56.

[15] 唐蕴玉,孔克勤. 互联网——人格心理学研究的一条新途径[J]. 心理科学,2003,26(5):874-876.

[16] 陈建文,王滔. 当前人格研究的基本走向[J]. 厦门大学学报:哲学社会科学版,2003,3:64-69.

[17] 张野,杨丽珠. 西方儿童个性结构研究进展[J]. 心理学探新,2003,2:12-14.

[18] 胡平. 进化心理学:心理学整合的新范式[J]. 中国青年科技,2005,9:46-49.

第二章 弗洛伊德的经典精神分析取向

内容概要

潜意识理论
驱力理论
人格心理结构论
性心理发展阶段理论
焦虑与自我防御机制
精神分析理论的应用

弗洛伊德于 19 世纪末 20 世纪初创立了科学心理学史上的第一个综合性的人格理论体系,这一以无意识为研究中心的理论体系被称为"精神分析"(psychoanalysis),它不仅对心理学及精神医学产生了革命性的影响,而且对哲学、历史学、人类学、社会学、伦理学、政治学、美学等几乎所有的人文学科和精神领域,乃至人们的生活方式及价值观都产生了深远的影响,成为西方学术领域与社会文化中的一个重要思潮。

人物介绍

西格蒙德·弗洛伊德(见图 2-1)1856 年 5 月 6 日出生于摩拉维亚,4 岁时举家迁居维也纳。17 岁考入维也纳大学医学院,1876 年到 1881 年在著名生理学家布吕克的指导下进行神经生理学研究,1881 年开始私人开业。发表《梦的解析》、《精神分析引论》等重要著作,提出潜意识、本我、自我、超我、俄狄浦斯情结、性驱力、防御机制等重要概念,被誉为"精神分析之父"。1938 年遭纳粹迫害迁居伦敦,于 1939 年 12 月 23 日因口腔癌在伦敦逝世。他的理论自诞生之日起,一直饱受争议,但影响力却持久不衰。成为 20 世纪心理学发展的"第一动力"。

图 2-1 西格蒙德·弗洛伊德
(Sigmund Freud,1856—1939)

在精神分析理论创建之后,其内部就不断发生分裂,弗洛伊德的追随者们与其产生了许多重大分歧,并各自建立了自己的理论体系。在心理学史上,弗洛伊德的理论与实践被称为经典精神分析,其追随者的

第二章 弗洛伊德的经典精神分析取向

理论与实践被称为新精神分析。本章将系统介绍弗洛伊德经典精神分析的理论体系。

第一节 潜意识及人格结构理论

案例 2-1

被压抑的潜意识

1969年的一个下午,8岁的苏珊·奈森前往加利福尼亚福斯特市看望一位邻居。途中她失踪了,2个月后,人们在附近的水库发现了她的尸体,验尸官断定苏珊死于头盖骨骨折。接着警方做了调查,但由于缺乏证据,无法继续深入,因此也没有找到杀人犯。20年后,被害者儿时的伙伴弗兰克林·利普斯科和女儿坐在洛杉矶的家里,突然弗兰克林·利普斯科回想起苏珊的死。

当时她看见一个男人对这个女孩进行了性攻击,然后用石块砸碎了她的脑袋。她还记起了那男人的样子——他正是自己的父亲乔治·弗兰克林。凭借女儿的证词,乔治·弗兰克林于1990年被推上了法庭,并被判谋杀罪。陪审团在聆听了证词之后确信:当时弗兰克林·利普斯科在案发现场,否则她不可能知道案件细节。

为什么记忆在20年后才浮现出来?检察官认为,由于这些记忆太痛苦,以至弗兰克林·利普斯科把它们压抑在无意识中。现在因为发现自己女儿和苏珊长相相似,激发了长期被压抑的记忆表象,并使之进入意识(Jerry M. Burger,2004)。

弗洛伊德经典精神分析人格理论最重要的发现是人的潜意识。人类存在潜意识的构想虽早已散见于东西方文学、艺术、哲学等多类作品中,但深入揭示潜意识的功能、影响,并建构与之匹配的研究方法和临床治疗体系的,弗洛伊德当属第一人。

(一)心理地形学模型

弗洛伊德在其理论建构的早期,以"心理地形学"(psychical topography)隐喻,将人的心理生活分成潜意识和意识两个层次,即人格的"二部结构"论。他强调人的心理过程主要是潜意识的,意识过程由潜意识过程衍生,意识又包括前意识。所以实际上他把人格结构解剖性地划分为潜意识、前意识和意识三个层次。

潜意识是人格结构中最大、最有力的部分。虽然在通常情况下,我们并没意识到它的存在,但它对我们的一切行为都产生影响。它影响我们的感知、思维和行为,影响我们的兴趣、爱好和习惯,影响我们的职业、婚姻和健康等。在弗洛伊德看来,不存在任何自由意志的行为,有些行为表面上似乎出自我们的意识或自由意志,但实际上都是受潜意识力量所驱使的,它们只不过是潜意识过程的外部标志。有意识的心理现象往往是虚假的、表面的和象征性的,它们的真实原因和真正动机隐藏在内心深处的潜意识之中。

（二）潜意识、前意识、意识

1. 潜意识

潜意识(unconsciousness,Ucs)，又称无意识。弗洛伊德把它定义为不曾在意识中出现的心理活动和曾是意识的但已受压抑的心理活动。这个部分的主要成分是原始的冲动和各种本能，通过种族遗传得到的人类早期经验及个人遗忘了的童年时期的经验和创伤性经验，不合伦理的各种欲望和情感等。

潜意识是人格结构的深层部分。人的每一种心理活动一开始都是潜意识的，潜意识能否发展成意识，取决于它上升过程中是否遇到阻力。阻止的过程就是压抑(repression)，被压抑的内容就是潜意识或无意识的原型。

从现实生活的表面看，我们的各种观念、情感、梦或某个病理症状之间似乎并无联系，而事实上，这些心理活动之间在时间序列上是有联系的，只不过这些联系存在于人心理的潜意识层面，而不是在意识层面罢了。如果能深入潜意识层面看，症状表面的非连续性就不存在了，它们之间的因果联系也就会凸显出来。

虽然我们没有办法直接观察潜意识的心理活动，也不能把潜意识作为一个实物拿出来进行剖析，但潜意识的存在还是有迹可循的，它是可以通过间接的方式和手段得到分析和证明的。如自由联想，催眠，投射测验，释梦，分析口误、笔误及象征行为等，都是获取人的潜意识的方法和途径。

日常生活中，似乎许多行为的动机我们都可以说清，但弗洛伊德认为这些很容易被意识到的动机都是表层动机，通常这些行动背后的真正原因往往潜藏在人的潜意识中，是难以被察觉的，且人的潜意识动机大多与童年经历有关。

潜意识是人格结构中最有力的部分，它具有如下特征。

（1）无矛盾性。潜意识中的各种本能冲动和欲望拥挤在一起互不干扰。按弗洛伊德的话来说，它们"置身于矛盾之外"，两种目标不一致的欲望可以同时活动而互不抵触。

（2）无时序性。时间先后关系是意识的一种特征而不是潜意识的特征。潜意识中的各种欲望没有任何时序的先后，也不会因时间的流逝而改变。

（3）无否定性。在潜意识中不存在任何否定、怀疑和不相信的成分。

（4）无现实性。潜意识与外部世界没有任何联系，潜意识过程按自身的强度和快乐原则进行，不管现实，只求满足。

（5）动力性。潜意识观念的能量远比前意识或意识观念的能量大，因而动力性更强。

2. 前意识

前意识(pre-consciousness,Pcs)：位于意识和潜意识之间，由那些虽不能即刻回想起来，但经过努力就可以进入意识领域的主观经验组成(黄希庭，2002)。

在弗洛伊德看来，意识和前意识两者虽有区别，但没有不可逾越的鸿沟。前意识的内容可以通过回忆进入意识中来,而意识中的内容当没有被注意时,也可以转入前意识中。因此,弗洛伊德把它们看成同一个系统,与潜意识系统相对应。

前意识的内容有两个来源。第一个来源是有意识的知觉。一个人知觉到的观念只是暂时的,当注意的焦点转移到另一个观念时,有意识的知觉很快就转为前意识。这些容易在意识和前意识之间转换的观念在很大程度上是没有负荷焦虑的。第二个来源是潜意识观念。按照弗洛伊德的说法,潜意识层的观念是能够以一种伪装的形式从机警的稽查者的监督下溜进前意识层的,如经过梦、口误或精心的防御伪装后蒙混过关,不过这种情况并不容易发生。因为自我稽查者如果认出它们是潜意识的改装,焦虑就会被唤醒,最后的稽查者会把这些负荷着焦虑的意象压抑回潜意识。

3. 意识

意识(consciousness,Cs):是人格的表层部分,它由人能随意想到、清楚觉察到的主观经验组成,是人们日常心理生活中唯一能直接触及的部分。意识在精神分析理论中扮演着次要的角色。

各种观念可以从两个不同的方向进入意识。第一个方向为知觉意识系统。这个系统面向外部世界,起着知觉外部刺激物的中介作用。换句话说,通过我们的感觉器官知觉到的对象,如果不具有明显的威胁,就可以进入意识。第二个方向为心理结构,包括前意识中无威胁的思想和有威胁但经过巧妙伪装后的潜意识意象。如前所述,潜意识意象可以通过乔装成没有威胁的要素滑过初级稽查者的监督而溜进前意识。进入前意识后,一旦它们躲过了最后的稽查者就可以进入意识的视域。

弗洛伊德曾将潜意识比作一个很大的前厅,不同族类的、精力旺盛的、声名狼藉的人在里面乱转,你推我搡,拼命找机会想挤进上面的小接待室(reception room)。但是在大厅和小接待室之间的门槛上站着一个机警的守门人,这个守门人通常用两种方法履行职责。第一种方法就是将不受欢迎的人直接拒之门外;第二种方法是把那些乔装打扮后已经偷偷溜进接待室的家伙重新遣送回去。这两种情况的结果是一样的,即阻止那些面目可怕、身份可疑的对象闯进帷幕(screen)后的小接待室(即意识层),干出一些出格的事来,如图 2-2 所示(傅文青,2007)。

(三) 人格"冰山"结构

弗洛伊德非常强调潜意识在人格结构中的重要地位,认为潜意识的重要性远远超过意识和前意识。为了说明潜意识的重要性,他借用了费希纳(Fechner,1801—1887)的冰山类比理论,认为人格就像漂浮在海面上的冰山。

冰山分为三层:最上层浮在水面上,我们能看见,它只占冰山的很小部分;紧挨着水面之下的那部分是中间层;冰山的最下层占了冰山的绝大部分,它支撑着整个冰山,是我们无法看见的。

与此对应的是人格的三个层面:意识、前意识和潜意识。意识仅仅是人的精神

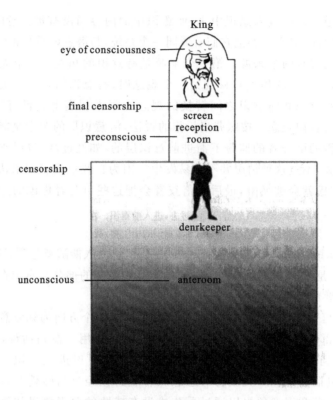

图 2-2 心理的层次——潜意识、前意识与意识的关系

活动中很小的部分,位于人格的表层;随海水飘荡沉浮的部分就是可以被唤醒也可以被淹没的前意识部分;而海面下巨大的冰山部分是人的潜意识层,是精神活动的主体,虽不为人所见,却主宰着人的心理和行为。

(四)本我、自我和超我的交互作用:人格心理结构论

弗洛伊德的人格结构论经历了一个发展的过程。早期的"心理地形学"解剖了人格的二部静态结构模型,指出了潜意识的重要地位和作用。后期弗洛伊德在此基础上进行了修正,提出了由本我(id)、自我(ego)和超我(super-ego)组成的三部人格结构说,提出了新的人格成分,强调人格系统内部力量的交互作用及能量的动态平衡(见图 2-3)。

1. 本我

本我(id)又称伊底,是原始的、与生俱来的和非组织性的结构,它是人出生时人格的唯一成分,也是建立人格的基础。本我概念与二部人格结构说中的潜意识概念接近,但不完全等同。凡本我的内容必是潜意识的,但潜意识的内容未必是本我的。确切地说,它是指人的动物性,是人格中最难接近但又是最有力量的部分。

本我完全由先天本能、原始欲望所组成,同人的肉体过程相联系,里比多(libido)是其主要能量。

第二章 弗洛伊德的经典精神分析取向

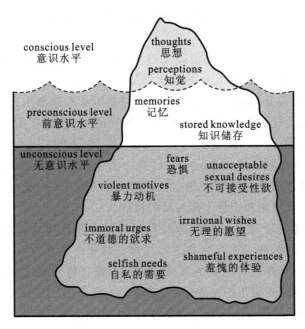

图 2-3 人格的"三我"结构

本我有与潜意识相似的三个特征。①非现实性。本我遵循快乐原则（pleasure principle），不与现实发生联系，只追求满足。新生婴儿可以被看做是不受自我、超我限制的一种本我的体现。他们不考虑是否可能和是否合适，一味追求本我需要的满足。②非逻辑性，可以让互不相容的观念并存。例如，一位妻子可能既有希望丈夫死亡的愿望，而同时又有和他亲热的欲求。③非伦理性。本我不做价值判断，不区分美丑、善恶，它超越伦理习俗的评判。总之，本我以非理性的方式工作，宣泄冲动，寻求满足，为人的整个心理活动提供能量。

2. 自我

自我（ego）是人格结构中理智的、有组织的、现实取向的部分。它是个体在成长过程中，伊底与环境不断相互作用时，靠近现实世界的那部分逐渐发展而形成的。

自我是后天从伊底中分化出来的。自我没有自己的能量，必须从伊底中汲取能量，所以它在本质上是依附于伊底的。自我遵循现实原则（reality principle），它既要满足伊底的即刻要求，又要按照外界环境的要求行事。虽然它的根本目的是满足伊底的本能，但它是理性的、审时度势的。为了理解自我与本我的关系，弗洛伊德作了一个比喻：本我像匹马，自我就像骑手，通常骑手控制着马行进的方向。

自我是人格的执行者，决定着什么行为是合适的，哪些本我冲动可以满足及用什么方式满足。随着个体的发展，单靠自我的力量已经不能控制本我中的本能冲动，所以在幼儿期，超我开始从自我中分化出来。

3. 超我

超我（super-ego）是从自我中分化出来的，是人格中最文明、最有道德的部分。

充分发展的超我是由良知和自我理想两部分内容构成,是儿童接受父母的是非观念和善恶标准的结果。

由于儿童在很长时间内必须依赖父母生活,在父母物质和精神的奖励与惩罚中,为了赢得赞扬、逃避惩罚,儿童必须认同父母的要求与愿望。随着时间的推移,成人世界的道德规范及伦理准则就通过父母的言传身教逐渐内化成儿童自己的信条。此时,自我就分化成了两部分:一部分是执行的自我,即自我本身;另一部分是监督的自我,即超我。

超我遵循道德原则(moral principle),其功能是监督自我去限制本我的本能冲动,通过说服自我以道德目的替代现实目的并力求至善,使人变成一个遵纪守法的社会成员,从而达到控制和引导本能冲动的目的。

正常发展的超我通过自我的压抑过程发挥其调控性冲动和攻击冲动的作用。它自己不能产生压抑,而是命令自我进行压抑。超我严密地监视着自我,判断自我的行动和意图。当自我违背超我的道德标准行动或打算行动之时,就会有内疚感。如果自我不能达到超我提出的完善标准,就会产生自卑感。充分发展的超我有良知(conscience)和自我理想(ego ideal)两部分,内疚感是良知的产物,自卑感则来自自我理想。

(五)本我、自我、超我的冲突与平衡

本我、自我和超我是三种不同的人格力量,人的思想与行为都不是某一单方面力量决定的,而是人格内部三种力量相互作用的结果。

由于本我和超我的作用力截然相反,它们遵循不同的原则,满足不同的要求,追求不同的目的,所以,如果没有稳定而强大的自我来依据现实情况进行调停,就必然形成冲突,引发焦虑,重者则出现人格分裂甚至人格解体。

例如,你正在快餐店里排队买快餐,前面男士的钱包里的100元钱掉落在地上。

本我:"拾起来,是你的了!如果有人争抢,揍他。"(快乐原则)

超我:"不能据为己有,这样很丑陋,把钱拾起来还给人家!"(道德原则)

自我:"这100元钱可以解决我一周的生活费!可以买件新衣裳!那位男士发现自己丢了钱吗?其他人看见地上的钱了吗?我据为己有会遭嘲笑吗?"(现实原则)

三种人格力量保持平衡,是当事人快速抉择、合理反应的前提。如果当事人本我力量太大、超我力量太强及现实困扰太多,自我就难免会陷入无法取舍的困境。

现实生活中,人格力量在人格结构中轻重配比不平衡的个案并不鲜见。三种人格力量的不同组合,决定了人的精神面貌和心理健康水平(见图2-4,傅文清,2007)。

第一类人,强大的本我统治着软弱的自我和不成熟的超我。本我持续不断地要求主人没有原则地满足自己,而不顾现实条件及社会道德的约束。

第二类人,强大的超我严厉压制着躁动的本我,软弱的自我背负羞愧感或自责感生活,主人常常反思自己的渺小与不完美,为自己的无能、无助而焦虑。

第三类人,强大的自我不给追求唯乐的本我或追求至善的超我掌管人格的机

第二章 弗洛伊德的经典精神分析取向

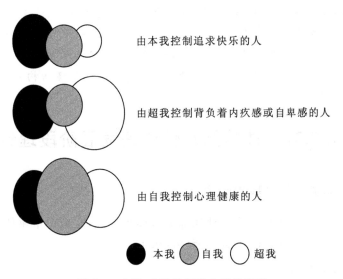

图 2-4　本我、自我和超我之间的关系

会,它灵活驾驭三种力量,现实而有弹性地生活,并表现出健康自信的精神面貌。

在健康人格形成过程中,自我负有重要的使命。如果自我稳定而强大,当事人就能在冲突情境中,权衡利弊得失,作出合理选择,保证人格结构内部迅速形成动态平衡。如果自我能量虚弱,不能协调处理超我和本我强烈的互相抵触的要求,那主人就会经受焦虑的折磨。要缓解这种折磨,自我需要动用各种防御机制来予以解脱。因此,如果自我防御失败,人就会陷入神经症的困扰中。

拓展阅读

从动力学的观点来研究人格的结构是弗洛伊德人格理论的一个重要特点。19世纪中叶,德国科学家赫尔姆霍兹(Helmholtz,1821—1894)提出了能量守恒定理。这个定理说明:"能"实际上是一个量,它可以转换形式,但不可以被消灭;当能在一个系统的某部分中消失时,它就一定会在该系统的其他地方出现。能量守恒定理的提出,使科学家们对人的看法有了改变,出现了所谓动力生理学。这种学说认为,生命机体也是一个动力系统,同样服从化学和物理的反应规律。弗洛伊德接受了这种新的观念,并把它引入心理学,认为动力学规律不仅适用于人的躯体,同样也适用于人格,他认为人的一切精神活动都是心理在人格系统中的作用所致。弗洛伊德的动力心理学便是研究人格中能量的转换与改变。弗洛伊德的动力心理学的基本前提是:人体是一个复杂的能量系统,其中操纵人格三部分结构运转和作用的能叫"心理能"。在弗洛伊德看来,人格可以获得的能量是一定的,人格中某一系统获得能量后,就意味着其他系统已丧失能量。一个人有坚强的自我,其本我和超我就势必虚弱。人格的动力状态是由能量在整个人格中的不同分布形态决定的,而一个人的行为则取决于其所具有的动力状态。如果大部分能量被超我控制,他的行为就注重道德;如果大部分能量被自我所支配,他的行为就注重现实;如果能量还停留在本我,他的行为就具有冲动性。一个人想干什么和要干什么,一个人的本质和行为,毫无例外地取决于能量在其人格结构系统中的分布情况。弗洛伊德认为,一切作用于人格的能都来自本能。本能作为一定量的心理能,是整个人格结构系统的动力基础(Hergenhahn,1980)。

第二节 性本能及性心理发展阶段理论

一、性和攻击:人的基本驱力

弗洛伊德认为,人类行为受一种他称为 Triebe 的潜意识力量驱使,这种强大的内部力量可以译为驱力(drives)或本能(instinct)。

(一)人的基本驱力

弗洛伊德深受能量守恒定律的启发,将人的身心组织也看成一个能量系统。能量可以被压抑但不能被消除,它必须寻找释放的途径。这些能量就是与生俱来的本能。弗洛伊德早期把本能分为性本能和自我本能。自我本能是回避危险、使自我不受伤害的本能。第一次世界大战后,他又把本能分为生本能和死本能。

他认为生本能可以解释人类的大多数行为,他把人类少数行为归因为死本能驱动,不过死本能很少表现为明显的自毁行为,大多数情况下,死本能会转向外部,表现为对他人的攻击。

本能是一种心理能量,是人行为的基本驱力,是一种介于生物结构和精神现象之间的存在,虽然它不能通过物理作用直接传递,但它却是推动个体行动的最终力量。

(二)两种本能

1. 生本能

生本能是建设性的,是人性善的动因。所有与生命的存续、发展有关的本能都称为生本能,其表现能量是里比多(Libido)。

生本能的核心是性本能,性本能是人类行为的最重要的动力。性本能中的性是广义的,不仅包括特征明显的性欲行为,还包括几乎所有指向获得快乐的行为。正是因为有性本能的驱动,个体与种族才得以创造、繁衍与兴盛(张春兴,2005)。

2. 死本能

死本能是具有破坏性的,是人性恶的动因。它是促使人类返回非生命状态的力量,死本能如果向外,则派生出攻击、破坏、战争等毁灭行为;如果转向自身机体,则导致个体的自责、自伤甚至自杀行为。其表现能量称塔那托斯(Thanatos,希腊神话中的死神)。

弗洛伊德发现,无论正常的还是病理的本能现象,性和攻击两种内驱力往往都不会单独存在,而是有规则地融合在一起,尽管两者的能量不一定相等。如从个体心理发展过程看,虽然性驱力一直起着重要驱动作用,但攻击驱力对人格的发展也不可缺少。因为不能表达攻击性的个体就无法形成与客体的分离,自我人格就不能独立、成熟。在整个人的一生中,生本能和死本能彼此不断斗争又相互转化,但随着年龄增长死本能逐渐多于生本能。

（三）本能的属性

应该注意的是,本能是一个复合体,单一的行为和渴望都不能完整解释本能或驱力。如攻击驱力不能等同于攻击行为,而性驱力也不等同于成年人对性交的渴望。本能是四要素构成的统一体(傅文青,2007)。这四要素为本源(source)、目的(aim)、对象(object)和原动力(impetus)。

1. 本源

本能的本源是指躯体的状态或需求(bodily condition or need),即躯体缺少什么,如饥、渴等。

2. 目的

本能的目的是指躯体紧张感的减轻与消除。若目的达到了,人就会感到满足、愉悦,张力消除,从而情绪放松。

3. 对象

本能的对象是指自身或环境中任何能消除或减缓紧张的人、事、物。对象不是固定的,它是一种浮动的指向状态。

4. 原动力

本能的原动力是指躯体紧张状态带来的能量,可根据个体克服阻碍的大小,衡量其强弱。

二、性心理的发展：人格的发展阶段

弗洛伊德的人格发展理论是以他的泛性论为基础的,在他看来,人格的发展主要是性心理的发展,性心理发展和人格发展是同义语。因此,他的人格发展阶段是以身体"动欲区"的变化来进行划分的。发展阶段不同,性欲冲突的主题就不同,解决冲突的方式和方法也不相同。弗洛伊德根据动欲区的先后顺序,把个体性心理的发展划分为口欲期(oral stage)、肛欲期(anal stage)、性器期(phallic stage)、潜伏期(latency stage)和生殖期(genital stage)等五个阶段。其中前三个阶段(从出生到六岁)的发展状况对以后一生的发展都起着关键作用。

（一）人格发展阶段

1. 口欲期(0～1岁)

弗洛伊德将婴儿期称为口欲期,因为嘴和口腔黏膜构成了满足欲望及进行交流的最重要的身体部位。婴儿通过他的口来品尝、体验和"观看"他的世界。获得快乐与避免痛苦是婴儿每天生活的中心内容。

近年精神分析家发现,婴儿有强烈的交流需要,母亲的重要任务是识别幼儿的要求并给予满足,母亲通过喂奶、拥抱等过程中的躯体性接触和情感交流,建立起稳定、快乐的母子关系,形成幼儿最初的信赖感、安全感。婴儿只有经历了与母亲固定的、安全的、紧密相连的体验,其个体化过程才能顺利发展。

如果婴儿口欲期活动没有受到抑制,成年后倾向出现乐观、慷慨、开放和活跃等积极的人格特征;如果口欲期活动受到了限制,成年后倾向于形成依赖、悲观、被动、猜疑和退缩等消极的人格特征及咬指甲、抽烟、酗酒、贪吃等不良行为习惯。

2. 肛欲期(1~3岁)

进入生命的第二年,肛门成为一个快感集中的区域。同时,肛门和膀胱括约肌的使用也是权力和意愿的一种躯体表达。在此阶段,父母开始培养孩子的定时、定点大小便的习惯,孩子则根据自身的快感需求决定是保留还是排泄。在此期间,他们开始学会说"不",开始通过控制躯体活动来表达自己的意愿和自主性,这就是"肛欲期的权力斗争"。大便成为孩子与父母争夺权力最合适的工具,那些对父母违抗、发脾气的表现就是攻击驱力的强烈表达。

肛欲期的儿童通过与父母的权力抗争,发展了灵活性、独立性和自主性,开始形成自恋、自尊心理。此期如果父母要求苛刻,会严重损害孩子的自主性和独立性。

肛欲期留下问题的人,在成年时会表现出洁癖、刻板、施虐、受虐、过分注意细节、嗜好收集和储藏、强迫倾向明显、权力欲强等特征。

3. 性器期(性蕾期,俄狄浦斯情结期,3~6岁)

弗洛伊德以希腊神话来命名这一阶段(俄狄浦斯王杀了他的父亲,并在无意中与自己的母亲结婚),意在象征性表达这一时期的心理发展主题——早期乱伦冲突。在动欲区或性感带的发展中,继口腔黏膜及肛门之后,婴儿已经表现出对生殖器刺激的兴趣,他们会通过抚摸、显露生殖器等行为获得里比多的满足。

这一时期的儿童不仅对自己的性器官有了兴趣,而且开始有性别之分,更重要的是对父母产生了冲突的情绪。男孩开始爱恋母亲,嫉恨父亲,即俄狄浦斯情结(Oedipus complex)。在同父亲的竞争中,男孩感到自己的力量有限,无法战胜对手,并产生了"阉割焦虑"(anxiety of castration)。这迫使男孩认同父亲,习得男性行为,形成男性性格。

性器期的女孩情况更复杂一些。女孩起初与男孩一样,是依恋母亲的,但当女孩发现两性的差异时,依恋之情就下降了。她认为是母亲剥夺了自己拥有那种有用器官(男性生殖器),故嫉恨母亲。相反,此时对父亲的好感成倍增长,即爱莉克拉情结(Electra complex)。而这种好感中又伴随嫉妒感("阴茎嫉妒"),显然,女孩此时面临双重冲突。为了解决冲突,女孩此时反过来重新认同母亲,并由此习得女性行为,形成女性性格。

弗洛伊德特别重视性器期儿童内心情节如何解决。如果解决不好,不仅会导致各种性变态和性失常,而且还会影响儿童内化父母的道德观念和伦理准则,影响超我的形成。弗洛伊德强调:人格在此阶段(约5岁)已经发展完成,往后的成长都是在此基础上的调整。

4. 潜伏期(6~12岁)

当儿童较好地渡过了口欲期、肛欲期和性器期后,他们的里比多冲动就暂时进入安静、潜伏的状态,性驱力减弱,社会兴趣增强。这个阶段的儿童离开家庭和父母开始进入学校学习。此时,他们对自身、对父母的兴趣被同伴交往、文体活动、知识学习、环境探索所代替,其自我和超我都获得了更大的发展。此时的儿童男女疏远,以同性为伴,异性之间少有往来,基本处于风平浪静状态。但这只是暂时的平静。

5. 生殖期(12~20岁)

这一阶段相当于青春期,生殖区成为主导的性敏感区。伴随性器官的成熟,儿童的性冲动重新萌发。在先前的发展阶段中,儿童的性活动带有自恋的色彩,里比多的满足主要靠身体动欲区的自我抚弄。而在12岁之后,儿童不再以自我为中心,开始从自恋转向异性恋。

这个阶段最重要的任务是力图摆脱父母,成为独立的社会成员,寻找职业,发展亲密异性客体关系,生育和抚养后代。对于那些儿童期未解决好的冲突,这也是一个关键时期和转折点,它提供了重新处理未完成冲突的机会。

弗洛伊德认为,每个人都要经历上述五个先后有序的发展阶段,儿童在这些阶段中获得的经验决定了他的成人人格。

(二)人格发展障碍

成人人格倾向与上述不同发展阶段中性欲冲突的解决方式紧密相关。如果前一阶段的冲突没有顺利解决,即性欲需求没有满足或过度满足,人格发展就不能完全过渡到高一阶段,儿童就会在以后保持这个时期的某些行为,即出现发展的停滞(fixation)。停滞与退行是紧密联系的。所谓"退行"是指当个人面临危机或挫折时,心理水平退回到早期发展受阻阶段。停滞与退行是相互补充的,停滞现象越严重,退行就越容易发生。

弗洛伊德认为,成年人格实际上是在生命的第五年就已形成,因而早年环境和早期经历对成年人格的影响举足轻重,童年缺失与童年创伤为成年心理障碍与人格障碍埋下伏笔。

早期发展创伤与下述五种对待方式有密切关系。①当儿童需要安全感时,即他感到焦虑时,只给予某种本能需要的满足。如一个儿童感到害怕时,母亲仅给他喂奶,其余不管。②某种本能需要的满足受到极端的挫折或剥夺。③本能需要得到过分满足或纵容,使他不愿意离开较低阶段向较高阶段发展。④过分满足与过分缺失的交替。⑤从过分满足突然转到过分的缺失等。(郑雪,2004)

不同的阶段有不同的冲突与情结,错误的对待方式,导致了心理发展的停滞与倒退,也导致了特定的人格障碍和行为障碍的产生。

第三节 焦虑及自我防御机制理论

一、焦虑理论

精神分析是最早研究焦虑的心理学流派之一,焦虑是精神分析理论极其重要的概念,也是弗洛伊德心理病理学的理论核心。

(一) 焦虑的根源

焦虑(anxiety)是一种被感觉到的、不愉快的情感体验状态,它伴随着一种警告人们预防迫近危险的生理感觉。这种不愉快感通常是模糊不清、不易指明,但却总是可以感觉到的。

个体的初始焦虑来自母亲。在生命早期,婴儿各种本能需要的快感满足都依赖于母亲,假若没了母亲,就切断了快感的来源,母爱剥夺创伤形成了人的初始焦虑。

弗洛伊德先后提出过两种焦虑理论(anxiety theory),自我防御机制是在后期焦虑论的基础上提出的。在早期焦虑论中,弗洛伊德提出,本我是焦虑的根源,焦虑是由被压抑的里比多转化而来的,当里比多难以找到正常的宣泄途径时,就变成了焦虑。

后期焦虑论又称焦虑的信号理论,是在否定早期焦虑论的基础上提出的。弗洛伊德在后期焦虑论中指出:焦虑的根源不是本我而是自我。虽然本我、超我和外部世界均包含在焦虑中,但只有自我能产生或感受焦虑。因为任何情绪体验都是自我的功能,故自我才是焦虑情绪的发源地。所谓"焦虑信号"是指自我在认识到危险情况以前,不能让自己总处在紧张与兴奋的状态,应尽量放松,以避免真正的危险到来时自己因持续疲劳而无法准确传递信号和做出有力反应。危险信号是自我向自我防御机制发出的"警戒警报",自我防御机制收到信号后就动员与行动起来,以预防精神创伤等严重事件的发生。

此外,弗洛伊德还逆转了早期焦虑论中神经症和焦虑的因果关系,他将之前的神经症为因、焦虑为果调整为焦虑为因、神经症为果。不过,虽然焦虑是心理疾病的主因,是一种不愉快的情绪,但它也是人生活和成长中必不可少的心理机制和心理过程。比如,焦虑信号的作用,使自我能够对来自本能的欲望和冲动进行检查和控制,这在一定程度上阻止了失控行为的发生,预防了深度挫折与创伤。

(二) 焦虑的分类

弗洛伊德区分出三种焦虑:现实性焦虑(real anxiety)、神经症性焦虑(neurotic anxiety)和道德性焦虑(moral anxiety)。

1. 现实性焦虑

现实性焦虑是指由外界环境中真实的、客观的危险引起的情绪体验。它以自我对外界的知觉为基础,它的产生或是由于外部事物对有机体造成威胁,或是由于所需对象的缺乏。现实性焦虑相当于恐惧感,有明确的对象,如人们害怕自然灾害、毒蛇猛兽等。当危险消除时,现实性焦虑也随之减轻或消失,这种焦虑有利于个体的自我保护和生存。

2. 神经症性焦虑

神经症性焦虑是指个体由于惧怕自己的本能冲动会导致惩罚时所产生的情绪体验。它来源于自我对本我能量的知觉。当自我意识到本能需要的满足可能招致某种危险时,就会感到恐惧和焦虑。这种焦虑多见于神经症患者。如一个神经症患者,因对上司不满或气愤而感到无法言说的焦虑。这是由于当事人潜意识地恐惧自己会不会愤怒失控,本能压倒理智,做出冒犯性行为,后续受到惩罚报复而产生的焦虑。精神分析的临床实践,就是要把未知的、被压抑的本能威胁提升到意识中来,将神经症性焦虑转化为现实性焦虑。

3. 道德性焦虑

道德性焦虑是指个体由于意识到自己的思想行为不符合社会道德规范而产生的不安、内疚和罪责的情绪体验。它伴随超我而来,超我不成熟的人极少体验到道德性焦虑。例如,因不能照料年迈的父母或抚养孩子而有负疚感。

这三种焦虑很难截然分开,不同类型的焦虑常常缠绕并存,成为人心理与行为问题的原因。譬如,对黑暗的恐惧,这是在大多数人身上普遍存在的一种现实性焦虑,但是如果当事人对黑暗恐惧的程度过高,与现实危险明显不相称时,就说明与确切对象连接的现实性焦虑和发自本能模糊不清的神经症性焦虑同时存在。不管是何种焦虑,都具有信号功能,它提示危险的存在,并启动自我防御机制。

二、自我防御机制

自我防御机制(ego defense mechanism)的理论是弗洛伊德在1926年提出来的,后来他的小女儿安娜对这一体系进行了完善与补充。

自我防御机制是自我为了对抗来自本能的冲动及其所诱发的焦虑,保护自身不受潜意识冲突困扰而形成的一些无意识的、自动起作用的心理手段(郭永玉,2005)。弗洛伊德曾经论述过的自我防御机制主要有以下七种。

1. 压抑

压抑(repression)是指个体将可能不容于超我的观念、情感、冲动抑制到无意识中去。压抑是最基本的防御机制,先于其他防御机制而产生。没有任何一种社会形态能允许人类毫无禁忌地、赤裸裸地表现性本能和攻击本能,每当自我受到这些来自本我冲动的威胁时,就通过压抑来保护自己。也就是说,将这些具有威胁性的内容禁锢在潜意识中,不让它们上升到意识水平。压抑虽可暂时减轻冲突,但被压抑的能量还在,它仍会寻找出口宣泄。神经症就是过度压抑的结果,其症状就是难以释放的冲动以扭曲的方式进行满足。如有一位成年女性,发病后的症状之一是要把自己的卧室和父母的卧室之间的门半开着才能睡觉。弗洛伊德的分析是病人潜意识中希望偷听父母房间里的声音。

2. 否认

否认(denial)是指个体通过拒绝承认现实中的不愉快事件,从而减轻内心的焦虑。否认(拒绝)的心理防御机制使自我不必面对生活中那些无法解决的难题和无法达成的愿望。例如,一名深爱妻子的鳏夫在妻子死后很久,仍表现得好像她还活着一样:或在饭桌前给她留个位子,或告诉朋友她走亲戚去了。对这名鳏夫而言,与清醒地承认妻子已死相比,这种假装更容易让他接受。否认是防御的一种极端形式,否认得越多,与现实的接触越少,心理机能的运作越困难。但在许多情况下,自我宁愿求助于否认,而不让痛苦到达意识层。

3. 投射

投射(projection)就是将自己不为社会认可的冲动或品质加诸别人身上。生活中很多时候,我们所抱怨指责的、不能接受的思想、情感及行为,往往并不是别人具有的,而恰恰是我们自身具有的。如:考试作弊的学生总是怀疑别人考试作弊;对别人有非分之想的人,却说别人在引诱自己。

4. 反向作用

反向作用(reaction formation)是指对内心难以接受的情感以相反的态度和行为表现出来,即"口是心非"。如:本来很想接近异性,却表现出回避或疏远;一个对丈夫前任妻子的孩子本来没亲情的继母,却对孩子格外的保护、照料;内心深处有同性恋欲望的男人,却故意找女孩搭讪等。

5. 移植

移植(displacement)也称"替代"(substitution),是指将对某一对象的强烈情感转移到没有威胁性的另一对象上,即寻找"替罪羊"。如受了上司的气,却冲着家人或桌椅板凳发火。因为如果直接向上司还击,可能引发扣奖金、降工资、炒鱿鱼等严重后果,与其如此,还不如将情绪转向没有危险性与威胁性的替代出口上。

6. 合理化

合理化(rationalization),即为自己的挫折和失败寻找能被社会认可的理由,以减轻自我无能感,也称"文饰作用"或"酸葡萄效应"。一般说来,承认自己失败或无能会导致巨大的心理冲击,为了避免这种焦虑,许多人会将外界因素确定为事态的主因,从而逃避责任,保护自尊。如:把考试不及格归因于老师出题太偏;将与女友关系破裂归因于她性格怪僻;把不做慈善归因于捐的钱都被拿去胡吃海喝等。

7. 升华

升华(sublimation)是将不为社会认可的本能欲望导向比较崇高的、为社会赞许方向的心理机制。自我防御机制的作用是保护自我,而升华却兼具保护自我和造福社会的双重功能,是唯一具有生产性、建设性的积极防御机制。一个人沉迷艺术创作、体育竞技、科学探索的过程,是创造文明、繁荣社会的过程,也是宣泄里比多、寻求自我满足的过程。

自动形成的无意识自我防御机制,虽然能起到减少紧张、缓解焦虑的作用,但如果过度使用,就会引起重复、无效甚至变态的行为,因为自我防御机制是以歪曲现实的方法来减轻焦虑的,并不能从根本上解决问题。

第四节 经典精神分析理论的应用

精神分析不仅是一种人格理论,更是一种治疗心理疾病的方法。精神分析的理论体系与精神分析的临床实践之间的关系十分紧密,精神分析的临床原则与临床技术都直接建立在精神分析潜意识理论、人格结构理论、发展阶段理论的基础上。精神分析已成为现代精神医学及心理治疗工作者最广泛应用的专业工具。

一、精神分析的难点

精神分析的难点是找到通向潜意识的途径。精神分析治疗的一个基本假设是:精神疾病所呈现出来的症状是深埋在潜意识中的冲突的表现,不能进入潜意识就不能揭示冲突。而潜意识正如一间阳光照不到的"黑屋子",如何能穿透黑暗,发现线索,这是精神分析理论的重点,也是精神分析实践的难点。弗洛伊德有说服力地解决了这一难题,找到了通向潜意识的七条途径(Jerry M. Burger,2004)。

(一)梦

弗洛伊德认为"梦是愿望的达成",梦是"通往潜意识的捷径",梦为本我冲动提供了表现的舞台。但梦中许多潜意识的想法和欲望也要通过乔装,进行象征性地表达。如房子代表人体,跳舞、骑车、攀爬暗示性交,突起的物体代表男性生殖器,凹陷的物体代表女性生殖器等,这就是为什么我们的梦让人感觉荒诞离奇,赤裸裸的梦境同样会让自我感到焦虑。

这些表面看来琐碎、零乱、荒诞的梦境,在精神分析治疗师眼里,往往包含着重要的潜意识信息。梦有显梦和隐梦之分,显梦是指做梦人看到的和记得的梦境,隐梦是指显梦背后真实的动机。潜意识中的欲望与冲动一般以两种方式在显梦中表现出来:符号化和梦的制作。分析师通过辨认一般符号和特殊符号,通过识别、压缩、转换、反向等多种梦的制作技术,撕掉显梦的伪装,看清潜意识的真实冲动和欲望。

焦虑的自我常常依靠梦来达成我们潜意识的愿望,使被压抑的冲动得到一种变形的满足。

(二)投射测验

投射测验是向受测者呈现意义模糊的刺激,并让他们根据要求对呈现的刺激进行反应,或辨认物体,或编写故事,回答没有对错之分,这些反应往往连受测者自己都难解其意。精神分析早期使用的投射测验是罗夏墨迹测验(见图 2-5)和主题统觉测验(见图 2-6)。

当事人的异常反应及重复出现的主题与潜意识的焦虑、恐惧、愿望联系似乎十分紧密,这些内容往往成为治疗探索的主题。如具有敌意和攻击的人可能在墨迹图

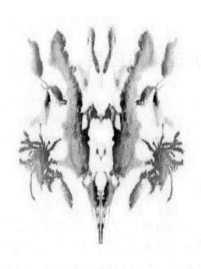

图 2-5 罗夏墨迹测验图

图 2-6 主题统觉测验图

上看见的是牙齿、利爪和血迹,口欲期固着的人可能看到食物或有人在吃东西。当然,有不少学者认为罗夏墨迹测验和其他投射测验方法存在效度和信度不高的问题。

(三)自由联想

自由联想是弗洛伊德探索潜意识最常用的方法。分析师引导病人自由地说出浮上心头的所有思想、情感和冲动,不管它们是多么愚蠢、荒唐、不合情理,甚至下流。然而生活中的我们早已习惯对自己的思想和情感进行审查,评估合适与不合适,这样一来自由联想就出现了阻碍。为了使自由联想顺利进行,安全、放松的环境和氛围设置是特别要考虑的。如图 2-7 所示为弗洛伊德式自由联想的经典摆设。

图 2-7 弗式自由联想的经典摆设

(四)弗洛伊德口误

生活中,我们所有人都难免会发生口误、笔误、遗忘等很不起眼的小过失,但在弗洛伊德看来，这些恰恰可能反应了潜意识的真实情感。比如，有人在大会开幕式上说："先生们，我看到大多数合法席位的出席者已经到场，因此我宣布，会议结束。"他把"开幕"说成"结束"，这一口误可见他对会议本来就兴趣索然。

（五）催眠

弗洛伊德相信，在深度催眠的过程中，自我进入一种暂停工作的状态。成功的催眠师能避开自我的监督，轻松获得人的潜意识。不过并非所有的人对催眠的暗示都有反应。

（六）意外

弗洛伊德认为，我们身上多数真实的东西都不是有意识的，而我们意识中的多数东西都不是真实的。当你无意中撞翻了朋友的一个装饰架，并摔坏了他心爱的雕塑，或者不小心把菜汁洒到邻座女孩的漂亮裙子上，大概都会辩解说那不是故意的。但这你不小心暴露出来的攻击驱力已被心理治疗师看到了。

（七）象征行为

正如离奇的梦是潜意识欲望的象征性表达，一些日常的举动和行为也在流露我们潜意识的真实意义。如一位患者痛恨自己的母亲，但他并没有察觉自己内心对母亲的这种敌意。在治疗师看来，这种潜意识的敌意是患者问题的根源。他为家里买了一个擦鞋垫，擦鞋垫上装饰的是雏菊的图案。并非巧合的是，他的母亲最喜欢的花是雏菊。她的碟子以及房间里到处都是雏菊的图画。简言之，雏菊象征着母亲，这个儿子每次进房间的时候，喜欢在雏菊图案上擦脚，并不停地踩——这种行为象征性地表现出他对母亲的敌意。

获取潜意识的过程往往耗时耗力，但却生动有趣。那些离奇的梦境、无意表现出来的举止，在弗洛伊德看来都是潜意识的线索或痕迹。

 拓展阅读

进行（心理分析）观察的材料，通常都是由不足挂齿的小事提供的。而其他科学往往对它们不屑一顾——认为那不过是现象世界的残渣废铁……（然而）世界上不总是存在一些重要事情只在某些条件、某段时间出现，而且是以极其隐晦的方式表现出来的吗？……比方说，如果你是位年轻人，难道不是通过一些鸡毛蒜皮的小事来判断你是否已经赢得某位少女的芳心吗？难道你一直傻等着爱的直接表达或热烈的拥抱吗？一个不为外人察觉的流盼难道不是足够了吗？轻微的动作、温柔的抚摸就多停留那么一秒，不已足够了吗？再比如，如果你是位追捕凶犯的侦探，你会寄希望于在作案现场找到凶手的照片，且照片后面还贴有他的住址吗？如果你能在那里发现一点点关于案犯的蛛丝马迹，难道不也很满足吗？（弗洛伊德，1984）

二、精神分析的目的

精神分析的目的是揭示冲突的原因，解释症状的含义。借助于自由联想、释梦和投射测验等手段与技术,困扰病人的无意识症结逐渐浮上水面。不过,弗洛伊德特别提醒:治疗师过快揭示症状的真实含义是不合适的。

治疗师只有在下述两方面条件均具备时,才可以向病人作出解释。其一,治疗师自己全面准确理解了病人症状的真实含义;其二,病人也理解、认同了精神分析的独特病理观——有问题的思想、情感或行为都是潜意识冲突的表现。如果操作过于仓促,急于向自我脆弱的病人呈现赤裸裸的本我,这将可能导致他们的焦虑变本加厉,而多数人的缓解策略是建构起新的、更不易穿透的防御机制。

如果治疗师在合适时机揭示病因,就能获得当事人的认同,并促使当事人产生顿悟(insight)。精神分析疗程中的顿悟不只是对潜意识症结的认知疏通,伴随着顿悟,被压抑的情绪能量也会充分释放。

离奇的症状和扭曲的行为其实表达的都是潜意识的冲突,治疗师能否以独特的方法捕捉,并有分寸地呈现,这是解除症状的关键,也是精神分析的目的。

三、精神分析的步骤

推进精神分析疗程的两个必经步骤分别是处理阻抗和分析移情。

（一）处理阻抗

发现潜意识症结,揭示症状的含义,其过程是曲折艰难的。因为越深入潜意识,越接近症结,病人就越想逃离。这种逃离的力量就是阻抗(resistance),它是任何精神分析治疗中都会出现的必然现象。

出现阻抗,是因为病人当下把那些曾经用于压抑本能冲动和痛苦体验的力量都用在了阻止治疗的进程上。此时,病人会无意识地使用各种方法来误导治疗师,如忘记会谈时间、不付报酬、迟到、沉默、转移话题,甚至攻击羞辱治疗师等。

病人的阻抗使分析的进程停止或迂回,激惹治疗师产生焦虑和不当反应。很有趣的是,阻抗既让治疗师头痛,但也让治疗师欣喜,因为它表明治疗师正在接近"有分量的东西",这是治疗进展有效的重要标志。成熟的治疗师能准确解读阻抗的本质,并针对阻抗现象与当事人进行分析讨论,恰当处理,引导疗程向纵深推进。

（二）分析移情

在精神分析进程中,另一个必经步骤是移情(transference),即病人把过去情境中对重要他人的情感替代为对治疗师的情感。例如,病人会像对待已故父母似的与治疗师谈话。弗洛伊德认为移情是强迫性重复(repetition compulsion),即个体会不断地把自己早期的人际互动模式搬到当下的人际关系中。当他把这种有缺陷的模式复制到治疗师身上的时候,治疗师常常就会获得洞察病人潜意识冲突、解释病人问题行为的重要线索。

病人转移到治疗师身上的情感可能是积极的,也可能是消极的,控制与分析移情是治疗过程中复杂而重要的部分。如果治疗师能对移情进行准确的识别与处理,那将十分有利于揭示形成冲突的原因。下述案例展现了治疗师识别、分析与处理移

· 第二章 弗洛伊德的经典精神分析取向 ·

情的娴熟技能。

案例 2-2

来访者:男性,18 岁,高二学生。因严重的强迫症状影响到学习和人际交往而来武汉中德心理医院就诊。症状和症状学诊断略。来访者的父亲是一位大学教授,人品和学问都很好,在同行中享有较高声誉,父亲对来访者各方面都要求很严格。来访者印象很深的事情是,他四五岁的时候,家里来了客人,他就很高兴甚至很兴奋,说话和动作也就特别多。每当这个时候,他的父亲就会当着客人的面严厉地指责他,说他是"人来疯"、"哗众取宠"、"装疯卖傻吸引别人的注意"等。从十四五岁开始,来访者偶尔会攻击父亲,说父亲搞科研、写论文,也不过是为了"哗众取宠"。来访者自己读过很多书,由于人际交往上的困难,他的很多时间都是靠读书来打发的。交谈中医生感到自己在来访者那个年龄的时候虽然也是无书不读,但限于时代的条件,读书的数量远不如他。

在了解了来访者的一些基本情况之后,医生试着教来访者"自由地说话",即想到什么就说什么,不要管说的对还是错,有用还是没用。医生举了一个例子说,《尤利西斯》这本号称最伟大的英文小说,就是用这种自由的方式写成的。医生还花了几分钟的时间讲述该书的内容和写作特点。后来在自由联想中来访者说,在医生介绍《尤利西斯》那本书的时候,他明显地感到医生在卖弄学问。面对这样的"指责",医生感到一阵难受。

后来两人一起讨论了医生的"卖弄学问",来访者认为,自己对卖弄的敏感和对卖弄的严厉态度,是跟父亲学的。再后来,医生和来访者在治疗室里做了一次"卖弄"比赛:看谁讲的笑话更好笑。

这位来访者说医生"卖弄学问"就是"移情"。他把对父亲的攻击性转移到了医生身上。最开始他是认同了父亲对自己的攻击,然后"以牙还牙",说父亲做学问是另外一种形式的哗众取宠,在治疗室里就说医生介绍《尤利西斯》是卖弄。从时间的维度上来说,他是把过去跟父亲的相互攻击关系带到了现在跟医生的关系之中。所以说,移情是过去在现在的重现(曾奇峰,2011,有改动)。

弗洛伊德特别提醒治疗师注意自己的反移情,如果治疗师把自己对他人的情感转向病人,并且没有自知和察觉,那就会形成治疗师的问题与病人的问题的交错、混淆,并造成后续分析的迷惑与偏离。

精神分析的大部分时间花在将无意识冲动带到意识表层的工作上,即"无意识的意识化"。这期间,治疗师与病人脆弱的自我合作,努力将无意识层面的冲突、冲动提升到意识层面,释放压抑,解除焦虑,强壮自我,整合新的人格。

 温故知新

20 世纪初,奥地利神经学家弗洛伊德通过治疗患歇斯底里症的病人,有了惊人的发现：年幼儿童存在性欲；令人费解的生理症状表达的是潜意识心理需求；躺在沙发上诉说看似无关的话题可以治疗心理疾病。弗洛伊德就此开创了人类历史上具有重要影响力的第一个综合性人格理论。

这一理论认为人的心理分为意识和潜意识两个部分，人类行为受潜意识的影响；人格结构中具有交互作用的三种力量：本我、自我和超我。自我起着平衡协调的作用，但本我、超我及现实的冲突会唤起自我焦虑，为了缓解焦虑，自我会动用防御机制。弗洛伊德还以性心理发展为线索，提出了人格发展阶段理论，每个人都必须经历这些阶段，而每一发展阶段均有不同主题的性欲冲突内容及获得满足的方式，对待冲突及其满足性欲的方式，会直接影响人格的健康发展。

弗洛伊德在理论建构的基础上，还发展了一套心理治疗的技术。精神分析治疗的目的是潜意识的意识化。分析师通过自由联想、释梦、投射测验等手段，协助病人理解潜意识冲突，重新建构人格力量的平衡。

没有任何一位人格理论家，能引起像弗洛伊德理论那样多的争议。每一位临床心理学家和人格研究者对其理论的作用、价值，对其严谨性、科学性都有自己的看法。综合看法基本评价如下。

1. 学术贡献

第一，弗洛伊德是心理学史上第一位对人格进行全面而深刻研究的心理学家，他搭建了第一座人格理论的"摩天大厦"。

第二，弗洛伊德被公认为建立临床心理治疗体系的第一人。他所创造的自由联想、投射测验、释梦等临床技术，已成为心理治疗师广泛使用的专业工具。

第三，弗洛伊德提出了人格领域的一系列重大理论问题：意识与无意识的关系；人的生物性与社会性的关系；人格的结构；人格的发展动力；人格的发展阶段；人格变态及其根源；人格的冲突与防御机制等。他的理论成为20世纪心理学发展的第一动力。

第四，弗洛伊德开创了临床法的先河，对人格研究的方法体系作出了重要贡献。

2. 理论缺陷

第一，弗洛伊德过于看重人性的消极面，看重生物本能力量对人行为的影响，以致有人称他的理论为"残缺的心理学"。

第二，弗洛伊德理论提出的一些概念、假设是不可验证的，缺少实证研究的支撑。如潜意识、防御机制等。

第三，弗洛伊德忽视或低估了人格的一些重要影响因素。如5岁以后的经验、社会文化因素等。

第四，弗洛伊德临床研究法的严谨性、客观性受到许多攻击与质疑。

本章练习

1. 名词解释

潜意识　　驱力　　本能　　自我防御机制　　压抑　　升华　　替代

第二章 弗洛伊德的经典精神分析取向

拒绝　　反向　　合理化　　投射　　阻抗　　移情
2. 请简述弗洛伊德的意识分区和人格结构理论。
3. 简述性欲发展阶段与人格特征的关系。
4. 简述焦虑的原因与分类。举例说明几种常用的自我防御机制。
5. 简述弗洛伊德的心理病理观。
6. 为什么说古典精神分析治疗的实质是"潜意识的意识化"？

本章参考文献

[1] Berger J. M.. 人格心理学[M]. 6版. 陈会昌, 译. 北京: 中国轻工业出版社, 2004.
[2] Dollard J., Miller N.. 人格与心理治疗[M]. 李正云, 译. 杭州: 浙江教育出版社, 2002.
[3] Freud. 精神分析引论[M]. 高觉敷, 译. 北京: 商务印书馆, 1984.
[4] Hergenhahn B. R.. 人格心理学导论[M]. 何瑾, 冯增俊, 译. 海口: 海南人民出版社, 1986.
[5] Pervin L. A.. 人格心理学[M]. 洪光远, 郑慧玲, 译. 台北: 桂冠图书股份有限公司, 1993.
[6] Pervin L. A., John O. P.. 人格手册: 理论与研究[M]. 黄希庭, 译. 上海: 华东师范大学出版社, 2003.
[7] Phares E. J.. 人格心理学[M]. 林淑梨, 王若兰, 黄慧真, 译. 台北: 心理出版社, 1991.
[8] 陈仲庚, 张雨新. 人格心理学[M]. 沈阳: 辽宁人民出版社, 1986.
[9] 傅文青. 人格心理学[M]. 北京: 人民卫生出版社, 2007.
[10] 郭本禹. 西方心理学史[M]. 北京: 人民卫生出版社, 2007.
[11] 郭永玉. 人格心理学 人性及其差异的研究[M]. 北京: 中国社会科学出版社, 2005.
[12] 黄坚厚. 人格心理学[M]. 台北: 心理出版社, 2002.
[13] 黄希庭. 人格心理学[M]. 杭州: 浙江教育出版社, 2002.
[14] 戚炜颖. 人格魅影: 祛魅人格心理学[M]. 北京: 北京大学出版社, 2007.
[15] 熊哲宏. 心灵深处的王国——弗洛伊德的精神分析学[M]. 武汉: 湖北教育出版社, 1999.
[16] 杨鑫辉. 心理学通史[M]. 济南: 山东教育出版社, 2000.
[17] 张春兴. 现代心理学——现代人研究自身问题的科学[M]. 2版. 上海: 上海人民出版社, 2005.
[18] 郑雪. 人格心理学[M]. 广州: 暨南大学出版社, 2007.

第三章　人格的新精神分析取向

 内容概要

自卑与追求优越
社会兴趣与生活风格
自性
集体潜意识
原型
基本焦虑
应对焦虑的策略

弗洛伊德提出的精神分析理论吸引了大量的学者对其进行研究。学者们推陈出新，分别形成了自己的人格理论。随着研究的深入，弗洛伊德的追随者不像弗洛伊德那样坚定地坚持精神分析理论，其中有许多学者质疑精神分析理论的根基——性驱力论，逐渐地，许多追随者纷纷脱离精神分析学派，形成了自己的理论和学派。本章将介绍几个有代表性的学者及其观点，有利于我们了解新精神分析学派的内容及其对精神分析理论的拓展。

> 同弗洛伊德的巨大成就相比，这些理论的不同在于它们建立在他创建的基础之上。
>
> ——凯伦·霍妮

第一节　自卑情结：阿德勒的个体心理学

案例 3-1

生活的事实

生活中，你会因为周围同学漂亮和帅气的外表而自惭形秽吗？你会因为他人的口才而暗生美慕吗？你会因为朋友的高薪工作而自责吗？生活中到处存在着比较，从而使你产生自卑，这种情绪会使我们沮丧、郁闷，可能会影响我们正常的学习和生活。那么，这种自卑感在生活中，仅仅起着负面的作用吗？下面阿德勒的这句话会

第三章 人格的新精神分析取向

给我们解答。

做人就意味着感觉卑微。在每一段心理生活的开始,人都会感受到深刻的自卑感。

——阿尔弗雷德·阿德勒

阿尔弗雷德·阿德勒(Alfred Adler,1870—1937)是第一个从弗洛伊德群体中脱离出来的人。1895年他获得维也纳大学医学博士学位,从业后,很快成为当时精神分析学派的核心成员之一。由于他公开反对弗洛伊德的泛性论,两人关系宣告破裂,此后成立了个体心理学(individual psychology)。

一、自卑与追求优越

阿德勒反对弗洛伊德把性本能作为人格的动力,认为自卑感(feelings of inferiority)是人格发展的动力。自卑感使人产生对优越的渴望。早期,阿德勒认为自卑感可以来自器官和身体的缺陷,如果一个人的某种器官功能衰退或有缺陷,就会遇到许多生活困难,产生自卑感,个体会采用种种补偿活动来对自己的不完美进行抵抗。后来,阿德勒扩大了自卑感这个概念范围,认为自卑感起源于个人生活中所有不完全或不完美的感觉,包括身体的、心理的和社会的障碍,不管是真实的障碍或是想象的障碍。

  人物介绍

阿尔弗雷德·阿德勒(见图3-1)的一生,是一个男人努力克服自卑感的优秀样板。1870年他出生于维也纳,是家里六个孩子中的老三(他前面有一个哥哥和一个姐姐)。他的童年期是在哥哥的阴影下度过的。阿德勒在学校也被自卑感困扰着,他的数学成绩非常糟糕。迫于离开学校的压力激发了阿德勒学习的动力。他发疯地学习,不久成为班上数学成绩最好的学生。1895年,他进入维也纳大学学习医学。1902年,他通过报纸捍卫了弗洛伊德的释梦的理论后,开始和弗洛伊德合作。弗洛伊德邀请阿德勒出席他的小组讨论会议,1910年阿德勒被任命为小组的首任主席。而1911年,由于他和弗洛伊德的分歧越来越严重,他提出辞职。小组的几个成员追随阿德勒,组成了最初的自由精神分析研究会,后取名为个体心理学协会,并创办了刊物。

图3-1 阿尔弗雷德·阿德勒
(Alfred Adler,1870—1937)

阿德勒认为,个人的自卑感起源于婴幼时期,婴幼儿完全依赖成人才能生存,有了自卑感,人们开始为了摆脱自卑而努力追求优越。阿德勒认为,追求优越是每个人生来就具有的基本动机,每个人奋斗追求的目标就是优越(superiority),包含更加完美的发展、成绩、满足和自我实现(Adler,1930)。在阿德勒看来,追求优越(striving for superority)是人的本性,是先天遗传的。同自卑感一样,追求优越技能导致积极的发展,也能引起优越情结(superiority complex)。如果一个人只追求自己的优越而忽视他人和社会的需要,就会表现为专横、爱慕虚荣、骄傲自大、自以为是,这种人令人讨厌。阿德勒认为,自卑感一方面是积极的驱动力,同时也可能导致精神病。沉重的自卑感可能使人束手无策,心灰意冷,甚至万念俱灰。在这种情况下,自卑感便成为个人积极成长的障碍和破坏力量,阿德勒称这种情况为自卑情结(inferiority complex)。过度自卑使人认为自己比其他人差很多,以致产生一种无助感,而不驱使自己去建立优越感。

二、社会兴趣与生活风格

社会兴趣(social interest)概念的提出,是阿德勒对其人格动力理论的一个重要补充。阿德勒认为,社会兴趣是所有人具有的一种先天需要,一种与他人友好相处、共同建设美好社会的需要。因为人是社会性的动物,人在其生命过程中必须完成求职、结婚、养育子女等社会任务。要完成这些任务,人们之间必须分工合作、相互协作。所以,人生下来就必然具有一种先天的社会兴趣。一个人在克服自卑感和追求优越的同时,又被社会兴趣所驱动,两种动力交织在一起,驱使人们实现社会的共同进步和共同幸福。拥有社会兴趣的人,就不会出现优越情结,与社会脱离。后来,阿德勒根据人们所具有的社会兴趣的不同,划分出四种类型的人:①统治-支配型,这种人喜欢支配和统治别人;②索取-依赖型,这种人喜欢依赖别人的劳动,向别人索取自己所需的一切;③回避型,这种人总是回避生活中的各种问题,企图碌碌无为而避免失败;④社会利益型,这种人能正视问题,试图以某种有益于社会的方式解决问题。阿德勒认为,前三种类型的人的社会兴趣都是错误的社会兴趣,只有第四种类型的人才具有正确的社会兴趣,有希望过上充实而有意义的生活。阿德勒甚至认为,任何丑恶的社会问题都可以归结为社会兴趣的沦丧。

在追求优越的过程中,人们克服自卑采用的方式和方法各不相同,阿德勒称其为生活风格(style of life)。这是一种标志个体存在的独特方式,是作为一个统一整体的自我在社会生活中寻求表现的独特方式。阿德勒认为,儿童在四五岁时就已形成了他的生活风格,成为人格发展的基本框架,这种生活风格,儿童自己是意识不到的。早期的社会环境对生活风格的形成非常关键,特别是亲子关系。阿德勒认为错误的生活风格主要由三种原因导致:①器官缺陷,它会引起儿童的生理自卑,有可能导致不健康的自卑情结;②溺爱或娇纵,儿童成为家庭的中心,他的每一需要都必须得到满足,长大后则容易成为缺乏社会兴趣、自私自利的人;③受忽视或遗弃,这种儿童感到自己毫无价值,变得对社会和他人极端冷漠、仇视,对所有的人都不相信。因此,阿德勒大声疾呼,为了避免儿童产生错误的生活风格,应加强对儿童的早期教育,从增加儿童的社会兴趣入手,使他们懂得正确的生活意义。

三、创造性自我与人格适应

创造性自我（creative self）是指人格中的自由成分，它是个体能在可供选择的生活风格和追求目标中进行的选择。阿德勒认为，人格不是环境或遗传的简单被动的接收者。相反，每个人都自由地作用于这些影响，按照个人自己"创造"的方式将他们加以组合。在阿德勒看来，差别在于选择，即创造性自我上的不同。阿德勒确信，每个人都能自由地选择自己的生活风格和追求目标。每个特定的个体都受其生物遗传因素和环境影响，但是，正是创造性自我对这些变量的作用和解释决定了这个人的人格。

人们从自卑出发，为了追求优越，采用特定的方式克服自卑，形成生活风格，在社会兴趣的基础上，通过创造性自我，适应社会。阿德勒认为，适应良好的个人有勇气面对问题，追求优越和完美，形成健康的生活风格和社会兴趣。适应不良的个人只追求个人的优越而缺乏足够的社会兴趣。可能影响社会适应的因素如下。

1. 出生顺序

阿德勒认为，个体出生顺序不同，其在家庭中的地位也不同，从而形成不同的生活风格，导致不同的社会适应情况。例如，长子经常遭受失败的命运，害怕竞争；次子则喜欢竞争，具有强烈的反抗性；最后出生的儿童常常受到长者的娇惯，长大后可能会出现问题，但也可能造就异乎寻常的性格。但并不是所有的结果都支持阿德勒的观点，出生顺序并不能预测一个人在人格测验中的得分（Jefferson, Herbst, McCrae, 1998; Parker, 1998）。

案例 3-2

不同家庭规模与出生顺序对智力的影响

研究者使用了其他科研人员 20 世纪 60 年代末到 70 年代初在荷兰收集的有关 35 万名荷兰男子瑞文测验（一种非言语智力测验）的结果，发现：出生顺序与被试的测验成绩显著相关；测验得分随家庭人员的增多而降低，并随着出生顺序的推进而下降（Zajonc, Marks, 1975）。

（引自郭秀艳，杨治良《基础实验心理学》，高等教育出版社，2005）

2. 早期记忆

由于人的记忆带有主观选择性、创造和想象的成分，因此，通过早期记忆可以发现个体感兴趣的东西，使个体找到自己的兴趣，形成独特的生活风格和适应社会的方式。

案例 3-3

阿德勒童年记忆

阿德勒曾谈到他自己的最初记忆，所回忆出的是，他五岁时在上学的路上要穿过一个墓地,他总感到十分害怕,但是其他同学似乎一点也不在乎墓地,这使他更感到不安和害怕,加重了自卑感。有一天他决定不再害怕了。他将书包放在地上,然后来回12次穿过墓地,直到克服了恐惧感为止。从那天起,他上学时再也不害怕墓地了。阿德勒认为,这个最初记忆似乎表明他生活风格的某些东西。他从很小的时候起,就努力克服自卑感和恐惧感,以勇敢的行为进行补偿,使自己坚强起来,而不是低人一等。30年之后,阿德勒同一位老同学交谈时,询问那块墓地现在是否还在。他的那位同学十分惊异地说,那里从来就没有什么墓地。阿德勒自己也十分吃惊。他的回忆是那样生动清晰。后来,他还询问过其他老同学,都说从来就没有墓地。最后,阿德勒认识到,虽然他回忆的事情是错误的,但是那反映了他童年时的瘦弱、自卑及战胜它们的勇气和努力。他认为这些成了他一生的特点。最初记忆揭示了他生活风格的一个重要方面。

(引自黄希庭《人格心理学》,浙江教育出版社,2002)

3. 潜意识梦境的分析

潜意识梦境也是个体生活风格的表现。通过梦的分析,也能发现人的生活风格,揭示个体心灵深处为之奋斗的优越目标,也会影响社会适应的情况。

四、个体心理学的评价

阿德勒的个体心理学作为弗洛伊德理论的拓展,具有进步和积极的意义。阿德勒的个体心理学把人从古典精神分析独断的泛性论中解放出来,不仅强调了遗传和环境对人格形成的双重作用,而且重视自我的作用。个体心理学降低了弗洛伊德关于潜意识性欲在人格发展中的决定性作用,恢复了意识在心理学中的主导地位,对人格的发展持主动和乐观的态度。

个体心理学也有其理论的局限性。首先,阿德勒把追求优越的向上意志当做人类行为的根本动力,这为他的理论涂上了主观唯心主义色彩;其次,阿德勒虽然重视人格的统一整体性,但他忽视了对人格结构及其内在矛盾的分析,把人简单地看成是追求优越的单一动机驱使的个体;再次,阿德勒提出社会兴趣的概念虽有一定的积极意义,但他把它看做是人的一种先天的合群利他的趋向,而不是当做人类生产劳动、社会关系和社会生活的必然结果,这是一个非历史唯物主义的观点;最后,阿德勒虽然重视社会环境对人格的影响,但他所说的社会环境主要是指家庭环境,根本没有触及社会对人格的影响,忽略了社会对人格发展的作用。

第二节 自我与石头的相遇:荣格的分析心理学

卡尔·古斯塔夫·荣格(Carl Gustav Jung,1875—1961)是瑞士著名的心理学家和精神病医生,是弗洛伊德的追随者,也是分析心理学的创始人。1914年,荣格和弗洛伊德合作7年之后忍痛决裂。此后,他曾多次赴澳洲、北非、美洲和印度等地考察,

第三章 人格的新精神分析取向

以其独辟蹊径的科学研究方法对人类文化的心理因素进行分析,创立了与弗洛伊德理论有很大差异的理论体系。以下主要介绍荣格的精神分析理论的主要内容。

人物介绍

卡尔·古斯塔夫·荣格(见图3-2)出生于瑞士康斯维尔的一个宗教家庭。他于1900年获巴塞尔大学医学博士学位,接着到苏黎世大学精神诊所任职。1906年起开业行医,并与弗洛伊德交往密切。两人1909年应邀去美国讲学。1911年荣格在弗洛伊德的全力支持下出任国际精神分析协会第一任主席。但是1914年因对精神分析、潜意识和里比多的理解与弗洛伊德不同,两人关系决裂。荣格辞去国际精神分析协会主席并退出该协会,开始大力倡导分析心理学。

图3-2 卡尔·古斯塔夫·荣格
(Carl Gustav Jung,1875—1961)

一、人格结构

荣格的分析心理学也是一种整体人格结构理论。人格作为一个整体被称为心灵或灵魂(psyche)。心灵(或人格)包括所有的思想、感情和行为,不管是意识到的还是潜意识的。心灵的作用就是调节和控制个体,使其适应周围的自然与社会环境。心灵既是一个复杂多变的有机整体,又是一个层次分明、相互作用的人格结构。心灵由意识、个人潜意识和集体潜意识三个相互作用的系统所组成。这个结构不仅由无数要素组成,而且这些要素之间的相互作用也是错综复杂的,同时这个结构还不断受到外部环境和身体内部产生的刺激(见图3-3)(黄希庭等,2002)。

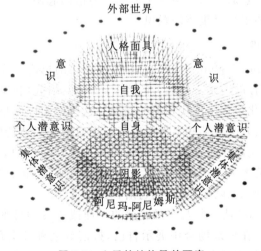

图3-3 心灵的结构及其要素

（一）意识

荣格认为，意识是人的心灵中唯一能够被个体直接感知的部分。它随着生命的诞生而出现。荣格认为，意识的一个主要作用就是促进个性化过程。所谓个性化（individualization），就是一个人越来越意识到自己的独特性、越来越富于个性、越来越不同于他人的过程。个性化的目的在于尽可能充分地认识自己或达到一种自我意识，或称为自我意识的拓展。个体在个性化的过程中，产生一种新的要素，荣格称其为自我（ego）。自我就是我们能够意识到的一切心理活动。自我是意识的中心，自我具有高度的选择性，它挑选出个体意识所需要的信息。通过对经验的选择与淘汰，自我保证了人格的统一性与连续性。在这一点上，荣格与弗洛伊德的观点很相似。

（二）个人潜意识

个人潜意识（personal unconscious）由曾经被意识到但又被压抑，或者一开始就没有形成有意识的印象的内容所构成。个人潜意识的内容对于个人来说是极易获得的，它与自我是相互作用的。个人潜意识与意识存在着双向流动或交换。例如，由于兴趣的转移，刚才在意识中的东西会转入个人潜意识中。如果现在需要，储存在个人潜意识的东西也会被我们提取出来，对它们进行有意识的思考。

个人潜意识的一个重要特点就是以情结（complex）的形式表现出来。所谓情结，就是富有情绪色彩的一连串的观念或思想。凡是一个人沉溺于某种东西而不能自拔时，其背后就有情结存在，例如自卑情结、性爱情结、金钱情结、权利情结。情结使他的心灵被某种东西强烈地占据了，他的思想与情感、言语与行为往往被情结左右，使他难以感知与思考其他的事情，而他本人却没有意识到。情结可能起着积极或消极的作用。情结可能是灵感的动力源泉，对事业上取得成就有重要意义，也可能是病人神经症的根源。荣格认为，心理治疗的目的之一就是帮助病人解开情结，把人从情结的束缚下解放出来。荣格在早期认为情结起源于个体的童年经验，后来他发现情结最深层的根源是集体潜意识。

（三）集体潜意识

集体潜意识（collective unconscious）是荣格理论的核心概念。集体潜意识也是一个储存库，它所储存的不是个体后天的经验，而是其祖先（包括人类祖先和动物祖先）在漫长的生物演化过程中世代积累的经验。这些经验以原型（archetype）的形式保持下来。原型是指人类对某些事件作出特定反应的先天遗传倾向，或潜在的可能性，即采取与自己祖先同样的方式来把握世界和作出反应。例如，惧怕黑暗、敬畏鬼神、依恋母亲、警惕陌生人等（郭永玉等，2007）。原型的数量千千万万，但是有几个原型特别重要：人格面具、阿尼玛、阿尼姆斯、阴影、自性。

人格面具（persona）是一个人公开展示的一面或心灵的外部形象（outward face of psyche），其倾向于在公众场合中展示自己，扮演好某种社会角色，其目的在于给别人一个好的印象，得到社会承认和赞许。过分关注人格面具会牺牲人格结构中的其他组成部分,从而对心理健康造成危害。

阿尼玛(anima)是男性具有的女性特征。阿尼姆斯(animus)是女性具有的男性特征。这是人类在漫长的岁月中,在男女相互交往和共同生活的经验中形成的。这两种原型为我们建立起一种无意识的标准,影响到我们对异性的选择和反应。例如,在金庸笔下,有很多聪敏、刁蛮甚至狠毒的女子,如黄蓉、殷素素和阿紫。但是作者本身是爱她们的,所以可能她们是作者的阿尼玛。荣格认为,我们在寻找一个爱情伙伴的过程中,是把我们的女性原始意象或男性原始意象投射到潜在的对象身上,用他的话说,就是"一个男人,在对爱情选择上,受到与他本身无意识的女性原始意象最吻合的女性,即一个能够立即接受他的灵魂投射的女性的强烈诱惑"(Jung,1928)。更确切地说,每个人对正在寻找的男人或女人都有一种无意识的意象。某人越是与他投射的标准相匹配,他就越愿意与这个人发展个人之间的关系。恋爱中的人,可能会"情人眼里出西施",但荣格相信,被吸引的真正原因在于头脑中被隐藏的部分,它是从祖先那里一代一代继承下来的。

阴影(shadow),也称同性原型。它代表一个人自己的性别,并影响到与其他同性的关系。它包含了人的心灵中通过遗传获得的最黑暗、最隐秘和最邪恶的倾向,因而被称为阴影。阴影具有强大的破坏力,因而有必要加以压制。阴影不仅是最坏的东西的发源地,也是最好的东西的发源地。在荣格看来,阴影的动物本性是生命力、自发性和创造性的源泉。他认为,一个人要是缺乏来自阴影的力量,其生命将缺乏活力,没有朝气,像一个没有生命的人。

自性(self)是集体潜意识中的一个核心原型,它把所有别的原型都吸引到它的周围,使它们处于和谐状态,即把人格统一起来,导致人格的统一、平衡和稳定。荣格认为,一切人格的最终目标就是自性的充分发挥或实现。自性的实现很大程度上依靠自我,通过自我尽量使人格的各个组成部分达到自觉意识,使那些无意识的东西成为能被意识到的东西,使人格获得充分的个性化。这是一项十分复杂而艰巨的工作,极少有人能够完成这一工作。自性具有整合性、秩序性、中心与完整性、神圣与超越性的特点(陈灿锐、申荷永,2011)。

二、人格动力

荣格不仅有系统的人格结构理论,而且提出了人格动力学说。他认为人格结构本身,就是一个动力系统,这个系统具有相对闭合的性质,其动力源泉则是心理能量。心理能量在整个精神系统中的分配是由守恒律和熵律决定的。

(一)里比多

人格动力的心理能量(psyche energy),荣格用里比多来称呼这种心理能量。但是荣格不同意弗洛伊德将里比多解释为单纯的性能量。相反,他把里比多看做是一种普遍的生命力,后来,逐渐用"心理能量"取代了"里比多"。荣格认为,心理能量可以是意识的,也可以是无意识的,在意识中它表现为各种努力、欲望和意愿。同时,它既可以表现为食欲、性欲，也可以表现为情绪和情感。

（二）守恒律和熵律

荣格提出了一些心理能运转的原则来说明心理能量在人格结构中的分布和移动情况。这些规则主要有两条。第一，守恒律（principle of equivalence）。这是指心理能中一定的能量从某一心理成分中减少或消失，与之相等的能量就必然出现在另外的心理成分之中（Jung，1969）。能量永远不会从心灵中消失，它只是转移到别的活动上去了，有时甚至从意识活动转移到无意识活动中，例如以幻想或梦的形式表现出来。第二，熵律（principle of entropy）（Jung，1928）。这是指心理能量的分布和流动是有方向的，一般是从能量多的心理成分流向拥有较少能量的心理成分，以实现心灵不同结构或成分之间的平衡，这就像热力学中所说的热量流动的规律一样，从热量高的地方流向热量低的地方，以至两方的热量达到均衡。例如，一个人的人格面具过分发展而阴影呈低度发展，那么心理能就会从人格面具原型流入阴影原型之中。

三、心理类型

荣格认为，在世界的联系中，人的精神有两种态度（attitude）。一种态度是指向个人内部的主观世界，称为内倾（或内向）（introversion）；另一种态度则是指向外部环境，称为外倾（或外向）（extroversion）。前者心理活动指向自己的内部世界，喜欢安静，富于幻想，对事物的本质和活动结果感兴趣；外倾型的人好社交，为人活泼、开朗，对外部世界的各种事物感兴趣。荣格还认为每个人都不是绝对内倾或外倾的，许多人是介于两者之间的中间类型，或某种态度类型相对占优势。

除两种态度外，荣格还提出了四种心理功能（functions of thought），即思维（thinking）、情感（feeling）、感觉（sensing）和直觉（intuiting）。他认为思维的功能是评价事物正确与否，而情感的作用是判断和确定事物价值，考量该事物是否可以被接受。思维与情感是一对相互对立的功能，人们用它们来进行判断和评价，因此可称为理性功能。感觉是一个人确定事物存在与否的功能，但不指明那是什么事物。直觉是对过去或将来事物的预感。感觉与直觉也是一对相互对立的功能，因没有理性参与，故称为非理性判断。荣格说："感觉告诉你存在某种东西，思维告诉你它是什么，情感告诉你它是否可以接受，直觉告诉你它从何而来，去往何处。"（郑雪，2011）。

荣格把两种态度与四种功能结合起来，划分出八种不同的人格类型。

外倾思维型（thinking extrovert type）：遵守规则，善于思考，客观冷静，生活有规律，但比较固执己见，情感压抑。

外倾情感型（feeling extrovert type）：多愁善感，思维常常被情感压抑，没有独立性，情绪容易受外界的影响，非常注重与社会和环境建立和睦的情感关系。

外倾感觉型（sensing extrovert type）：追求欢乐，对客观事物感觉敏锐，精明，但是情感浅薄,沉溺于各种嗜好。

外倾直觉型(intuiting extrovert type):易变而富有创造性,有多种嗜好,但难以坚持到底,做事常凭主观预感。

内倾思维型(thinking introvert type):离群索居,独自追求自己的理想,常以主观因素为依据分析事物,待人冷漠,社会适应能力差,智商高,情感受压抑。

内倾情感型(feeling introvert type):沉默寡言,不易接近,给人一种神秘莫测的吸引力,但内心有非常丰富和强烈的情感体验。

内倾感觉型(sensing introvert type):对事物有深刻的主观感觉,喜欢通过艺术形象表现自我,缺乏思想和情感,较被动,对外界漠然,了无生趣,不关心身旁发生的事情。

内倾直觉型(intuiting introvert type):富于幻想,性情古怪,思想往往脱离现实,不易被人理解,常常产生各种离奇的幻想和想象,体验奇特怪异,但不为此烦恼(黄希庭等,2002)。

荣格所划分的这八种类型只代表极端的情况,实际上每个人都会表现出某种占优势的人格类型,在他身上还有不占优势的第二种或第三种人格类型。其中有意识的因素,也有无意识的成分,两者的相互作用构成了千变万化的人格类型。

四、人格发展

荣格有关人格发展问题的关键概念是个性化(individualization)。个性化是指在意识的指导下,使意识的心灵和潜意识内容融洽地结合为一体的过程。在荣格看来,只有到达个性化的人才是心理健康的人,才有一个充分分化了的、平衡的和统一的人格。一旦个性化过程出现后,超验功能(transcendent function)就发挥效力。超验功能是一种对人格中所有对立倾向和趋向加以统一、完善和整合的能力。超验功能也是人生发展所固有的,其与个性化的过程一样,两者相互独立,相互依存,共同促进人格的发展。

荣格以里比多能量的聚散为依据来划分发展阶段。他把人生划分为四个阶段(郑雪,2011)。

(一)童年期(从出生到青春期)

荣格认为这一阶段应分为前期和后期。前期是指出生后的最初几年,儿童不具备意识的自我。他虽然有意识,但意识结构不完整,他的一切活动几乎完全依赖父母。到了后期,由于记忆的延伸和个性化的作用,他的意识自我逐渐形成,儿童开始用第一人称"我"来称呼自己,并且逐渐摆脱对父母的依赖。

(二)青年期(从青春期到35或40岁)

这一时期是"心灵的诞生"时期。此时,个体的心灵正发生一场巨变。他们面临人生道路的各种问题,如事业、婚姻、学习等。在矛盾面前,他们或许会盲目乐观或悲观,因而导致精神失调或自卑感,或许会停留或固守于一种儿童的原型,而不愿意变得成熟起来。因此,这一阶段的人必须努力培养自己的意志力量,使自己的心理和外界保持一致,在生活中做出正确有效的选择,克服面临的困难,找到自己的位置。

(三) 中年期(从 35 或 40 岁到退休)

这是荣格最为关注的时期。他发现,许多中年人虽然在事业上取得了显著的成就,在社会上获得了令人羡慕的地位,有了美满的家庭,但他们往往感到人生仿佛失去了意义。荣格认为,这是在人生的外部目标获得之后所出现的一种心灵的真空,他称其为中年期的心理危机(Jung,1930)。要使中年人振作起来,就必须寻找一种新的价值来填补这种真空,扩展人的精神视野和文化视野。要做到这一点,必须通过沉思和冥想,把心理能量转向过去所忽略的主观世界,由外部适应转向内部适应。用荣格的话来说,对于那些已到中年,不再需要培养自觉意志的人来说,为了懂得个体生命和个人生活的意义,就需要体验自己的内心存在。

(四) 老年期(从退休到死亡)

荣格认为,老年人和儿童一样,喜欢沉浸在无意识之中。他们喜欢回忆过去,更多考虑来世的生活问题。在这里,荣格认为,人死后生命依然存在,认为这是心灵个性化过程的另一个时期并在来世中获得自我实现。作为一名心理学家,荣格认为自己不是单纯从迷信的角度盲目地信仰灵魂转世,而是认为一种为世界上这么多人所深信的信念,一种成为许多宗教所信奉的教义,是不能被心理学研究所忽略的。

五、分析心理学的评价

荣格的心理学以集体潜意识为核心,他一生著述极丰,其研究内容广泛,理论概念抽象,且多具有病理性和哲学意义的价值(刘立国,2008)。

首先,荣格的分析心理学扩展了心理学的研究领域。集体潜意识理论实际上是一种独特的民族心理学和精神进化论的研究,他把世代遗传的精神遗迹看做某一民族独特历史的心理状态,为我们探究人类意识、心理的起源提供了理论启示。荣格及其分析心理学,甚至对心理学和人文科学都曾产生了重要的影响(高岚、申荷永,1998)。

其次,荣格强调了人格的整体性。他虽然把人格分为意识、个体潜意识和集体潜意识,但这些人格成分并不是各自独立、毫无联系的,它们在自性这一原型的统一指挥下,整合为一个有机的整体。这种整体观对正确理解完整的人格是有积极意义的。

再次,荣格对人格类型的研究开创了个体差异研究的新领域。他的理论虽不无偏颇,但为人们了解自己的心理倾向和个性特征提供了可能性。他的理论至今仍在教育、管理、组织行为学、医疗、文学等领域产生重大的影响。随着后人对其类型理论的不断改进和发展,更进一步深化了人格的研究和人们对个体差异的了解。同时,他的集体潜意识和原型的研究开辟了人格的遗传进化论研究。

当然,荣格的理论与方法还是遭到了许多学院派心理学家的批评,他们认为荣格的理论和观点深奥难懂,离奇古怪,带有神秘性,其方法缺乏客观性和严谨性。

第三节 现代人的神经症人格:霍妮的社会文化理论

凯伦·霍妮(Karen Horney,1885—1952)是社会精神分析学派的代表人物,与许多新弗洛伊德主义者不同,凯伦·霍妮不是弗洛伊德的学生,她以间接的方式学习了弗洛伊德的著作,并在柏林精神分析研究所和纽约精神分析研究所讲授精神分析学。但是,不久她开始对弗洛伊德理论的基本原理提出质疑,她认为社会和文化的力量对于性别的作用远大于生物因素。1941年,她辞职,并建立了自己的美国精神分析研究所。霍妮在整个职业生涯中,探索了文化和社会对人格发展的影响。她提出社会影响对行为的作用超过了内在原因的作用。

人物介绍

凯伦·霍妮(见图3-4)出生于德国汉堡,从小因为自己是女性而受到不公正的待遇,父亲不让其上大学。在母亲的劝说下,霍妮终于获得了上大学的机会,进入柏林医学院学习。1915年,她获得了柏林大学医学学位。她在柏林精神分析研究所工作一段时间后移民美国,于1934年开始在纽约精神分析研究所工作。然而,她对弗洛伊德的理论的几个重要方面越来越不满意,1941年,她的同事以投票方式作出决议,剥夺她的讲师资格。霍妮至此成立自己的美国精神分析研究所。到1952年辞世,她在反抗男性统治的战斗中,在与家长作风的精神分析学派思想的斗争中,取得了巨大的成功。

图3-4 凯伦·霍妮
(Karen Horney,1885—1952)

一、神经症与文化

(一)神经症产生的原因

霍妮的研究是围绕着神经症的病理学展开的。霍妮提出神经症的双重衡量标准:文化标准和心理标准。首先是文化标准,霍妮把社会文化作为人的心理行为的决定因素,因而赋予了神经症以文化的内涵。她认为一个人的心理行为正常与否,要视其文化背景,在某个文化背景下被看做正常的心理行为,在另一个文化背景下也许是反常的。即使在相同的文化背景下,随着时代的变迁,某一时代被认为正常的心理行为模式,在另一个时代也许是反常的。其次是心理标准,霍妮认为,神经症共有的心理因素是焦虑和对抗焦虑而来的防御机制(郑雪,2011)。由此,她提出了神经症的定义:神经症是一种由恐惧、对抗这些恐惧的防御措施及为了缓和内在冲突而寻求妥协解决的种种努力所导致的心理紊乱。从实际的角度考虑,只有当这种心理紊乱偏离了特定的社会文化中的共同模式时,才称作神经症(Horney,1988)。

霍妮抛弃了弗洛伊德的生物本能说,主张从文化中探求个体人格发展和神经症的产生根源。霍妮把神经症看做是人际关系失调所引发的,这种失调往往首先存在于神经症病人童年时的家庭成员之间,特别是亲子关系之间。儿童必须得到成人的帮助才能满足需要,如果父母不能给予儿童真正的爱,就会造成儿童的不安全感。霍妮将父母损害儿童的安全需要的行为称为基本罪恶(basic evil)。儿童的父母如果经常表现出这类行为,就会使儿童产生敌意,霍妮称这为基本敌意(basic hostility)。这样,一方面孩子依赖父母,另一方面又对父母抱有敌意,冲突便由此产生。霍妮认为,基本焦虑就是儿童觉得自己生活在这个潜伏着敌意的世界上所体验到的孤独和无能的感情。基本焦虑使儿童把对父母的基本敌意泛化到一切人甚至整个世界,从而感到世间的一切人和事物都潜伏着危险(Horney,1937)。

(二)应对焦虑的策略

为了减轻焦虑,就会形成一些防御性策略。这些策略是一些潜意识的驱动力量,霍妮称为神经症需要(neurotic needs)。霍妮总结了10种神经症需要:①友爱与赞许的需要,常取悦迎合他人,以期建立良好的印象;②生活伴侣的需要,害怕孤独,寻求和别人生活在一起;③狭窄空间,避免吸引别人的目光,谨慎、小心;④权力,一心追求权威,寻求驯服感;⑤利用他人,总是利用他人达到自己的目的;⑥社会认可,自我评价是由社会认可程度来决定的;⑦自我赞许,夸大自己的形象,获得社会赞许;⑧成就,常迫使自己去寻求更高的成就而不顾及后果;⑨自负,不依赖他人,拒绝与他人来往;⑩完美主义,害怕错误和被批评,总是力求完美。

正常人也有这样的需要,但与神经症患者不同的是:正常人的这种需要可以随现实条件的改变而灵活变动,而且各种需要之间不易产生冲突,因而能比较好地获得满足;而神经症患者往往执迷于其中一种或少数几种,不能根据实际情况灵活选择。

二、神经症倾向的类型

霍妮根据避免焦虑的不同方式确定了三种交往风格的神经症倾向患者,这三种倾向分别是接近人群(moving toward people)、反对人群(moving against people)和脱离人群(moving away people)。

(一)接近人群

这类人对友爱和赞许、生活伴侣或狭窄空间有神经症需要。其主要特征是:习惯于依从他人,总认为别人比自己强,倾向于以别人的看法来评价自己。这种人可能认为"如果我顺从,别人就不会伤害我"(Horney,1937)。

(二)反对人群

这类人对权力、社会认可、自负、自我赞许和成就有神经症需要。其主要特征是:将生活视为一种竞争,适者生存,必须控制别人以掌握主动权;事事以成功为目的;千方百计地利用他人给自己带来好处;好斗但输不起;努力工作但不真爱工作;压抑感情,不愿为感情而"浪费时间"。这种人可能认为"如果我有权力,就没有人能伤害我"(Horney,1937)。

（三）脱离人群

这类人对自负、完美怀有神经症需要。其主要特征是:为逃避紧张关系而独居;与他人保持距离;不与他人发生感情上的联系;孤立自己;凡事力求完美,以避免他人指责。这种人可能认为"只要我与世无争,就没有什么人能伤害我"(Horney,1937)。

案例 3-4

霍妮的典型的三个神经症患者的例子

第一位是一位女性,起初,她看起来友善、热情,爱帮别人做事,喜欢恭维别人。但很快人们发现她总想要求别人,不善独处,不接受朋友的建议,不喜欢男友在她不在的情况下独自做一些自己感兴趣的事。她与人的关系不能保持长久,但她一遇到下一个男人,就会"堕入爱河"。——接近人群神经症

第二位是一位男性,他的大学同学几乎都不喜欢他,他一说话就挖苦人,有时说话尖刻,他看不起所有人,我从没听他说过别人的好话。现在他是个残酷无情——尽管成功——的生意人。——反对人群神经症

第三位是一位女性,她的工作是在一个小公司绘制图表。她很少与同事来往,因此,有工作之外的活动时,人们都不再叫她。她没有朋友,每天晚上都是独自度过。——脱离人群神经症

（引自 Jerry M. Burger《人格心理学(第七版)》,陈会昌,译,中国轻工业出版社）

三、自我理论

霍妮对于人格的阐述与弗洛伊德不同,弗洛伊德强调本我、自我和超我的动力结构,而霍妮主张把人格看做是完整动态的自我(self),自我具有独立性和整体性,其内部包含各种构成要素。她把自我区分为三种基本存在形态。①真实自我:是指个体的潜能。人的一切能力、成就等都是从真实自我发展而来的。它是发展的源头,是个人成长和发展的内在力量,具有建设性。只要身体机能正常,环境适当,就可以发展健全的人格。霍妮把真实自我又称为可能的自我。②理想自我:是指个体在头脑中所设想的理想的自我形象,但往往具有假想的色彩,因而又称作不可能的自我。③现实自我:是指个体此时此地身心存在的总和。霍妮通过分析这三者的关系,揭示了神经症的形成过程(Horney,1950)。神经症患者就是因为无法调整好理想自我、现实自我与真实自我之间的冲突,体验到了更多的焦虑而无法应对导致的。

四、女性心理学

作为20世纪30年代的精神分析学家,霍妮发现自己生活在一个男权社会。弗洛伊德认为女性发展的本质可以在阴茎嫉妒中找到,即每一个女孩都希望成为男孩。霍妮(Horney,1967)用子宫嫉妒一词来反驳其男性优越的观点,这一概念指男人嫉妒妇女怀孕并哺育儿童的能力。霍妮并不认为男人因此对自己不满,而是认为每一种性别都具有让另一性别赞赏的特点。她认为,男人对他们不能怀孕生子的补偿是在其他方面取得成功。霍妮还指出,在弗洛伊德从事研究和写作的时代,人们认为女人在许多方面不如男人,生活在那个时代的女人之所以愿意当一个男人,是因为文化给她们带来的局限和负担,而不是因为天生就有劣势。在男人和女人都能自由地实现他们的愿望的社会里,就没有理由认为女人想要变成男人,或者男人想要变成女人。这里,霍妮再一次强调了文化因素比先天因素更重要。她认为,男人和女人人格的差别是社会环境造成的。从这个意义上说,霍妮走在了时代的前面。

五、社会文化理论的评价

霍妮的精神分析学派的社会文化理论认为:人的行为不是受生物因素,如性本能的驱动,而是受外界环境的影响;社会文化和规范的影响远大于生物因素;强调文化和社会对人格发展的影响(刘启珍,2002),并从神经症起因,通过分析焦虑及其应对方式来分析社会环境和文化对个体人格的影响(郭永玉,1996)。

其次,霍妮不同意弗洛伊德关于妇女的观点,她认为那些观点是误导性的,甚至是侮辱性的。霍妮反对弗洛伊德关于男人和女人人格上的差别是天生的看法,她认为这些差别是文化和社会影响的结果。其观点为促进男女平等事业的发展作了巨大的贡献。

温故知新

新精神分析学派继承和发展了以弗洛伊德为主导的精神分析学派,特别是反对弗洛伊德的性本能的驱力对人的行为和心理的影响的观点,促使许多弗洛伊德的追随者脱离了精神分析学派,形成了自己的理论和学派。他们中的许多人都对精神分析的人格理论作了重要的贡献。

阿德勒提出的个体心理学,把人从古典精神分析独断的泛性论中解放出来,不仅强调了遗传和环境对人格形成的双重作用,而且重视自我的作用。其中强调自卑在个人性格发展中的重要地位,并认为社会兴趣是人们与他人友好相处、共同建设美好社会的需要。在追求优越的过程中,人们克服自卑采用的方式和方法不同,阿德勒称其为生活风格。这是一种标志个体存在的独特方式,是作为一个统一整体的自我在社会生活中寻求表现的独特方式。

荣格提出的分析心理学是以集体潜意识为核心的整体研究,世代祖先积累的经验以原型的形式保持下来。荣格强调意识的完整结构,而且提出人格动力说,认为其动力源泉为心理能量。心理能量在整个精神系统中的分配是由守恒律和熵律决定。荣格将心灵的两种态度与四种功能结合起来,划分出八种不同的人格类型。

以霍妮为代表的社会精神分析学派,对弗洛伊德理论的基本原理提出质疑,认为社会和文化的力量对于性别的作用远大于生物因素,并通过分析焦虑及其应对方式来分析社会环境和文化对个体人格的影响。她认为男人和女人在人格上的不平等是文化和社会影响的结果,她为促进男女平等事业的发展作出了巨大的贡献。

以上分别对新精神分析学派的各个学者的理论的贡献做了简单的介绍,其局限性如下。

首先,个体心理学过分强调自卑在人的行为中的根本动力,社会兴趣的概念把人作为先天的合群利他的趋向是非历史唯物主义的观点。

其次,分析心理学理论和观点深奥难懂,离奇古怪,带有神秘性,其方法缺乏客观性和严谨性。

最后,霍妮的社会文化理论过分强调早期亲子关系的失调导致儿童安全感的威胁,没能真正摆脱弗洛伊德的早期经验决定论;霍妮指出社会存在文化的矛盾,但又只关心个人如何适应这种文化,没提出社会改革要求,相对于弗洛伊德对社会文化的批判态度,是一种倒退(郭永玉,1996)。

本章练习

1. 名词解释

情结　集体潜意识　追求优越　社会兴趣　生活风格　基本焦虑

2. 怎样理解集体潜意识中人类行为的巨大作用?
3. 简述霍妮的基本焦虑的应对策略。
4. 简述新精神分析学派与弗洛伊德理论的差异。

本章参考文献

[1] Adler A.. Individual Psychology, Psychology of 1930 [M]. Mass: Clark University Press, 1930.

[2] Adler A.. The Practice and Theory of Individual Psychology[M]. New York: Harcourt Brace Jovanovich, 1924.

[3] Horney K.. Feminine Psychology[M]. New York: Norton, 1967.

[4] Horney K.. Neurosis and Human Growth[M]. New York: Norton, 1950.

[5] Horney K.. The Neurotic Personality of Ourtime [M]. New York: Norton, 1937.

[6] Jefferson T., Herbst J. H., McCrae R. P.. Associations between Birth Order and Personality Traits: Evidence from Self-reports and Observer Ratings[J].

Journal of Research in Personality,1998,32:498-509.

[7] Jung C. G.. The Stage of Life[M]. London:Routledge,1930.

[8] Jung C. G.. The Structure and Dynamics of the Psyche [M]. 2nd Ed. Princeton,NJ:Princeton University Press,1969.

[9] Parker W. D.. Birth Order Effects on the Academically Talentd[J]. Gifted Child Quarterly,1998,42:304-318.

[10] Zajonc R. B., Markus G. B.. Birth Order and Intellectual Development [J]. Psychological Review,1975,82:74-88.

[11] 郭秀艳,杨治良.基础实验心理学[M].北京:高等教育出版社,2010.

[12] 黄希庭.人格心理学[M].杭州:浙江教育出版社,2002.

[13] 郭永玉.人格心理学 人性及其差异的研究[M].北京:中国社会科学出版社,2005.

[14] 郑雪.人格心理学[M].广州:暨南大学出版社,2011.

[15] 沈灿锐,申荷永.荣格与后荣格学派自性观[J].心理学探新,2011,31(5):391-396.

[16] 高岚,申荷永.荣格心理学与中国文化[J].心理学报,1998,30(2):219-223.

[17] 郭永玉.霍妮的社会文化神经症理论及其历史地位[J].中国临床心理学杂志,1996,4(2):119-221.

[18] 刘国立.荣格的情结理论探新[J].心理学探新,2008,28(4):10-13.

[19] Horney.我们时代的神经症人格[M].冯川,译.贵阳:贵州人民出版社,1988.

[20] Jerry M. Burger.人格心理学[M].7版.陈会昌,译.北京:中国轻工业出版社,2010.

第四章 人格的特质取向

 内容概要

奥尔波特的人格特质理论
卡特尔的16PF人格特质理论
艾森克的人格特质理论
现代特质心理学:"大五"与"大七"

如果有人问你,你的某位朋友或你的某位同班同学是怎样的一个人,你将如何回答呢?你大概会像大多数人那样,列出符合那个人的一些人格特质。例如:"某人勤奋,办事认真,赋予进取精神";"某人懒惰,做事无精打采,意志薄弱"。古人也常用特质来描述和评价一个人,如孔子经常总结君子和小人的种种区别:"君子坦荡荡,小人常戚戚"(《论语·述而》);"君子泰而不骄,小人骄而不泰"(《论语·子路》)。孔子也经常评价他的学生:"柴也愚,参也鲁,师也辟,由也喭";"求也退";"由也兼人"。由此可见,利用特质来对人进行描述是植根于日常经验的一种古老的话语习惯。特质论是以特质概念为基础建立起来的一种人格理论,该理论把人格看做是由许多不同特质所构成的。但理论家对特质的定义却不一致。通常,特质被看做是持久(具有时间的延续性)而稳定(具有情境的一致性)的行为倾向。这种神经心理结构或先天的行为倾向,使个体以相对一贯的方式对刺激做出反应。因此,对一个人的人格特质的了解,便可以预期其行为反应。特质论者认为,人格特质是所有的人所共有的,但个人所具有的每一种特质则是因人而异的,这就形成了人与人之间的人格差异。外向、内向、开朗、聪慧、敏感等都被认为是人格特质。特质论范式由美国和英国的学者开创和推广,其代表人物是奥尔波特、卡特尔和艾森克。

第一节 奥尔波特的人格特质理论

人格心理学家经常面临这样一个问题,即个体的主要特质是什么,换言之,个体在哪些方面彼此各异。例如,研究者认为焦虑是这样一种特征:有的人沉着冷静,有的人则焦虑不安。为了区分这种差异,研究者设计了一张有25个题目的焦虑调查表,其中包含诸如这样的问题:"你是不是担心未来?"。假如有人对25个题目做了肯定回答,那他就比只对10个题目做肯定回答的人更为焦虑。同样,如果两个人得分相同,那就意味着两者的焦虑程度相同。奥尔波特(见图4-1)对上述假定予以否定。

图 4-1 奥尔波特
(Gordon W. Allport,1897—1967)

他认为这两个人的焦虑并非一样。张三的焦虑不等于李四的焦虑,张三可能对未来偶尔有强烈的焦虑,而李四则经常忧心忡忡,其程度要轻很多。

奥尔波特的人格理论受到多数接受行为主义和经验主义观点的美国心理学家的批评,然而这并不妨碍其理论的重要性。奥尔波特通过将人格特质假设为人格的基本单位来处理这一令人迷惑的复杂问题。他认为特质是一种概括化了的行为方式,这种行为方式具有个体的特征,并且在人与人之间有很大的差异。它是一种实在的和具有决定意义的神经心理结构。同时,特质也来源于人们观察个体所得到的印象。

尽管奥尔波特的主要研究是建立综合性的人格理论,但他有着广泛的兴趣,包括宗教信仰、社会态度、甚至无线电等。奥尔波特说,如果想要了解个体某一方面的事情,最好的方式是直接问他,因为外人难以了解其内在的心理。但是学院派心理学以大量的经历致力于发展基于群体的量化技术。奥尔波特仅仅需要心理学记住:若要了解一个人,最好的信息来源就是那个人本身,同时还要记住,只要有可能,必须充分利用这个来源。

一、人格的特质学说

(一) 特质的内涵

奥尔波特认为,特质是一种概括化的神经生理系统(是个体所特有的),它具有使许多刺激在机能上等值的能力,能诱发和指导相等形式的适应性和表现性的行为。

在奥尔波特看来,特质是一种神经生理结构,虽然我们看不见它,但可以通过观察个人行为的一贯表现而推断其存在。我们可以通过三个标准来推测特质的存在:一是个体采取某一行为模式的频率;二是个体采取同样行为模式的情境范围;三是个体在保持这种行为模式中的反应强度。所以,特质可以由经验来证明。一个人的害羞特质,可以从他缺乏同辈的友谊,回避社会聚会,喜爱读书、集邮等单独活动,厌恶参加讨论会等行为反应中推断出来。

特质除了对刺激做出反应产生行为外,还主动激发和引导行为,使一个人的行动具有指向性。特质使许多刺激在机能上等值起来,而且反应也有了一致性,在刺激和反应的机能的变化上,特质是动力,是行为的原因。从这一点看,特质可以被看做是动机的衍生物。

特质并非只与少数特殊刺激或反应相联系,而是相对概括和持久的。因此,特质所代表的行为具有持久性和跨情境的特点。但同时,特质也有聚焦性,是镶嵌于社会情境中的,不是固定不变的东西。如支配特质是在某些特殊场合和人群(如同事、家庭和孩子)中出现,在其他场合则出现其他特质。

特质具有独特性。没有两个人具有完全相同的特质,所以每个人对环境的经验和反应也是不同的。即使两人都有热情这一特质,其热情的程度及表现形式也会有所不同。奥尔波特有句名言:"同样的火候使黄油融化,使鸡蛋变硬。"由于个人的特质不同,因此虽然面临相同的情境,人的反应也是不同的。

(二) 特质的分类

奥尔波特将所有特质分为共同特质和个人特质。共同特质是指在某种社会文化形态下大多数人或一个群体所共有的、相同的特质。例如在传统儒家文化的影响下,中华民族形成了一种勤劳、朴实、善良及相对保守的共同特质。而个人特质是指某一个体身上表现出来的稳定、独特的倾向,奥尔波特又将其称之为个人倾向。这两种特质的区别主要取决于被说明的对象。特质当被用来描述一个群体时,就被称为共同特质;而用来描述个人时,便被称为个人特质。虽然奥尔波特承认这两种特质都是存在的,但他极力主张人格心理学应重点关注个人特质,而非共同特质。人格心理学家应利用特殊规律研究法对特定的个体进行深入的研究,应避免用共同规律研究方法来研究人格。因为共同规律研究方法是探讨共性的方法。奥尔波特认为,共性仅是一种抽象,不能对任何个体进行真正精确的描述,而世界上根本不存在两个具有完全相同特质结构的人。

奥尔波特认为并非所有的个人特质都对人格起同样的作用,因而将个人特质按其在人格中的普遍程度区分为首要特质、中心特质和次要特质。

(1) 首要特质(cardinal trait),也称显著特质,表现为一种占绝对优势的行为倾向,这种倾向的渗透性极强,几乎所有的行动均可受此倾向的影响。有时候我们对文学作品中的某个人物可以用一个形容词来描述他的典型人格,那就表示他具有那项首要特质。如林黛玉的多愁善感、葛朗台的吝啬等。显然,首要特质只有在少数典型人身上可以观察到。首要特质特别强大,像一种具有统治性的特征,但并不是每个人都有这种统治性特质,它也并不是在每一个情境下都能表现出来。

(2) 中心特质(central trait),也称核心特质,是指渗透性略弱于首要特质的重要人格特征。如果有人请你写封推荐信真实地介绍你所熟悉的人,你在信中扼要地罗列出你所熟悉的人的某些特征,如聪明、负责任、乐于奉献等,你所罗列的这些特征就是中心特质。奥尔波特发现每个人的中心特质是很少的。他让93名学生对自己熟悉的同性别者,以词、短语、句子描写其代表性特征,结果发现,90%的学生列出5~10个特征,平均为7.2个特征。

(3) 次要特质(secondary trait),是指那些不甚明显的、一致性和概括性较差的那些人格特质。与首要特质和中心特质相比,次要特质则更少地表现出来。如林黛玉在某些情境中的冷漠等。次要特质接近于习惯或态度,但比这二者更具有概括性。某些次要特质可能只有个别亲密朋友才能发现,如喜欢某种音乐,偏好某种口味,一些倾向、看法及其他由情境制约的特性。

二、人格的动力系统

在奥尔波特的动机理论中,机能自主是核心概念,体现着人格动力系统的前动性特点。任何习得的动机系统中,其所含有的动力系统不是该习得系统发展时原有的动力,就可称为机能自主作用。换言之,机能自主是指一个成人现在进行某一活动的原因不是他原来要求行动的那些原因,即过去的动机与现在的动机并没有机能性的联系。奥尔波特并不赞同弗洛伊德关于儿童人格与成人人格之间的关系的观点。根据弗洛伊德的观点,成人人格的基础根植于儿童期,尽管他们的表现会有不同,但是潜藏在成人人格后面的动机是对儿童期心理欲望与经验的一种反映。然而,奥尔波特主张,即使儿童期的行为类似于成人行为,它们也未必就代表相同的潜在动机。奥尔波特用下述例子阐述了这一概念。

> 一个当过水手的人向往大海;一个音乐家在被迫同乐器分离后渴望回到乐器身边;一个吝啬鬼多年来不断地积累钱财。
>
> 最初,水手为了谋生才去航海,海成为他饥饿内驱力的第二强化物,水手现在可能已经成为一个富有的银行家,但他仍然喜欢航海。开始时,音乐家可能因为人们对他演奏的不认可而奋发图强,而现在,他热爱自己的音乐胜过了一切其他动机,热爱成为他演奏的直接动力。吝啬鬼原本可能因贫穷而很节俭,但在贫困过后的岁月里,他的吝啬得以保持下来并表现得更为强劲。

机能自主可分为两个水平:持续机能自主和统我机能自主。

持续机能自主层次较低,是指先前经验对其后行为的持续影响作用,它涉及个体的习惯方式,与个体兴趣、爱好无关。这种机能自主在动物和人类个体中都存在。如:一个为了获得食物而学会走迷津的白鼠,在撤销食物的强化之后,走迷津的行为依然继续;对于人类个体而言,酗酒、吸毒、抽烟均是持续机能自主的表现。

统我机能自主是较为高级的心理过程,是由兴趣、爱好、态度、生活方式等高级过程组成的自主系统,指的是那些与统我有关的自我维持的动机。统我是人格结构中的最高整合水平,包括人格中趋于内在统一的所有方面,包括个体内部对自我认同感和自我提升至关重要的所有方面。当动机变成统我的一部分时,动机就为本身而自行其是,再也不是为着外在的鼓励或奖赏。在奥尔波特看来,说一个健康成人寻求一些目标是因为他们受到强化才这样做是十分可笑的,历史上许多天才人物把终身贡献给自己的事业,但极少或根本没有受到过奖励。

三、人格的发展

奥尔波特认为人格是一种动力组织,它由生物结构和心理结构所组成。人格的各个方面都是相互联系的,并正在组织建构之中。这就意味着有一个人格组织机构使人格特质统一和整合成为一体。这个组织机构,在古代被称为灵魂,后来被称为自身(self)或自我(ego)。奥尔波特认为这些用语都太晦涩,因而他把人格的组织机构重新命名为统我。统我包括使个人具有独特性的所有事实,包括人格中导向内心统一的所有方面。统我不是天生就有的,而是后天逐渐发展而成的。奥尔波特认为,完善的统我在个体发展中经历了以下八个阶段。

①对躯体的"我"的意识。幼儿体验了许多感知,从而知道了自己身体的存在。②对自我同一性的意识。儿童逐渐意识到他们是与别人同样的人。③对自我尊重的意识。这是儿童知道他能独立地做一些事情时产生的骄傲感。这个阶段的儿童常常追求摆脱成人监督的完全的独立。④对自我扩展的意识。儿童知道了"我的"这个词的意义。这时他们不仅认识到他们的身体属于自己,而且玩具、游戏、父母、宠物、姐妹也同样属于自己。自我的意识被扩展到外部事物上。⑤自我意象的形成。儿童形成了作为"好的我"、"坏的我"的参照系的良知,能把自己的所作所为与其他人对他的期望进行比较。⑥理性运用者的自我形成。儿童认识到"思维"是解决生活疑难问题的工具。从某种意义上说,儿童开始思考。⑦追求统我的形成。儿童表现出注重未来的趋向。到青春期,开始制订人生计划并赋予有意义的长期目标。⑧作为理解者的自我形成。当自我意识到已统一并超越了自我的上述7个阶段时,最后一个阶段出现了,即作为理解者的自我综合了所有的统我功能。

四、人格的研究和测量:一般规律研究法和特殊规律研究法

奥尔波特把研究人格的策略分为两种基本类型:一般规律研究法和特殊规律研究法。一般规律研究法是根据共同特质来从事人格研究的一种方法,它试图在普遍意义上理解人的行为和人格,了解群体中某一人格特点的分布,以及这一人格特征在群体中的位置。从事共同特质研究的研究者对所有被试的自尊、焦虑、智力等方面进行测量和比较,发现几乎所有被试的人格特征都可以沿着这些维度加以描述。这种研究类型为特质与行为之间的关系提供了较为重要的信息。事实上,要达到对人类人格的理解,一般规律研究法是一种必不可少的研究方法。

但是,奥尔波特认为,平均值、中等情况仅仅是概括性的,它并不对任何个别人的个别情况做精确描述。要了解一个特定的人的唯一方法就是研究这个人本身。在此基础上,奥尔波特提出了研究人格特质的另一种方法——特殊规律研究法。该方法不是把所有被试都归并到研究者事先设计好的维度或分类中,而是具体研究探讨该个体所具有的人格特质。特殊规律研究法的优点在于,是被试而不是研究者决定了那些所要测试的特质。运用该方法,研究者所测量的特质对于某些被试来说是中心特质,而对于另外一些被试来说可能仅仅是次要特质。奥尔波特在一个名叫詹妮·马斯特森的老年妇女的研究报告中详细阐述了特殊规律研究法,认为了解一个人的人格特质的最好方法是利用他本人的资料,如日记、自传、书信或谈话记录等。在《来自詹妮的书信》一书中,奥尔波特考察了詹妮在12年间所写的300多封书信,并用这种方法鉴定出詹妮的八种中心特质。虽然耗时很长,但是与一般规律法相比,特殊规律研究法更有助于了解詹妮的人格。

五、特质理论的应用

（一）健康成熟人格的标准

奥尔波特是第一个研究成熟的、正常的成人，而不是研究神经病患者的人格理论家。他认为成熟的人是能够摆脱对早期的外周动机过分依赖的个体。他把异常人格与健康人格之间、成年与童年之间的差距理论化。他是唯一断言异常人格与健康人格没有机能上的类似性，而是独立实体的人格理论家。他认为，成熟的人格有一个发展过程，仅在成年期才能实现。健康的或成熟的人格原则上是不能由动物、儿童或神经病的研究中引申出来的。奥尔波特提出健康成熟的成年人的六个标准。

（1）自我扩展能力：健康成熟的人会参加超越他们自己的各种不同活动，他们不仅关心自己的福利而且也关心他人的福利。

（2）与他人热情交往的能力：奥尔波特把热情分为爱和同情。他认为，健康成熟的人能够与他人保持亲密关系，而不侵犯他人的隐私和权利，也不抱怨、指责和讽刺他人。这种人富有同情心，他们能容忍自己与他人在价值和信仰上的差异。

（3）自我接纳的能力和安全感：健康成熟的人能接受自己，有安全感，有较高的挫折容忍力。所谓挫折容忍力，是指个人受到挫折时免于行为失常的能力。他们不冲动行事，不把自己的过错归咎于他人，他们有积极的自我意向，能经得起一切不幸的遭遇。

（4）实际的现实知觉：健康成熟的人能真实地看待各种事物，而不扭曲事物。他们能有效地运用生活上所必需的知识和技能，进行忘我的工作，这种人是以问题为中心的，而不是以自我为中心的。

（5）自我客观化：健康成熟的人能够客观地了解他们自己，能洞察自己的能力与不足。与这种洞察力相关的是幽默感，他们能看出生活中的荒唐而不被其吓着，能够以自己的过错取乐而不伪装欺骗。

（6）统一的人生哲学：健康成熟的人生是遵照和沿着某个或几个经过选择的目标前进。每个人都有一些为之而生活的很特殊的东西，都有一种主要的意向。他们有相当清晰的自我意象和一套指导其行动的标准。

从以上列举的六个特点来看，奥尔波特关于心理健康的观点与人本主义的自我实现的要求是十分相似的。

（二）价值观研究量表

奥尔波特非常强调个人的价值系统，他和弗农等人编订了价值观研究量表，用以了解人们的价值取向。价值观研究量表包含六种价值类型。①理论型：偏重理论价值的人，比较重视对真理的追求。②经济型：偏重经济价值的人，比较重视事物的实用价值，是实事求是者。③审美型：重视美感和艺术化的经验，欣赏形体的美与和谐。④社会型：这方面得分高的人比较重视人际关系，喜欢与人接触的工作。⑤政治型：分数高者倾向于对权力的追求，热衷于影响和控制他人。⑥宗教型：比较重视形而上的价值,强调与宇宙的和谐统一。价值观研究量表直到现在,仍然被很多研究者在许多领域广泛应用。

第二节 卡特尔的 16PF 人格特质理论

卡特尔(见图 4-2)和艾森克这两位英国心理学家试图将奥尔波特的特质概念更加科学化,他们继承了奥尔波特的词汇分类研究,并有效地引进了因素分析的统计方法,各自找到基本的人格特质结构,并且编制了被广泛采用的人格量表,将特质研究推进到一个新的阶段。

卡特尔出生于英国的斯塔福郡,他的全部教育都是在英国完成的。在他 9 岁那年,英国参加了第一次世界大战,这件事对他的一生产生了重大的影响。他目睹成千上万的伤员在附近一幢改为医院的房子里接受治疗的情景,这使他意识到生命的短暂易逝,一个人应尽其所能地去做更多的事情。正因为如此,紧迫感成为卡特尔整个学术生涯的一大特征。他 16 岁考入

图 4-2 卡特尔
(Cattell,1905—1998)

伦敦大学,主修化学,但他对社会问题极感兴趣,因此到了研究生阶段改学心理学,跟随"因素分析之父"斯皮尔曼(Spearman,1863—1945)研究因素分析法。卡特尔于 1929 年获伦敦大学哲学博士学位,从 1928 年到 1937 年担任大学教授和心理中心主任。由于他在人格方面的研究贡献,1937 年卡特尔被伦敦大学授予科学博士学位,同年接受桑戴克的邀请到哥伦比亚大学做一年桑戴克的研究助理。从 1938 年到 1944 年,卡特尔担任克拉克大学心理学教授和哈佛大学讲师,1945 年转往伊利诺伊大学担任心理学研究所教授兼人格与团体分析实验室主任,直到 1973 年退休为止。卡特尔一生勤奋工作,从不浪费时间,他写过 300 多篇学术论文和 20 多部专著。他的著作,不仅数量惊人而且质量极高,堪称世界公认的人格理论家。

到底哪些经验影响了卡特尔的一生及其成就?概括起来,可能有以下几个方面。第一,卡特尔对使用因素分析法研究人格十分感兴趣,并尝试发展出一套人格组织层次的理论,这与他跟从学习的两位英国心理学家不无关系,他们分别是斯皮尔曼和 S. 波特。第二,卡特尔对动机的看法似乎受麦独孤(MCDougull,1871—1938)的影响。麦独孤在 1908 年著的一本书中,提出人类有 14 种先天遗传的本能(动机、习性、饥饿、厌恶、好奇、害怕、愤怒、生殖、母性、群聚、自尊、服从、创造和获得)。在个人经验的过程中,几个原始动机渐渐与同一对象联结在一起而形成情操,例如爱的情操是性、母性和群聚本能的聚合体。卡特尔对人类行为发展的看法,无疑与麦独孤的本能和情操的概念有相似之处。除此之外,卡特尔早期攻读化学的经验在很大程度上影响了他日后对心理学的看法。正如门捷列夫

创立化学元素周期表一样,卡特尔的大量研究也可视作尝试发现一组构成人格的基本元素即特质。

一、卡特尔的方法学思想

卡特尔将特质视为人格的基本要素,但他发现和识别人类人格中基本要素的方式,与别的特质理论家稍有不同。卡特尔并非从那些有关确定人性的深刻见解着手,接着就开始测量这些特征,而是在借用了其他科学领域的研究方法之后开始进行研究的。卡特尔学士学位在化学领域,就像化学家不会从猜测化学元素的构成着手开始自己的工作那样,卡特尔认为心理学家也不应事先在头脑中存在一份关于人格特质的清单,由此开始自己的研究。他建议在人格研究中应使用实验的方法,而不是试图去澄清我们头脑中关于什么是人格的直觉。

卡特尔认为,科学理论建构应该始于观察或测量,在大量的观察或测量的基础上,可以归纳出若干规律,形成粗略的假设。然后,再次进行实验观察或测量以验证该假设,最后,继续根据新的研究结果归纳出更精确的假设……如此反复不已,归纳、假设和演绎三个过程不断循环构成一个螺旋上升的过程,这种理论建构方法即归纳-假设-演绎法。

人格理论以客观的观察和精确的测量为基础,卡特尔将观察和测量的资料分为三种:生活记录资料(L-data)、问卷资料(Q-data)和客观测试资料(OT-data)。生活记录资料是与个人生活历史有关的资料或者说是对日常生活事件的记录,包括主观信息(如教师对学生的评语等)和客观信息(学校成绩记录)及研究者在不知道被试背景的情况下所做的观察。其关键作用在于,由于被试没有直接提供信息,因此较少有欺骗和吹捧的成分,比较真实。问卷资料是通过人格测验得到的人的自我评定结果。这是最容易收集的也是大多数因素分析所使用的一种资料。对于问卷的回答,可能代表被试的真实情况,也可能被试会隐蔽或伪装自己,做出与客观情况不同的回答。客观测验资料是为了测定人格的某些特点而在给定情境下对被试的行为或反应进行观察所得的结果,如压力情境下被试的身心反应、被试对刺激的反应、投射测验的结果等。这种资料是诸多方式中最有价值的一种,因为这类材料比较客观,往往被试并不知道测试的真正目的。

此外,卡特尔还对研究策略和分析方法有独到的见解。在他看来,所有行为都是多个因素共同作用的结果,单变量的方法不仅忽视了有机体的整体性,而且会将研究对象过度简化。因此,他主张使用多变量方法,通过实验程序和统计分析技术同时研究多个变量之间的相互关系,从而萃取变量间有意义的联系及变量之间复杂的交互作用。他还主张使用因素分析技术来分析变量间的相互关系。因素分析的基本要点是相关的概念。如果几个变量之间显著相关,我们可以通过因素分析的方法抽取出其背后共同的因子。通过因素分析就可以找出构成人格的基本单位或根源特质。

二、卡特尔的特质心理学思想

卡特尔是非常重视人格特质的。他认为,特质是人格的基本构成元素,决定个体在给定情境下将做出何种反应,并使个体行为具有跨时间的稳定性和跨情境的一致性。因此,虽然特质并不一定和生理根源有准确的对应关系,但特质绝不是统计的产物,而是对行为有决定和预测作用的重要概念。人格特质的种类很多,可以区分为如下几类。

(一) 共同特质和独有特质

与奥尔波特的观点一样,卡特尔认为,人类存在着所有社会成员所共同具有的特质及个人所独有的特质。前者为共同特质,是指所有人在一定程度上都拥有的特质,如内外向等;后者为独有特质,是为个体所独有的特质,通过兴趣、习惯、态度等形式体现。共同特质用于解释人格在人性或群体层面的差异,独有特质则用于解释个体的个性化本质。卡特尔认为,虽然社会所有成员都具有某种共同特质,但共同特质在每个人身上的强度是各不相同的,即使在同一个人身上,其特质强度在不同时间也不相同。

(二) 表面特质和根源特质

表面特质是指一群看上去有关联的特征或行为。如一个人在街上跟人打招呼、微笑、向对方致意,看上去这个人有一种友善的特质。表面特质不是一种解释的概念,而是一种观察。同属一种表面特质的特征或行为之间的关系很复杂。这些特征或行为虽然彼此关联,但并不一定会一起变化,也不是源于共同的原因。

根源特质是深层的潜在特质,是彼此相关、共同变化的一系列特征或行为的表征。它是内蕴的行为原因,因此具有解释的含义。根源特质是人格结构的最重要部分,控制着个人所有的惯常行为。例如,我们发现一个学生在语文、数学、化学等学科的学习上表现出某种关联,但这种表面特质可以归结为两种独立的根源特质——智力和受教育的年数。因此,表面特质是根源特质的表现,根源特质是表面特质的原因;每一种表面特质都来自一种或几种根源特质,而一种根源特质则可影响多种表面特质。每一个人所具有的根源特质是相同的,但是它们在各人身上的程度则是不同的。

经过卡特尔及其同事在几十年时间里对不同年龄、职业和文化背景的人们的测量,发现大约有 20 种基本的特质。后来,他又收集更多的证据,确定为最基本的 16 种根源特质。

(三) 体质性特质和环境养成特质

体质性特质也称本体性特质,是主要由生物因素决定的特质;环境养成特质则是主要由环境因素决定的特质。体质性特质虽然主要受生物因素的影响,但却未必是天生的,因为后天的生理病变同样可以导致人格的改变。环境养成特质主要受社会或物理环境的影响,所以是习得的特征。

(四)能力特质、气质特质与动力特质

能力特质是个体在应对复杂的问题情境时表现出来的技能,决定其实现目标的可能性。最重要的一种能力特质是智力。卡特尔把智力区分为两种:流体智力和晶体智力。流体智力主要是先天的,是能适应不同的材料并与先前经验无关的一般智力形式;而晶体智力是一种一般的因素,大部分属于从学校中学到的那种能力,代表了过去对流体智力应用的结果及学校教育的数量和深度,它一般在诸如词汇和计算能力测量的那些测验中呈现出来。卡特尔根据流体智力和晶体智力,编制了测验流体智力的文化公平测验。

气质特质是个体普遍的反应倾向或行为风格,决定着所有的情感和行为反应。它是由遗传决定的,属于体质性根源特质,通常不受特定情境因素的影响。

动力特质是个体行为的驱动力,它推动着个体朝着目标迈进。卡特尔进一步把动力特质分为三种:能(erg)、外能(metaerg)和辅助(subsidization)。①能,可以将其视为本能的同义词。能是指先天的一种心理生理倾向,是个体对某些事物作强烈的反应,并产生特殊的情感,从而引发一系列行为来更好地实现目标。②外能,是习得的动机特质,主要受环境和外界因素影响。外能包括两种概括水平不同的特质:情操和态度。情操是通过学习获得的重要的动力特质结构,它使个体注意某种或某类事物,以固定的感受对待该事物并以一定的方式做出反应;态度则是对具体人、事、物的兴趣、情感和行为。可以说,情操是人格中更为持久、更深层的潜在动力结构,虽然与特定的事物范畴相连,但仍具有相当普遍的影响力。态度更有特异性,是在特定情境下对特定的事物以特定的方式进行反应的一种倾向。③辅助,是一种关系,是指动力特质之间层层相联、附属补助的关系。具体而言,某些态度的出现是由相应的情境引起的,而情境的出现又是由能引起的。

(五)团体特质

正如同每个人都具有某种独一无二的人格一样,团体特质是指某一个团体中所具有的某种特质结构。家庭、学校、职业、宗教及民族等团体都具有某种团体特质。团体特质的重要性在于它会直接影响团体成员,特别是个人自己家庭中的团体特质很可能是塑造个人人格的最主要的影响因素。

三、卡特尔的人格发展观

与大多数人格理论家一样,卡特尔也主张遗传与环境均为人格的决定因素,同时他还探讨了人格特质形成的年龄趋势。

(一)遗传与环境的作用

卡特尔认为,在人格的形成过程中学习起着重要的作用。他将学习分为三类:经典条件作用、操作条件作用和整合学习。其中,卡特尔特别强调整合学习,他认为整合学习是在学习一套有层次组织的反应或反应的组合,能给整个人格以最大的满足,而非仅满足许多驱欲而暂时约束某一驱欲——为了整个人更大、更长远的满足而控制行动。由于整合学习是影响整个人格结构的学习,因此也被称为人格学习或结构学习。

除学习对人格发展的影响外,遗传也会对人格发展产生重大的影响。卡特尔十分重视遗传的重要性,并创造出一种统计方法,叫做多重抽样变异数分析法,来分析人格测量得到的数据,以确定遗传和环境的影响在每一种特质中的比例。通过比较分开抚养或共同抚养的同卵双生子、异卵双生子、兄弟姐妹及无亲缘关系的儿童在特质上表现出的相似或差异,他发现,遗传对智力特质的影响占80%~90%,对神经质的影响也相当大,但只为在智力特质中所发现的一半。而整个人格约有2/3决定于环境,1/3决定于遗传。

卡特尔强调人格发展中遗传和环境的交互影响。一个人的天赋特性会影响他人对他的反应,影响他本身的学习方式,也限制环境力量对其人格的塑造。卡特尔发现,遗传造成的差异与环境造成的差异之间呈负相关。可见,社会对先天素质不同的人施加压力以使他们的特质趋向社会上的大多数人。例如,天生支配性强的人,社会鼓励他不要支配人,而对天生较服从的人,社会则鼓励他表现得自我肯定一点。

(二)人格特质形成的年龄趋势

卡特尔研究过人格特质的年龄趋势。他认为,自我和超我是在2~5岁发生的,并赞同弗洛伊德的观点,认为这一时期有许多冲突,是人格发展的危机时期,这一时期的经验对人格的形成特别重要。

6~13岁,儿童开始是无忧无虑地发展其自我,并把爱扩展到对父母及其他人身上。到了青春期,身体结构发生迅速变化,情绪的不稳定性增强,感觉对社会难以把握,对性产生兴趣,还产生了利他主义和对社会作贡献的念头。

25~55岁是成熟阶段,也是基本人格改变较少的时期。虽然这一阶段生理机能有所下降,但由于经验的积累,创造力很可能增加,情绪稳定性也增加了,这一时期也是调节适应的时期。到了老年则会出现记忆力减退、保守、多话等典型心理症状。

四、人格特质的测量

卡特尔的工作重点是运用因素分析技术确定根源特质。他把1万多个形容人格特质的词归类为171个,然后用统计方法归并为35个特质,卡特尔称之为表面特质。卡特尔运用因素分析法对35个表面特质进一步加以分析,获得16个根源特质,设计了一种16项人格因素问卷(16PF),用以测量16个根源特质(见表4-1)。由于卡特尔认为上述根源特质仍存在相关,因此进一步通过因素分析将这些根源特质聚类,最终发现5个概括水平更高的因素——外向性、焦虑、意志坚强性、顺从性和自制性,这被认为是"大五"人格结构的雏形。

表 4-1 16 种根源特质及其解释

1. 因素 A-乐群性　低分特征：缄默，孤独，冷漠。高分特征：外向，热情，乐群。
2. 因素 B-聪慧性　低分特征：思想迟钝，学识浅薄，抽象思考能力弱。高分特征：聪明，富有才识，善于抽象思考，学习能力强，思考敏捷正确。
3. 因素 C-稳定性　低分特征：情绪激动，易生烦恼，心神动摇不定，易受环境支配。高分特征：情绪稳定而成熟，能面对现实。
4. 因素 E-恃强性　低分特征：谦逊，顺从，通融，恭顺。高分特征：好强固执，独立积极。
5. 因素 F-兴奋性　低分特征：严肃，审慎，冷静，寡言。高分特征：轻松兴奋，随遇而安。
6. 因素 G-有恒性　低分特征：苟且敷衍，缺乏奉公守法的精神。高分特征：有恒负责，做事尽职。
7. 因素 H-敢为性　低分特征：畏怯，退缩，缺乏自信心。高分特征：冒险敢为，少有顾忌。
8. 因素 I-敏感性　低分特征：理智，着重现实，自恃其力。高分特征：敏感，感情用事。
9. 因素 L-怀疑性　低分特征：依赖随和，易与人相处。高分特征：怀疑，刚愎，固执己见。
10. 因素 M-幻想性　低分特征：现实，合乎成规，力求妥善合理。高分特征：幻想，狂放不羁。
11. 因素 N-世故性　低分特征：坦白，直率，天真。高分特征：精明能干，世故。
12. 因素 O-忧虑性　低分特征：安详，沉着，有自信心。高分特征：忧虑抑郁，烦恼自扰。
13. 因素 Q1-实验性　低分特征：保守，尊重传统观念与行为标准。高分特征：自由，批评激进，不拘泥于现实。
14. 因素 Q2-独立性　低分特征：依赖、随群附众。高分特征：自立自强，当机立断。
15. 因素 Q3-自律性　低分特征：矛盾冲突，不顾大体。高分特征：知己知彼，自律谨严。
16. 因素 Q4-紧张性　低分特征：心平气和，闲散宁静。高分特征：紧张困扰，激动挣扎。

五、评价

卡特尔的人格理论是一种建立在严谨的科学测验和复杂的数学程序上的特质理论，该理论强调人格的差异性和整体性。在特质因素分析法中，我们看到的是结构明确的测验。显然，卡特尔人格理论的兴衰取决于因素分析法的优劣。因素分析的方法具有严谨、客观和定量化的优点，但是也存在不少局限性。我们可以看到用于因素分析的数据材料不同，其抽取出的特质也是不同的。那么，构成人格的基本要素究竟有多少，目前还没有一个统一的答案。即使我们抽取出了同一种因素，对这种因素的解释也会有很大的差异。霍兹曼指出要理解卡特尔的那些因素恐怕相当困难。卡特尔认为，特质概念表示个体行为在不同情境下的一致性，但是另一方面他又承认，某些环境刺激可能会导致个体的外部行为与人格特质不一致。因此，情境可能改变人格因素在决定行为中的分量。卡特尔指出，将来也许可以通过因素分析来建立一套情境编目，如同我们现在能发展一套人格因素的编目一样。卡特尔的方法过于复杂，因而限制了他及其理论的影响力。

第三节 艾森克人格维度理论

艾森克,英国心理学家,主要从事人格、智力、行为遗传学和行为理论等方面的研究。他主张从自然科学的角度看待心理学,把人看做生物性和社会性的有机体。在人格问题研究中,艾森克用因素分析法提出了神经质、内倾性-外倾性及精神质三维特征的理论。

艾森克继承先前实验心理学家的工作,通过对由实验、问卷与观察所得到的大量的人的特质资料的因素分析,深入研究了人格维度。他认为研究人格特质有时可能会含混,只有研究人格维度才能清楚。他指出,维度代表一个连续的尺度。每一个人都可以被测定在这个连续尺度上所占有的特定的位置,即测定每一个人具有该维度所代表的某一特质的多少。19世纪,已有心理学家提出人格维度的雏形。他们认为人格可以从两个直角维度来进行描写。按德国心理学家冯特的假设,一个维度是从情绪性强过渡到情绪性弱,另一个维度是从可变性过渡到不变性。艾森克则提出内倾性-外倾性、神经质、精神质、智力和守旧性-激进主义五个维度,但认为内倾性-外倾性、神经质和精神质是人格的三个基本维度。

最早对内倾性-外倾性概念做过研究的是奥地利精神病学家O.格罗斯。以后在瑞士心理学家荣格的著作中把内倾性-外倾性概念引入人格研究。艾森克的内倾性-外倾性概念,除了具有其本身的一般含义外,还与神经系统的兴奋过程、抑制过程相联系。兴奋过程可以易化正在进行的感觉、认知和活动;抑制过程可以干扰或影响有机体正在进行的感觉、认知和活动。他发现高外倾性的人兴奋过程表现为发生慢、强度弱、持续时间短,而抑制过程表现为发生快、强度强、维持时间长。这种人难以形成条件反射。高内倾性的人兴奋过程发生快、强度强、持续时间长,而抑制过程发生慢、强度弱、维持时间短。这种人容易形成条件反射。1976年,雷维尔等人作了一项有关工作效果的研究。他们推论高内倾性的人在正常条件下,大脑皮层上已具有高度的兴奋水平,如进一步提高他们的兴奋水平,就会降低被试的工作效果;高外倾性的人在正常条件下大脑皮层的兴奋水平相对较低,若提高他们的兴奋水平,就会提高被试的工作效果。他们的实际研究结果,证实了上述推论,支持了艾森克的观点。

艾森克对情绪性、自强度、焦虑(包括驱力)等进行研究后,发现它们是同一维度的。他把这一维度称为神经质。在他的用语中神经质与精神疾病并无必然的关系。艾森克指出情绪性(神经质)不稳定的人喜怒无常,容易激动;情绪性(神经质)稳定的人反应缓慢而且轻微,并且很容易恢复平静。他进一步指出情绪性(神经质)与植物性神经系统特别是交感神经系统的机能相联系。艾森克认为可以用内倾性-外倾性和神经质两个维度来表示正常人格的神经症及精神病态人格。

艾森克认为精神质独立于神经质。它代表倔强固执、粗暴强横和铁石心肠,并非暗指精神病。研究表明,精神质也可以用维度来表示,从正常范围的一端过渡到极度不正常的一端。它在所有的人身上都存在,只是程度不同而已。得高分者表现为孤独、不关心他人、心肠冷酷、缺乏情感和移情作用、对旁人有敌意、攻击性强等特点。低分者表现为温柔、善感等特点。如果个体的精神质表现出明显程度,则易导致行为异常。艾森克认为精神质与神经质维度一起可以表示各种神经症和各种精神病。

根据人格的两个维度,艾森克把人分成四种类型,即稳定内倾型、稳定外倾型、不稳定内倾型与不稳定外倾型。稳定内倾型表现为温和、镇定、安宁、善于克制自己,相当于黏液质的气质;稳定外倾型表现为活泼、悠闲、开朗、富于反应,相当于多血质的气质;不稳定内倾型表现为严峻、慈爱、文静、易焦虑,相当于抑郁质的气质;不稳定外倾型表现为好冲动、好斗、易激动等,相当于胆汁质的气质(见图4-3)。

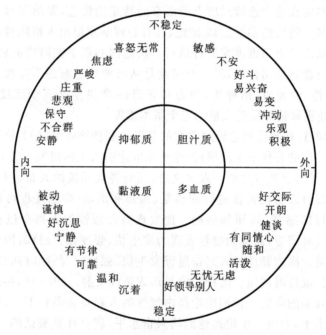

图 4-3 艾森克的人格类型与古希腊气质学说的对应关系

艾森克不仅仅是发展人格理论特质研究取向的主要贡献者,他还利用人格理论探讨了心理病理学的内在人格问题及改进的方法。依据艾森克的观点,个体发展出神经症症状是因为生物系统和那些习得的对恐惧刺激有强烈情绪反应的经历共同作用的结果。因此,大多数神经质患者倾向于高神经质和低外倾得分,相比之下,罪犯和反社会性人格倾向于高外倾和高神经质得分。

艾森克是最早提出人格特质"三因素模型"(内倾性-外倾性、神经质、精神质)的心理学者,他注重研究人格中最基本的特质并对人格特质的生理基础做了探讨,形成了独具特色的人格层次理论。在人格理论方面他是一个特质论的心理学家,但他把人格的类型模式和特质模式有机结合了起来,相对于以前的人格理论更加全面、更加系统,层次性更丰富了。另外,人格结构模型的生物倾向性是他的理论的主要方面。

但是,艾森克的理论也存在着一些不足。第一,艾森克虽然对内倾性-外倾性这一特质的生理基础的研究较为深入,但对神经质、精神质的研究有所不足;第二,艾森克理论模型的基础是神经过程的兴奋性水平,因而对生理基础缺乏进一步深入的探讨;第三,艾森克的理论模型中,每个人格特质都有其独特的结构内容,而它们之间缺乏联系和统一。这些不足为后来的心理学者所认识,促使了新的人格理论的产生。表4-2所示为艾森克人格问卷。

表4-2　艾森克人格问卷(成人版)

1. 有富裕时间时,你是否喜欢早点动身去赴约会?
2. 你是否相信储蓄是一种好办法?
3. 别人是否对你说过许多谎话?
4. 你饭前必定先洗手吗?
5. 你是一个无忧无虑、逍遥自在的人吗?
6. 在做任何事情之前,你是否都要考虑一番?
7. 你是否时常感到"极其厌烦"?
8. 当你去乘火车时,你是否最后一分钟才到达?
9. 你是一个整洁严谨、有条不紊的人吗?
10. 你是否喜欢在你的周围有许多热闹和高兴的事?
11. 你是否宁愿看些书,也不愿去会见别人?
12. 别人是否认为你是生机勃勃的?
13. 你喜欢和别人打成一片,整天相处在一起吗?
14. 对你所喜欢的人,你是否为取乐开过过分的玩笑?
15. 你时常觉得自己的生活很单调吗?
16. 你是否对有些事情易性急生气?
17. 你常感到寂寞吗?
18. 你是一个健谈的人吗?
19. 你曾多占多得别人的东西(包括一针一线)吗?
20. 你是否喜欢说笑话和谈论有趣的事情?
21. 你能使一个联欢会开得成功吗?
22. 你有时有点自吹自擂吗?
23. 你的言行总是一致的吗?
24. 你是否曾想过去死?
25. 你曾经为了自己而利用过别人吗?
26. 你去赴约会或上班时,是否曾迟到?
27. 若你说过要做某件事,是否不管遇到什么困难都要把它做成?
28. 遇到为难的事情你是否拿不定主意?
29. 你的朋友多吗?
30. 在愉快的聚会中你是否通常尽情享受?

续表

31. 你的情绪时常波动吗？
32. 你小时候有过对父母鲁莽无礼的行为吗？
33. 若你乘车或坐飞机外出时，你是否担心会碰撞或出意外？
34. 有礼貌爱整洁对你很重要吗？
35. 你是个忧虑重重的人吗？
36. 你愿意让别人怕你吗？
37. 你是否参加的活动太多，已超过自己可能分配的时间？
38. 你担心自己的健康吗？
39. 你是否会谈论一些你毫无所知的事情？
40. 你有时会把今天应该做的事拖到明天吗？
41. 你的感情是否容易受到伤害？
42. 你曾经无缘无故地觉得自己可怜吗？
43. 你是否认为结婚是个框框，应该废除？
44. 你经常无缘无故感到疲倦和无精打采吗？
45. 有坏人想要害你吗？
46. 你曾经是否坚持要照你的想法去办事？
47. 在游戏或打牌时你曾经作弊吗？
48. 你是一个爱交往的人吗？
49. 你是否容易紧张？
50. 和别人在一起的时候，你是否不常说话？
51. 你是否尽力使自己不粗鲁？
52. 有人对你或你的工作吹毛求疵时，是否容易伤害你的积极性？
53. 当别人做了好事，而周围的人认为是你做的时候，你是否感到洋洋得意？
54. 你觉得自己是个非常敏感的人吗？
55. 若你犯有错误你是否愿意承认？
56. 你是否常担心你会说出（或做出）不应该说（或做）的事？
57. 你认为自己神经过敏吗？
58. 你是否认为人们为保障自己的将来而精打细算、勤俭节约所花费的时间太多了？
59. 你喜欢会见陌生人吗？
60. 当你看到小孩（或动物）受折磨时是否感到难受？
61. 你是否曾经贪心使自己多得份外的物质利益？
62. 晚上你是否小心地把门锁好？
63. 一件使你为难的事情过去之后，是否使你烦恼好久？
64. 在公园里或马路上，你是否总是把果皮或废纸扔到垃圾箱里？
65. 你是否觉得大多数事情对你都是无所谓的？
66. 你失眠吗？
67. 是否有那么几个人时常躲着你？
68. 你在儿童时代是否立即听从大人的吩咐而毫无怨言？

续表

| 69. 当别人问你话时,你是否对答如流? |
| 70. 你是否有过随口骂人的时候? |
| 71. 你有时喜欢玩弄动物吗? |
| 72. 你是否服用有奇特效果或是有危险性的药物? |
| 73. 慢腾腾开车的司机是否使你讨厌? |
| 74. 若你确知不会被发现时,你会少付给人家钱吗? |
| 75. 你是否担心将会发生可怕的事情? |
| 76. 如果条件允许,你喜欢经常外出(旅行)吗? |
| 77. 你认为自己活泼吗? |
| 78. 你是否有广泛的爱好? |
| 79. 你是一位易激怒的人吗? |
| 80. 你是否常因"自罪感"而烦恼? |
| 81. 你喜欢紧张的工作吗? |
| 82. 在一个沉闷的场合,你能给大家增添生气吗? |
| 83. 在结识新朋友时,你通常是主动的吗? |
| 84. 你是否有时兴致勃勃,有时却很懒散不想动弹? |
| 85. 你是否有过自己做错了事反倒责备别人的时候? |

第四节 现代特质心理学:大五和大七

特质理论家有一个共同的目标:确定普遍的人格结构。奥尔波特提出了初步的理论构想,卡特尔提出了十六种根源特质,艾森克确定了三个人格维度,其他研究者也各自提出自己的人格结构,但是他们始终没有达成共识,特质领域也因此陷入困境。直到五因素人格理论("大五"结构,五因素模型)出现,特质心理学才得以复苏,并在人格心理学殿堂里占据了越来越显赫的位置。

一、大五人格因素

> 现在我们相信,采纳人格五因素模型作为特质结构的表示,是更为有成效的。如果这一假设是正确的——如果我们真的找到了人格的基本维度——这将是人格心理学的一个转折点。
>
> McGrae & John,1992

对自然语言特质描述词的因素分析表明,多种文化具有较大的一致性,这五个因素不但出现在英语里,也出现在别的语言里。这使得高登伯格(Goldberg)提出基本词汇假设。他认为,生活在一定社会文化圈内的人,经过长时间的生活体验,应该早已确定了人们在人格的哪些重要方面存在个体差异,并在其自然语言中存在大量描述这些个体差异的词汇。因此,通过分析和研究这些词汇,就可以找到描述人格的基本维度或特质。在美国和西方国家中进行的大量研究表明,这些国家的自然语言中确实存在比较一致的五个描述人格的基本维度,即所谓的"大五"人格因素。这五个人格维度分别是:开放性(openness)、尽责性(conscientiousness)、外向性(extraversion)、随和性(agreeableness)和神经质性(neuroticism)。如果我们将这五个维度的首写字母连在一起,即构成"ocean"(海洋)一词,它正好是容纳了人类人格特征的海洋。

(1) 开放性是指对经验持开放、探求态度,而不仅仅是一种人际意义上的开放。构成这一维度的特征包括活跃的想象力、对新观念的自发接受、发散性思维和智力方面的好奇。在开放性维度上高得分者是不依习俗的、独立的思想者,低得分者则比较传统,喜欢熟悉的事物胜过喜欢新事物。有的研究者把这一维度称作是智力维度,尽管它实际上与智力并不是一回事。

(2) 尽责性是指我们如何控制自己、如何自律。在该维度上得分较高者做事有条理、有计划,并能持之以恒。得分较低者则马虎大意,容易见异思迁。由于这些特征总是与成就或者工作情境相连,有些研究者将其称为"成就意志"或"工作维度"。

(3) 外向性,其一端是极端外向,另一端是极端内向。外向者非常喜好交际,通常还表现为精力充沛、乐观、友好和自信。内向者的这些表现并不突出,但这并不表明他们是以自我为中心的和缺乏精力的。正如一个研究小组所解释的那样,"内向者含蓄而不是不友好,自主而不是追随他人,稳健而不是迟缓"。

(4) 在随和性维度上得分高的人是乐于助人的、可信赖的和富有同情心的。得分较低者则为人多疑,对人多抱有敌意。随和的人注重合作而不强调竞争,随和性差的人则喜欢为了他们的利益和信念而奋斗。

(5) 神经质性。神经质性维度依据人们情绪的稳定性和调节情况而将其置于一个连续统一体的某处。那些经常感到忧伤、情绪容易波动的人在神经质性的测量上会得高分。消极情绪有不同的种类,如悲伤、愤怒、焦虑和内疚等,它们都有些不同的原因,并且需要不同的对待方式。但是研究一致表明,那些趋向于某一种消极情绪的人通常也会体验到其他的消极情绪。在神经质性上得分较低的人多表现为平静、自我调试良好、不易出现极端和不良的情绪反应。

跨文化普适性的验证是五因素模型研究的重点,最重要的一个方面是模型本身的验证。自五因素模型在英语语言中得到确定之后,跨文化研究表明,它在许多文化下用不同的方法都得到了很好的验证。跨文化研究的另一部分是性别差异和年龄差异的跨文化比较。对德国、意大利、韩国、日本、西班牙等文化的研究表明,从青少年到中年,个体将变得越来越适应社会、利他、有条理和尽责,同时越来越不热情和不开放。这种现象和美国文化下的个体没有太大区别。对性别差异的跨文化比较也发现了类似的模式。女性在神经质性、随和性、外向性和开放性的某些方面(如热心、对美的开放性等)的得分相对较高,男性在外向性和开放性的某些方面(如自信、思想的开放性)有更高的得分。

除此之外,为证明五因素模型的神经心理根据,研究者还找到了行为遗传学、分子遗传学和比较心理学等领域的证据。根据行为遗传学的研究,人格变量25%到50%的变异可以归结为遗传的作用。分子遗传学证据表明,神经质性、尽责性与多巴胺受体有关,而其他三个维度则没有发现类似关系。最后,比较心理学的研究表明,黑猩猩的习性特点,除一个重要因素外,其他均与五因素结构有较高的相似性。而且,它们类似于神经质的特性会随着年龄增长而下降,而与随和性相似的特质将随年龄增长而增加。

二、人格的七因素理论模型

七因素理论模型是在批评五因素模型的基础上提出的。五因素模型包含两个致命缺陷。其一,五因素不能代表自然语言中人格的所有方面。约翰等人对特质词的分类研究进行了历史回顾,发现像"独立的""特异的"等重要特质词汇无法归入"大五"因素的任一维度。特里根(Tellegen)等人指出,五因素理论没有像它所声称的那样完全抓住了"自然"语言的人格范围。其二,进行因素分析前的选词标准具有较大的主观随意性。五因素的研究者在制订特质词的分类标准、按此标准去掉多余词或选词构成测量词表时,有可能出现一系列的决策误差。词表的内容有偏差,依此构造的人格维度显然也不全面。事实上,严格的分类标准使得很多潜在的人格术语无法进入因素分析的筛选范围。基于此,特里根等人率先在理论和方法上进行了探索和改进,提出了人格"七因素理论模型",具体内容如下。

(1) 正情绪性(positive emotionality,PEM)。标定词包括:抑郁的、忧闷的、勇敢的、活泼的。

(2) 负价(negative valence,NVAL)。标定词包括:心胸狭窄的、自负的、凶暴的。

(3) 正价(positive valence,PVAL)。标定词包括:老练的、机智的、勤劳多产的。

(4) 负情绪性(negative emotionality,NEM)。标定词包括:坏脾气的、狂怒的、冲动的。

(5) 可靠性(dependability,DEP)。标定词包括:灵巧的、审慎的、仔细的、拘谨的。

(6) 适意(agreeableness,AGR)。标定词包括:慈善的、宽宏大量的、平和的、谦卑的。

(7) 因袭性(conventionality,CONV)。标定词包括:不平常的、乖僻的。

另外,一些心理学家在跨文化情境下对"大七"模型进行了验证,基本肯定"大七"的稳定存在。

Almagor研究了使用希伯来语的以色列人,结果表明:他们的前六个因素名称与特里根等的基本相同,有些因素的标定词都有所重叠;只是第一个因素偏重"动因性",所以他们将第一个因素命名为"(动因)正情绪性"。他们抽取的第七个因素称为"(集体)正情绪性",标定词有:可爱的、喜悦的、古怪的、沉默寡言的,等等。同第一个因素相比,第七个因素多涉及他人、社会。

Benet的研究发现,美国人用以自我描述的"大七"因素结构及其主要标定词,同样可以在西班牙人自我或同伴描述中找到;但是,个别标定词,如"不平常的",在美国为因袭性维度的负标定词,在西班牙样本中则被归入正价维度,这说明"大七"模型具有一定的普遍性,对维度的不同的理解则反映两种文化价值观的差异。

北京大学心理学系王登峰、崔红等人对中国人人格结构的探讨,相对于西方的"大七"人格结构,由中国词汇分类得出的"大七"人格结构无疑更加符合中国人的实际情况,更加接近中国人人格的真实状态。

中国人的人格特点:①外向性;②善良;③行事风格;④才干;⑤情绪性;⑥人际关系;⑦处世态度。

 温故知新

奥尔波特将人格特质假设为人格的基本单位,他认为特质是一种概括化了的行为方式,这种行为方式具有个体的特征,并且在人与人之间有很大的差异。奥尔波特认为,特质是一种概括化的神经生理系统(是个体所特有的),它具有使许多刺激在机能上等值的能力,能诱发和指导相等形式的适应性和表现性的行为。

奥尔波特将个人特质按其在人格中的普遍程度区分为首要特质、中心特质和次要特质。

奥尔波特用机能自主性来解释人格的动力系统。机能自主性可分为两个水平:持续机能自主和统我机能自主。持续机能自主层次较低,是指先前经验对其后行为的持续影响作用,它涉及个体的习惯方式;统我机能自主是较为高级的心理过程,由兴趣、爱好、态度、生活方式等高级过程组成的自主系统,指的是那些与统我有关的自我维持的动机。

卡特尔认为,人类存在着所有社会成员所共同具有的特质及个人所独有的特质。前者为共同特质,是指所有人在一定程度上都拥有的特质;后者为独有特质,是个体所独有的特质,通过兴趣、习惯、态度等形式体现。

卡特尔将特质分为表面特质和根源特质。表面特质是指一群看上去有关联的特征或行为。根源特质是深层的潜在特质,是彼此相关、共同变化的一系列特征或行为的表征,它是内蕴的行为原因。卡特尔最终确定了16种根源特质,并据此编制了卡特尔16项人格因素问卷。

卡特尔区分了能力特质、气质特质与动力特质。能力特质是个体在应对复杂的问题情境时表现出来的技能,决定其实现目标的可能性。最重要的一种能力特质是智力。卡特尔把智力区分为两种:晶体智力和流体智力。气质特质是个体普遍的反应倾向或行为风格,决定着所有的情感和行为反应。动力特质是个体行为的驱动力,它推动者个体朝着目标迈进。

艾森克认为研究人格特质有时可能会含混,只有研究人格维度才能清楚。他指出,维度代表一个连续的尺度。每一个人都可以被测定在这个连续尺度上所占有的特定的位置。艾森克区分了内倾性-外倾性、神经质和精神质是人格的三个基本维度，并编制了艾森克人格问卷。

高登伯格确立了基本的人格维度，即"大五"人格因素。这五个人格维度分别是：开放性（openness）、尽责性（conscientiousness）、外向性（extraversion）、随和性（agreeableness）和神经质性（neuroticism）。如果我们将这个五个维度的首写字母连在一起，即构成"ocean"（海洋）这个词。

七因素理论模型是在批评五因素模型的基础上提出的。特里根等人提出了人格七因素结构模型。

本章练习

1. 名词解释

特质　　　首要特质　　　中心特质　　　表面特质　　　根源特质

能力特质　　气质特质　　　动力特质

2. 怎样评价卡特尔的人格理论？

3. 艾森克的人格维度理论的内容是什么？

4. 简述"大五"和"大七"人格理论的主要内容。

本章参考文献

[1] 许燕. 人格心理学[M]. 北京：北京师范大学出版社，2009.

[2] Jerry M. Burger. 人格心理学[M]. 陈会昌，译. 北京：中国轻工业出版社，2004.

[3] 陈仲庚，张雨新. 人格心理学[M]. 沈阳：辽宁人民出版社，2004.

[4] Dennis Coon. john O. Mitterer. 心理学导论——思想与行为的认识之路[M]. 11版. 郑钢，译. 北京：中国轻工业出版社，2007.

[5] 黄希庭. 人格心理学[M]. 杭州：浙江教育出版社，2002.

[6] 郭永玉. 人格心理学　人性及其差异的研究[M]. 北京：中国社会科学出版社，2005.

[7] 梁宁建. 心理学导论[M]. 上海：上海教育出版社，2006.

[8] 郑雪. 人格心理学[M]. 广州：暨南大学出版社，2011.

[9] 范蔚. 人格教育的理论与实践[M]. 重庆：西南师范大学出版社，2003.

第五章 人格的生物学取向

 内容概要

气质类型论和体型类型论
艾森克的三维人格生理基础
感觉寻求的生理基础
遗传率及相关研究
什么是适应
进化人格理论

 问题引入

生活中,我们常常根据一个人的外形来初步判断他的人格特质,比如认为身形略胖的人比较有包容性、有爱心,面目狰狞的人心肠不好等,这似乎意味着人格特质和身体特点是相关联的,那么人格特质是否和生理之间存在某种联系?几乎所有的父母都知道自己的子女和自己在相貌、性格上都相似,然而几乎所有的父母也都希望子女能够超越自己的成就、实现自己无法实现的理想——望子成龙,望女成凤。我们不禁要问:如果父母并非天才,那么他们能否培养出类似天才的儿女呢?我们的某些人格特质是否不仅仅遗传自我们的父母,还有可能来自我们的祖父母甚至更早的祖先?

人格作为一种整合的心理机能,它的产生和发展与人的解剖结构和生理机能有关,而个人特定的解剖结构和生理机能又是受遗传下来的基因控制的,即人格既有直接的生理机制,又有遗传基础,还可以追溯到进化的渊源。本章就是按照这个逻辑顺序,在第一节介绍人格的生理机制,第二节介绍人格的行为遗传学研究,第三节介绍人格的进化心理学理论。

第一节 人格的生理机制

在古希腊,人们凭经验观察就提出了人格与身体结构有关的学说——四液说。到了20世纪初,德国精神病学家克里斯其默(E. Kretschmer,1888—1964)根据体型与人格之间的联系提出了体型说,美国心理学家谢尔顿用科学方法验证并发展了该学说。到了20世纪中叶,艾森克在巴甫洛夫中枢神经系统兴奋-抑制理论的基础上,通过实验研究提出了人格的唤醒理论。

一、气质类型说

(一) 四液说

公元前300多年,古希腊著名医师希波克拉底(Hippocrates,约前460—前377)提出了"四液说",认为人体内有四种体液:血液、黏液、黄胆汁和黑胆汁。这四种体液调和,人就健康;不调和,人就要生病。古罗马医生盖伦(Galen,129—199)用这种体液说来解释气质,认为不同的体液占优势就形成不同的气质类型,分别有多血质、胆汁质、黏液质和抑郁质这四种气质类型。不同气质类型具有不同的心理特征与行为表现。多血质的人像春天,敏捷好动、开朗活泼、善于交际;胆汁质的人像夏天,热情奔放、情绪兴奋、乐观向上;抑郁质的人像秋天,沉稳冷静、感情细腻、体验深刻、富于想象;黏液质的人像冬天,富于理性、情感不易发生且不外露、自制力强(郭永玉,贺金波,2011)。用四种体液来解释人的气质类型,虽然缺乏严格的科学依据,但却是实际生活经验的总结,是对人格的生理机制的最早阐述。

(二) 体型说

20世纪初,德国精神病学家克里斯其默根据对精神病患者的临床观察提出人格体型说。他认为人的体型与人格类型之间存在直接的关联性,人的体型不同,气质也不同,患不同精神病的可能性也有差异。他将人的体型分为瘦长型、肥胖型和健壮型,并把体型与气质联系起来(见表5-1)。

表5-1 体型与气质及其人格特点

体　型	气　质	人格特点
肥胖型	躁狂性气质	性格外向,易动感情,善与人相处
瘦长型	分裂性气质	性格内向,不善交际,孤独,多愁善感
健壮型	黏着性气质	固执,认真,进取,理解问题慢

克里斯其默的研究成果启发了美国的心理学家谢尔顿等人。谢尔顿与斯蒂文斯突破了仅仅以精神病患者为研究对象和以观察法为主要研究方法的局限,他们以正常的大学生为研究对象,采用生理测量和心理访谈等较为科学的方法,一起创立了胚叶起源人格类型论。具体来说,他们以进入常春藤盟校(Ivy League)的学生们为研究对象,并对他们拍摄裸照,以作为他们卫生、体型和教育课程的一部分。通过分析拍摄的这些照片,结合访谈,建立了体型和人格的关系理论。他们认为有三种主要的体型:内胚叶型(endomorphy)、中胚叶型(mesomorphy)、外胚叶型(ectomorphy)。内胚叶型的人身体圆胖,消化器官特别发达;中胚叶型的人身体健

壮，骨骼肌肉特别发达；外胚叶型的人身体瘦长，神经系统和感觉器官特别发达。他们还提出三种相对应的人格维度，即沉思-内向型、自信-果敢型和交际-爱好玩乐型，并在研究中发现，外胚叶型倾向于沉思-内向型，中胚叶型倾向于自信-果敢型，内胚叶型倾向于交际-爱好玩乐型。

谢尔顿的研究存在的最大问题在于他在对一个因素（如人格）进行评价时，没有对另一个因素（体型）实行盲评，体型的评价者应该不知道人格评价的情况。不实行盲评，就可能因为研究者的偏见或预期而影响结果。在艾森克所做的一项控制较好的研究中，让一个人评估体型，另一个不知道体型评价结果的人评估人格，并没有得到支持谢尔顿等人的研究结论的结果。

克里斯其默和谢尔顿的体型说虽然都发现了人格与体型之间具有某种关系，也为探讨人格的生理机制提供了启示，但是从方法学上说，这种关系只能是一种相关关系，不是具有方向性的因果关系，即体型对人格不具有预测效力。

二、艾森克：三维人格的生理基础

  人物介绍

图 5-1　艾森克
(Hans J. Eysenck, 1916—1997)

艾森克（见图 5-1），德裔英国人，人格心理学家，出生于德国柏林，病逝于英国伦敦。他的父母都是演员。在他 2 岁时，父母离婚，他由祖母抚养长大。在他 18 岁时，由于拒绝加入纳粹组织而无法进入柏林大学就读，因此离开德国去国外求学。他先到法国第戎大学（Dijon University）学习文学和历史，之后去伦敦大学，他本来打算学习物理和天文学，但是由于他没有经过必要的训练，因此他面临一个选择：要么花一年时间接受基础训练，要么选择另一个他未曾听闻的专业——心理学。最后他选择了心理学。

1935 年艾森克开始在伦敦大学师从斯皮尔曼学习心理学，1938 年，他获文学学士学位，1940 年获心理学博士学位。在第二次世界大战期间，他曾以心理学家的身份任职于磨坊山急救医院，1945 年任伦敦莫兹利医院专职心理学家。1955 年任伦敦大学心理学教授、伦敦大学精神病研究所教授，并兼任莫兹利和贝思莱姆皇家医院的心理学专家。期间他承担了开创临床心理学的任务，由他领导的心理学系是第一个培养临床心理学家的机构，并用于发展行为治疗的方法。

（引自 http://wiki.mbalib.com/wiki）

艾森克通过因素分析界定了人格的结构，将人格分为三个主要维度：内倾性-外倾性（简称内外向）、神经质和精神质，并发明了这些维度的测量方法。下面将以艾森克提出的三个人格基本维度为主线来——说明他提出的生理基础假设。

（一）内外向的生理基础

艾森克对人格内外向的生理基础的解释最为详细，并随着研究的深入还对其进行了修正和完善。在早期，艾森克受到巴甫洛夫和泰普洛夫的研究启发，将兴奋和抑制过程看做是人格内外向的生理基础，称之为抑制理论（inhibition theory）。艾森克提出外向者的大脑皮层抑制过程强，兴奋过程弱，他们的神经系统非常发达，对刺激有很强的忍受能力；而内向者的大脑皮层兴奋过程强，抑制过程弱，他们对刺激的忍受能力有限。外向者的大脑皮层抑制过程强，其对刺激的反应慢而弱，因此他们渴求刺激，喜欢通过接触外界、参加聚会或冒险活动和交友等方式寻求感觉刺激；相反，内向者的大脑皮层抑制过程弱，生来具有较高的兴奋性，对刺激的反应快而强烈，仅能忍受微弱的刺激，因此他们总是避免从外界环境中获得刺激，喜欢读书、写作和下棋等较为安静的活动。

虽然抑制理论有助于预测内外向者的行为差异，但是大脑皮层的兴奋和抑制过程很难测量，艾森克后来又采用唤醒的概念来对内外向作进一步解释。唤醒（arousal）是指个体身心随时准备反应的警觉状态。一般认为，唤醒状态与中枢神经系统中的上行网状激活系统（ascending reticular activating system，ARAS）有关。ARAS（见图5-2）是向上贯穿于脑干、丘脑、大脑皮层的纤维网络，大脑皮层的警觉和唤醒就是由上行网状激活系统激活造成的，另有一些下行的纤维位于脑干以下，作用于人的肌肉组织和自主神经系统，还可以调节脑干的活动。ARAS能够激活皮层，皮层也可以强化或抑制ARAS的兴奋性。艾森克认为，内向者的ARAS激活水平比外向者高，大脑皮质唤醒水平也天生比外向者高，需要从外界获取的刺激比外向者更少，同时对于同样强度的刺激，内向者比外向者体验的强度更高，因而对刺激也更敏感。

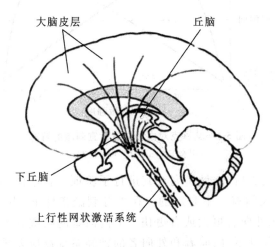

图5-2　上行网状激活系统位置示意图

经典实验 5-1

柠檬汁实验

该实验表明内向者对刺激的反应性比外向者更强。有些老师曾经尝试在课堂上做这个实验，结果导致课堂秩序有些混乱。所以，最好的方法是在想象中完成实验，以指出不同类型人格（内向-外向）的不同反应性。实验程序：找一根双头棉签，在正中间系一根细线，调节到悬挂时能使棉签保持平衡（例如，是水平的）的状态。连续吞咽三次后，将棉签的一头放在你的舌头上停留 30 秒。拿开棉签，滴 4 滴柠檬汁在舌头上。再做三次连续吞咽，然后把棉签的另一头放在舌头上保持 30 秒。拿开棉签后，提起中间的细线看它是否保持平衡。如果你是外向者，棉签很可能会保持平衡，因为柠檬汁没有让你分泌较多的唾液，说明你对刺激的反应性低。如果你是内向者，很可能棉签不再保持平衡，因为柠檬汁使你分泌较多的唾液，使放在舌头上的棉签变重了。这就是艾森克所做的经典实验。

（引自 R. J. Larsen, D. M. Buss《人格心理学——人性的科学探索》，郭永玉，译，人民邮电出版社，2011）

艾森克还认为极强或极弱水平的刺激会产生消极的情绪体验，只有中等强度的刺激才产生积极、快乐的情绪体验，刺激强度水平与内外向者情绪体验之间的关系呈倒 U 形，且内向者与外向者倒 U 形曲线的峰点不同，因为内向者偏爱的刺激水平低于外向者（见图 5-3）。

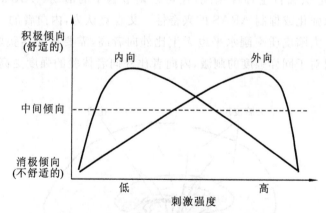

图 5-3　艾森克对内外向者适宜刺激的解释

（引自 Eysenck,1971,有修改）

艾森克的理论发表后，大量研究对其进行了验证。就整体结果而言，研究证据表明艾森克的理论大约有一半是对的。在中等刺激条件下，内向者对刺激更加敏感，神经系统反应比外向者更大或者更快。但内向者的唤醒并不总是比外向者高，在无刺激或弱刺激条件下，内向者和外向者的神经系统反应差异就很小，甚至没有差异。如表 5-2 所示为艾森克人格问卷内外向性测试。

表 5-2　艾森克人格问卷内外向性测试

说明：每一个问题只能选择一个答案。

问题		
你是一个健谈的人吗？	是	否
你相当活泼吗？	是	否
在热闹的聚会中，你通常能尽情寻找快乐吗？	是	否
你喜欢结识新朋友吗？	是	否
在社交场合你不愿引人注目吗？（反）	是	否
你喜欢经常外出吗？	是	否
你喜欢读书而不喜欢与人交谈吗？（反）	是	否
你有许多朋友吗？	是	否
你认为自己是随遇而安的吗？	是	否
在交新朋友时，你时常比较主动吗？	是	否
当和其他人在一起时，你总是很安静吗？（反）	是	否
你总是很轻易地能给一个单调的聚会带来活力吗？	是	否
你喜欢给你的朋友讲笑话或有趣的故事吗？	是	否
你喜欢扎人堆吗？	是	否
当人们和你谈话时，你总是"即问即答"吗？	是	否
你喜欢做一些需要快速反应的事情吗？	是	否
你能使一场聚会进行下去吗？	是	否
你喜欢整天忙碌和充满刺激吗？	是	否
其他人认为你是一个充满活力的人吗？	是	否

评分方法：统计回答"是"的数量，每一个"是"计 1 分，将带有（反）的题目进行反向计分。大学生在这个问卷上的平均得分是 11 分。

（引自 Eysenck, S. B. G., Barrett. A Revised Version of the Psychoticism Scale. Personality & Individual Differences, 1985, 6, 21-29）

（二）神经质的生理基础

神经质是指情绪化或情绪不稳定。比如，有些人过分地担心某个事物，害怕某些地点、人和动物等（Eysenck, 1965）。在某种特定条件下，任何人都可能发生神经质症状。如：第一次在众人面前讲话感到紧张而不知所措；听到有人谈论艾滋病、癌症就感到非常可怕；见到邻居家被窃，自己变得格外小心。

艾森克把边缘系统（limibic system）或内脏脑（visceral brain）看做神经质的生理基础。边缘系统包括海马、杏仁核、扣带回、中隔和下丘脑等部位，这些部位都是和人天生的情绪能力相关的。边缘系统与自主神经系统协同活动，与上行网状激活系统相邻，因此，边缘系统活动会唤醒自主神经系统的交感神经分支，使得个体出现紧张活动反应，消化停止，瞳孔放大，呼吸和心跳频率增加等。艾森克认为高神经质人的边缘系统激活阈值较低,交感神经系统的反应性较强,他们对微弱刺激做出过度反应(Eysenck,1985)。艾森克还认为焦虑与神经质有许多相似之处。焦虑源于神经质和内倾的混合物,它是在神经质量表中得分很高的内倾者的典型特征。因为神经质的人拥有易变的、活跃的边缘系统和自主神经系统,所以他们在压力情境下体验到的恐惧和焦虑水平都比较高。

艾森克将其所提出的两个重要的人格维度的生理基础解释结合起来,形成了以上行网状激活系统为主导的兴奋和抑制平衡机制。上行网状激活系统负责接收和管理大量的刺激输入,并分为两条不同的通路来处理这些刺激:大脑皮层通路控制由信息输入产生的皮层唤醒,个体间不同的唤醒水平则表现为人格内外向水平的不同;边缘系统通路负责处理和控制情绪刺激产生的唤醒,个体间不同的唤醒水平则表现为情绪稳定性的不同(Maltby,Day,Macaskill,2010)。

(三)精神质的生理基础

相对于内外向和神经质来说,精神质是艾森克人格理论中较晚提出的一个维度。艾森克认为精神质与神经质在心理失调的程度上有着严格的差异。高度精神质的人更多地表现出精神病理学的特点,他们对他人感觉迟钝、冷漠、残忍,有强烈的嘲弄别人的欲望,除了这些不受欢迎的特质外,艾森克还认为精神质的人具有创造性,在一定程度上这种创造性可以说是他们对刺激的本能反应(Eysenck,1985)。

艾森克通过不懈努力去寻求精神质的生理基础,但一直都没有明确。然而,通过人格问卷测量,艾森克发现男性在精神质上的得分总是高于女性。罪犯和精神病患者在精神质维度上的得分较高,而这些人中的大多数也是男性。女性(至少是绝经前的女性)比男性较不易患精神分裂症。依据这些事实,艾森克认为精神质可能和男性内分泌有关,特别是雄性激素的分泌有关。精神质维度得分高的人,如精神分裂症患者,他们体内5-羟色胺水平低并有一定的抗原存在,依据艾森克的观点,这是精神质生理基础的关键所在。但是目前还没有确切的证据支持雄性激素与精神质之间存在联系的推测(Ryckman,2007)。

问题宝盒

艾森克认为天才和高精神质的人有一定的联系,天才和疯子之间也有很多的相似性。为什么天才人物能为社会作巨大的贡献,而疯子只能在精神病院虚度时光呢?天才和疯子之间区别在哪里呢?

三、感觉寻求与成瘾倾向

查克曼和哈伯注意到在感觉剥夺实验中,参与研究的被试反应不一:有些人能忍受长时间的感觉剥夺,而有些人却很难忍受,很早就退出实验。查克曼认为提前退出实验的这部分人对感觉剥夺的耐受性低,对感觉刺激的需求高。他称这样的人为高感觉寻求者,因为他们不仅在感觉剥夺实验里,而且在日常生活中也总是倾向于寻求刺激(见图 5-4)。高感觉寻求者有寻求兴奋和冒险活动的稳定倾向,并易受未知事物的吸引,因此不能简单地认为他们是外向者。因为他们体内生物性激活水平较低,于是要从环境中寻求唤醒。

图 5-4　高感觉寻求者通过吸毒寻求激刺

查克曼编制了感觉寻求量表,用来测量人们需要新奇或兴奋体验和醉心于激动或兴奋的程度。量表包含四个维度:兴奋和冒险寻求、经验寻求、去抑制和厌倦感受性。查克曼也将最佳唤醒水平理论作为感觉寻求的理论解释,假设高感觉寻求者需要大量刺激以达到最佳唤醒水平。此外,当刺激和感觉输入被剥夺时(如关在一个感觉剥夺的小房间里),这些人会觉得特别难受。查克曼对感觉寻求的理论诠释与艾森克对外向性的解释是一致的。事实上,感觉寻求和外向性之间具有中等程度的正相关。

后来,查克曼认为感觉寻求与神经递质有一定的相关。他将感觉寻求水平与血液中的单胺氧化酶(monoamine oxidase,MAO)水平联系起来。单胺氧化酶能够降解中枢儿茶酚胺,使神经递质维持在合适的水平。当一种神经冲动通过后,单胺氧化酶就会将多余的神经递质分解。如果单胺氧化酶过多,就会导致太多的神经递质被分解,神经传导将受阻;反之,会发生过多的神经传导。假设你要用手指做一个简单的动作,如穿针引线。如果你体内的单胺氧化酶过少,你的手指会颤抖,动作急促(太多神经传导);然而,如果单胺氧化酶太多,你的手指将会很笨拙,因为你感觉迟钝、运动控制感匮乏。大量的研究支持了他的假设。但也有研究表明,感觉寻求量表的得分与单胺氧化酶水平之间的关系并不是线性的,还受其他因素的影响,如性激素等。

 | 拓展阅读 |

神经递质

神经递质有时简称"递质",是在神经元、肌细胞或感受器间的化学突触中充当信使作用的特殊分子。神经递质在神经、肌肉和感觉系统的各个角落都有分布，是动物正常生理功能的重要一环。

突触（见图 5-5）前神经元负责合成神经递质，并将其包裹在突触小泡内，在神经元发生冲动时，突触小泡通过胞吐作用，将其中的神经递质释放到突触间隙中。通过扩散作用神经递质分子抵达突触后膜，并与其上的一系列受体通道结合，起到改变通道蛋白构相、激活第二信使系统等作用，进而导致突触后神经元的电位或代谢等变化。

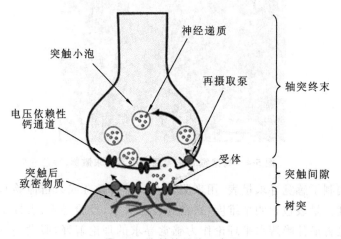

图 5-5 突触的结构示意图

神经递质可看做是神经元的输出工具。每一个神经元只带有一种神经递质。但最新的证据显示一个神经元含有并释放多于一种的神经传导物质。

同一种递质对不同的受体可能产生不同的作用。神经递质按照作用后果可分为离子型（ionotropic）和代谢型（metabotropic）两类。其中离子型受体按照电位变化可分为兴奋型和抑制型两类。

（引自 http://zh.wikipedia.org/wiki）

除了单胺氧化酶，被认为与感觉寻求相关的神经递质还有多巴胺，关于利用和调节多巴胺（dopamine）的遗传差异的研究证实了感觉寻求可能与神经递质多巴胺有关。例如，为什么高感觉寻求者可能被可卡因吸引？可卡因是一种使用广泛但危险的精神运动兴奋剂，研究表明可卡因通过与多巴胺摄取运转体相结合而抑制多巴胺递质的再摄取，并释放更多的多巴胺递质到突触中。大多数感觉寻求者对可卡因的成瘾过程是这样的，脑内多巴胺代谢缺陷的个体可能是冲动或焦虑的，喜欢参加狂欢派对，在同伴压力和寻求刺激（可能是聚会中的一个不良同伴）的驱使下，吸食了鸦片或海洛因、可卡因等药物。正常情况下，大脑的神经递质通路，特别是多巴胺通路使我们对奖励性体验产生愉悦感。药物作用于神经递质通路产生人工的或纯生物性的愉悦感，像可卡因之类的药物能够阻断多巴胺的再摄取，使突触间多巴胺保持高浓度，从而使愉悦感变得强烈，不适感减少，长时间后，大脑将会觉察到体内平衡被打乱和神经刺激产生过于频繁。机体做出相应的反应：减少神经递质的数量或降低神经递质的效应（如减少多巴胺受体的数量），个体变得神经紧张和不愉快，或产生更强的驱力，因为通常的愉快活动不再足以使机体产生愉悦感，社会环境提供的强化转变为药物提供的强化，个体需要更大剂量和更频繁的用药才能达到预期的体验，大脑对药物产生了耐受性，通常的社会环境变得越来越不具有奖励性，个体从而对药物成瘾。即使没有多巴胺系统缺陷的健康人，可卡因的长期使用也会使人产生妄想症，因为大脑适应了高浓度的多巴胺（Friedman,Schustack,2005）。

第二节 天性与教养之争：人格的行为遗传学研究

吉姆兄弟是一对同卵双生子，于襁褓中被两对夫妇分别领养，他们一直处于分离状态。后来一个叫吉姆·斯普林格，另一个叫吉姆·路易斯，两边的养父母无意中给他们起了同样的名字。1979年，当39岁的斯普林格跟兄弟重新联系上时，他们在彼此身上找到了一连串其他的巧合与雷同之处。两人都是身高180 cm，体重82 kg。年少时，他们都养过名叫"托伊"的狗，都随家人到佛罗里达州的圣皮特海滩度过假。长大后，他们都跟名叫琳达的女人结过婚又离了婚，第二任妻子又都叫贝蒂。他们给儿子起的名都是詹姆斯·艾伦（虽然拼写中有一个字母之差）。他们都当过业余警察，都喜欢在家里做木工活，都易犯严重的头痛，都抽塞勒姆牌香烟，喝米勒牌淡味啤酒，都喜欢在家中留下给妻子的情书。他们微笑的表情也一样，都是把嘴咧向一边，他们说话的嗓音完全分不出彼此。

当然，吉姆兄弟并非在所有方面都完全一样，他们一个擅长写作，一个擅长演说。他们的发型一个梳向前额，一个梳向后面。但总体来看，他们的相似之处是惊人的，特别是考虑到他们于襁褓中就被分开抚养在完全不同的家庭。当然，一对双胞胎不足以得出某种结论，但是，吉姆兄弟的例子可以引发出很多问题：遗传是怎么影响人格的？遗传重要还是环境重要？

（引自 Lykken,D. (1999). *Happiness:What Studies on Twins Show Us about Nature,Nurture,and the Happiness Set-point*. New York,NY US:Golden Books.）

一、行为遗传学的基本概念

进入现代遗传学领域，首先必须要理解几个重要的概念：基因型、表现型、遗传率。

基因型（genotype）是决定一个有机体结构和功能的全部遗传特征，是控制有机体各种性状的基因组合类型，全部从亲本获得。基因型由大量的基因组成，基因又由DNA组成，DNA指导蛋白质的合成，合成的蛋白质控制身体所有细胞的结构和功能。

表现型(phenotype)是个体的外部特征,是所有原子、分子、细胞、组织、器官和肌肉的总和,它包括个体的身高、体形、皮肤、五官等。人格作为一种表现型,是行为遗传学考察的主要对象,行为遗传学的目的就在于考察和探索基因如何影响我们的人格,这种分析方法通常被称为表现型分析法。表现型分析是探求基因如何影响人格的起点。

行为遗传学家们认为,任何表现型都是基因作用的结果,而表现型从父代遗传给子代的程度就被称为遗传率(heritability)。这是最早的遗传率的定义,现在被称为狭义的遗传率,狭义遗传率是通过子代与父代之间的差异性来评估的。子代与父代的差异越小,则遗传率越大;子代与父代的差异越大,则遗传率越小。在统计学上,广义的遗传率是指一个群体内由某种遗传原因引起的变异在表现型总的变异中所占的比率(Pervin,1995;Rowe,Vesterdal,Rodgers,1998),这也是行为遗传学通常所说的遗传率,其计算方式为

$$h^2 = V_g/V_p$$

其中,h 为遗传率,V_g 是遗传变异,V_p 是可观察到的特性,如果某个表现型主要受基因影响,环境影响的可能性为 0,那么遗传率即为 1.0 或 100%;人类行为的某些方面,包括某些习惯爱好是受环境影响较多的(比如支持哪支球队),那么遗传率则接近于 0。人们在理解遗传率时,容易产生以下几种误解。

误解一:认为它能应用于单一个体。事实上遗传率仅涉及样本或总体的差异,而不是某一个体。我们说个体的身高变异有 90% 源于遗传是有意义的,但我们不能说姚明的身高(227 cm)前 204 cm 源自遗传,后 23 cm 归因于环境。对个体来说,遗传和环境的作用是不可分割的,他们都对身高起着作用,并难以区分。

误解二:认为遗传率不变。遗传率是一个统计指标,它只适用于某个时期的特定环境中的人群。随着环境变化,遗传率也会改变。事实上遗传率总是取决于人群中的基因差异和环境差异,它不能被推广到不同的人和不同的环境中。

误解三:遗传率是一个绝对准确的统计指标。事实上,测量的不稳定性或随机误差,都能够导致遗传率的偏差。而且,由于遗传率通常是用相关方法计算出来的,样本与样本之间必然存在波动,这也会导致其进一步的不准确。

人物介绍

弗朗西斯·高尔顿(见图 5-6),1822 年 2 月 16 日生于英国伯明翰的拉杰斯,出身于英国贵族家庭,3 岁就会看书写字。由于父亲的坚持,早年入伯明翰综合医院学医。1840 年入剑桥三一学院改修数学,毕业后再去伦敦皇家医学院学医。因家庭富有,他从未担任大学教职或其他专门职业,仅凭兴趣做了很多超越同期其他学者的研究工作。学术研究兴趣广泛,包括人

图 5-6 弗朗西斯·高尔顿
(Francis Galton,1822—1911)

类学、地理、数学、力学、气象学、心理学、统计学等方面。他是 C. 达尔文的姑表弟,深受《物种起源》一书的影响,致力于个体差异与心理遗传的研究。1884 年创建人类测量实验室。1901 年与其学生皮尔逊创办《生物统计学》杂志。1904 年捐赠基金在伦敦大学创办优生学实验室。1911 年 1 月 17 日卒于伦敦东南的萨里郡。

二、行为遗传学研究

（一）家族研究

家族研究(family study)是由高尔顿首创的最早用于人类的行为遗传学研究的方法,通过研究家族谱系,了解某种人格特征在不同家族群体中出现的频率来估计遗传率,证实遗传的重要作用,为行为遗传学理论提供了一定的证据。高尔顿用名人家谱研究法做了一项心理能力研究,这项研究的结果于 1869 年著作出版,发表于《遗传的天才》一书中,这项研究不仅开创了家族研究的实验研究方法,也为遗传学提供了研究支持。研究中,高尔顿采用"声望"作为心理能力测量指标。高尔顿从英国的政治家、法官、军官、文学家、科学家和艺术家等名人中选出 977 人,调查他们的亲属中取得成就的人数,并同时选取了 977 个普通人作为对照组,结果发现 977 个名人的亲属中有 332 个人同样是名人,而 977 个普通人的亲属中只有 1 个是名人,由此高尔顿认为"杰出"倾向是具有家族遗传性的。他在著作中写道:一个人的能力是由遗传得来的,它受遗传决定的程度,正如一切有机体的形态及躯体组织受遗传决定一样(Galton,1869)。但是也有研究者对家族研究提出异议,认为其存在一定的缺陷,即难以将遗传和环境对于人格的影响区分开。因为家族研究的对象一般是同一个家庭的成员,他们不仅共享一定比例的基因,也共享类似的家庭环境,因此通过观察、访谈或量表所测得的人格间的相似性也可能归功于环境的影响,很难区分出行为的相似性在多大程度上应该归功于遗传。一般来说,名人家族的亲属们通常比大部分人更加富有、接受更高水平的教育、享有更多的社会资源,从而表现出更高的智商水平,取得更加优异的成就。这样说来,单独的家族研究的结果并不能作为遗传定论,对于我们深入了解遗传对于人格的作用,估算遗传率并不十分准确、有效。

学以致用

运用自陈式人格量表,测验自己的人格。观察分析父母的人格特质,看看自己的人格与父母的差异。

（二）双生子研究

双生子有两种类型:同卵双生子(monozygotic,MZ)和异卵双生子(dizygotic,DZ),前者基因完全相同,后者基因有一半相同。同一环境抚养的双生子研究可以证明基因和环境对人格的影响:同卵双生子基因相同,可将差异归为环境;异卵双生子环境相同,可将差异归为基因。通过对两者的对比发现,在各种人格维度上,包括情绪稳定性、尽责性、外倾性和智力，同卵双生子比异卵双生子表现出更多的相似性。

但一起抚养的同卵双生子，在研究过程中很难将基因作用和环境作用区分开，因此，研究者倾向于研究分开抚养的同卵双生子，如前面有关吉姆兄弟的例子。明尼苏达大学开展了对共同抚养和分开抚养的同卵双生子的研究（Bouchard，Lykken，McGue，1990），这些研究发现基因相同的双生子的人格表现出惊人的相似性。共同抚养的同卵双生子其相似性最大，遗传率在0.5左右，这说明了抚养环境对人格的作用。异卵双生子的人格相似性较同卵双生子小，遗传率在0.2左右，他们的基因相似但并不完全一样（Pedersen，Plomin，McClearn，Friberg，1988）。

到现在为止，已有大量的双生子研究和收养研究考察遗传对人格的影响，有些甚至还是长期的纵向研究，虽然由于取样或测量工具的不同，每个研究结果所得的遗传率并不完全一样，身高、体重的遗传率大致都在60%以上，相对高于基因对人格的影响，但是这些研究仍然证实了遗传对人格发展的重要作用，五因素人格特质的遗传率都在28%～46%之间，并得出人格总的遗传率大约为40%（Pervin，1995）。

（三）收养研究

收养研究（adoption study）是通过比较儿童与其亲生父母和养父母在人格上的相似性来进行的（Carducci，1998）。收养儿童所处的社会环境通常与其亲生父母不同，因此，两者特质的相似可以说是由遗传造成的，而收养儿童与其养父母在特质上的相似则是环境造成的，因此，可以推断他们人格的相似性来自共同环境的影响。其中分开抚养的同卵双生子研究可以看做是收养研究的一个特例。

美国心理学家威尔曼和霍恩等人在得克萨斯州选取了一个样本进行此类研究，其研究结果频繁被引用（Loehlin，Willerman，Horn，1985）。研究者并未采用三因素或五因素人格模型，而是采用包含社交性和活动性特质在内的两个量表：加州心理量表和瑟斯顿气质量表。测量结果显示子女与亲生父母的人格相关度显著强于与收养父母的人格相关度，由此证明了收养子女和亲生父母之间的人格遗传效应。

不过收养研究也存在潜在的问题，首先是代表性假设，收养研究假定被收养儿童、其亲生父母和养父母对总体人口来说具有代表性；其次是选择性安置问题，如果儿童被与其亲生父母相似的养父母收养，那么被收养儿童与养父母之间的相关性就会被夸大。因此，研究者同时设计分开抚养和一起抚养的同卵及异卵双生子之间的人格差异，以证明基因对人格的影响。

三、遗传和环境的关系——天性与教养之争

近期行为遗传学的发展比较有意思的转变是双生子研究和收养研究不再只是考察遗传对人格发展的影响，同时也考察环境对人格发展的影响（Plomin和Bergeman，1991；Plomin和Neiderhiser，1992；Plomin和Rende，1991）。正如普朗明所说的，基因对行为的影响是无处不在的，现在强调的重点肯定会有一个转变：不再问什么是遗传而来的，而是问什么不是遗传而来的。同时他还指出行为遗传学数

据所透露出的另一种信息,就是强大的环境影响和作用(Cervone 和 Pervin,2008)。

研究者们通过对环境影响的研究和关注发现:在同一个家庭中一起成长,并不会使孩子们之间有相似性,而是使孩子们彼此更加不同。收养研究也发现,同一家庭中被收养的兄弟姐妹之间人格特质的相关仅有 0.05。在研究过程中,一般都将人格发展过程的环境因素分为共享环境和非共享环境,研究者们主要聚焦于共享环境与非共享环境是如何影响人格。早期研究者,如布查德(Bouchard,1994)和艾森克(Eysenck,1990)认为同一家庭的孩子共享的环境因素对人格相似性的贡献是微小的,家庭成员的人格相似性几乎完全由共享遗传引起,而不受共享家庭环境的影响。同时,美国的行为遗传学家布洛卡特和普朗明等人(Braungart,Plomin,DeFries,Fulker,1992)认为,对于一个家庭来说,非共享因素比共享因素更具影响力,不同的同伴关系、不同的爱和关心方式解释了生活于同一个家庭中的成员的人格各异的现实,因此研究者们把更多的注意力都放在了非共享环境方面,大量的数据支持也显示了非共享环境的重要作用。

这是否就意味着共享的家庭环境不重要?经验告诉我们这是很难让人相信的,很难说与总是鼓励孩子上进的父母相比,药物成瘾的父母对孩子的人格发展没有什么影响;而且实验研究也表明当父母努力成为更好的父母时,孩子也会有更好的行为表现,并能更有效地控制情绪(Eisenberg,1998)。可能的理论解释是好的父母能调整自己的行为以适应每个孩子的需要,而非千篇一律地对待每个孩子。而这方面的父母教养因素不会体现为共享环境,因为对待每个孩子的方式都不同,但这却是家庭环境的重要作用的体现(Funder,2007)。大多数人格心理学家都一致认为教养是很重要的,不论是家庭内还是家庭外得到的经验对个体的人格发展都有重要影响。

行为遗传学是从力图证明遗传对人格发展的重要作用开始的,但是后来我们发现,不管是用什么样的数据来支持,都无法用简单的一句话来描述遗传和环境谁更重要。它们之间的关系就像房屋的设计蓝图和建筑过程中所需的工人、材料、设备之间的关系,我们无法住在房屋的设计蓝图里面,没有设计蓝图也无法有房子的出现。它们确实时刻相互作用着,所有这些要记住的关键点是在人生的舞蹈中,基因和环境绝对是一对无法解开的搭档(Hyman,1999)。没有对方,基因或环境什么也做不了。

拓展阅读

基因-环境交互作用

美国行为遗传学家 David Reiss 区分了三种家庭环境和基因交互作用的方式,分别为被动模式、父母影响模式、子女影响模式。

被动模式下,个体是环境事件的被动接受者,遗传因素和环境因素以一种被动、反应的形式发生交互作用。在以被动模式为主的成长过程中,人格变异的 50% 大致可以用子女与父母之间的相互作用来解释，由于子女与父母共享了影响某种特定行为的基因，父母同时也具有该基因所决定的行为，因此子女就会在父母类似行为影响下出现这种特定行为。比如，一个儿童具有攻击性，之所以具有攻击性是因为与父母亲共享了拥有导致攻击性的基因，同时在家庭中常学习到攻击行为或受到攻击行为影响。被动模式假设考虑共享的行为基因和基于这种基因个体被动对环境所做出的反应。

父母影响模式家庭中，儿童的行为是对父母行为的反应，换句话说，父母如何回应儿童对儿童人格发展有一定的影响。比如，孩子可能正在吵闹，然后这导致了父母的攻击性反应，相应地，孩子也表现出攻击性。在这种模式中，父母对待孩子的方式导致了攻击性人格的发展，引发了攻击行为。

在子女影响模式中，子女的基因引发了某种行为，反过来也导致了父母相同的或类似的行为反应。在这种模式中，父母的影响在子女的人格发展过程中显得不那么重要，子女的人格发展都是遗传的结果。美国心理学家 Judith Harris 延伸了这种子女影响模式的观点，他认为受子女基因驱动的行为影响了家庭环境，进而影响了子女的人格。Harris通过研究证实：面对不同外貌、行为方式和身体健康状况的儿童时，成年人的对待方式是不同的——对待漂亮的和不漂亮的儿童的方式是有区别的，对表现好和表现不好的、健康的和生病的、活泼和安静的儿童反应也是不同的。假如一个家庭有一对双胞胎，一个很活泼，一个很安静，这种差异就会导致父母不同的反应，父母会以不同的方式区别对待这两个孩子：父母可能会鼓励活泼的那个孩子出去玩，这个孩子会变得更加活泼；安静的那个孩子则被允许在房间里读书而变得更加安静。

第三节 祖先留给我们的：人格的进化心理学理论

进化论是现代生物学的基础。现代进化论的发展始于查尔斯·达尔文（C. R. Daruin,1809—1882），他是行为遗传学的创始人高尔顿的表兄，他在《物种起源》一书中比较了不同种类的动植物，解释了解剖和行为各个方面功能的意义，并阐述动物如何在环境中生存。进化心理学正是以进化论为基础，用自然选择的概念解释人类的心理特性。进化心理学的主要观点是，人类的心理机制和生理机能一样，也是经过自然选择进化而来，它们是人类特有的功能，可以帮助人类有效地应付日常问题和满足生活需要，正因为拥有这些心理机制，才有助于人类更好的生存和繁衍（Buss,1998）。

一、适应

适应是进化过程中自然选择的基本产物，被界定为有机体稳定发展起来的生命结构，因为它能够与反复出现的环境结构相吻合，故能导致适应问题的解决。适应

第五章　人格的生物学取向

可以是对甜味和油腻食物的味觉，可以是保护血缘亲属的动机，也可以是择偶的特定偏好。

适应是因为环境中反复出现某种环境结构特征（比如有危险性的动物经常出没，常常咬伤人或咬死人，对人类的生存和繁衍造成阻碍）而发展出的对这类问题的解决，并在人类机体中形成的稳定结构（比如遇到蛇之后把蛇打死或赶紧逃跑），这种有助于解决人类生存和繁衍中的阻碍问题的机体稳定结构就称作适应。

适应具有特别设计的特点，或者说具有领域特异性。也就是说，每种适应只能用来解决一类适应问题，并且对问题的解决有效、准确、可靠。比如对食物的味觉适应能够帮助吃到对味的食物，但是不能帮助我们找到最佳的配偶，同时，帮助吃到对味食物的适应原则是食物的味道、营养含量等，而不是食物所在的方位。由于适应问题具有多样性，所以适应也具有多样性，比如选择食物、择偶、打猎等各司其职，而这些都解决了相应的适应问题，具有强大的功能性。

所有适应也都是历史选择的产物。在远古时代，人类都是小范围聚集生活，生活圈子一般不超过 200 人，所以那时的人会仇外或惧怕陌生人，但在当今世界全球一体化的时代，这种适应特征已经不能适应现在的环境，同时现代人的人格特征放在远古时代也是不适应的。

所有的进化心理机制都可以看做是适应，都是人类在发展过程中形成的普遍行为模式，以下介绍的就是这些行为模式发展到如今仍然存在的意义，即这些模式为什么能够促进人类的生存和繁衍。

二、进化人格理论

（一）求偶

当今中国，最为火热的节目莫过于电视相亲节目（见图 5-7）。一大群剩男剩女在电视上公开相亲，描述着自己要寻找什么样的人。似乎每个人的要求都不一样，每个人受欢迎的程度也不一样。到底男性喜欢什么样的女性，女性喜欢什么样的男性？虽然每个人的要求千差万别，但是我们还是能从其中发现一些共性：相亲节目中的受欢迎的女性总是年轻美丽，面容姣好，穿着时尚，身材妖娆，至少在摄影机前是这样，对自己的性格描述是温柔善良，贤良淑德，相亲的期望是寻找有一定事业和经济基础的男子，用现代流行语来说就是"有房子、有车子、有票子"；受欢迎的男性往往是有能力，有事业心，成熟稳重，有一定经济基础，如果是长相帅气受欢迎的程度就会更高。但是，男性受欢迎的程度主要受到经济基础的影响，女性受欢迎的程度主要

图 5-7　江苏卫视相亲节目红遍全国

受到身材和容貌的影响；女性一般会选择比自己年长的配偶，男性更喜欢比自己年轻几岁的配偶，这些择偶倾向到底是什么原因导致的呢？择偶是与基因复制联系最直接的人类行为，其进化机制最为复杂，涉及问题最多。这也是进化心理学家探讨最多的问题之一。

进化心理学并没有将男女间的爱慕和结合解释得非常罗曼蒂克，它认为其依然是为人类的繁衍和生存服务的，并且用亲代投资来解释择偶行为。亲代投资是指作为一个群体成员，能够生育并将自己的基因传递给下一代，最大可能地获得健康的、能够生存并繁衍的后代。基于这种考虑，人们要选择能够成功地繁衍后代并有效抚育孩子的配偶。这并不是说我们在选择未来婚姻伴侣时一定要积极考虑成功繁衍后代的问题，而是一定的配偶选择偏好通过进化过程已经遗传给我们。

1. 男性喜欢追求什么样的女性

从进化论的观点来看，男性对亲代投资的理解为增加把自己的基因传递给下一代的机会。在群居时代，男性都能自由地与许多他们能够得到的女性交配，只有频繁地与许多女性交配才能增加自己的基因传递给下一代的机会，但与此同时，男性因为有无数的精子，所以应该选择可能为他生更多孩子的女性，即具有较高繁殖潜力的女性。可是，如何从外表上判断一个女性是否具有高的繁殖潜力呢？线索包括以下几点。第一，年龄。我们的常识告诉我们年轻的女性比年老的女性更具有生育潜力。女性一生的排卵数量是有限的，处于生育期的女性越年轻，预示着她的生育能力就越强。所以，男性选择女性配偶的首要标准是看年龄。第二，与年轻有关的一些生理特点提供了女性具有生育能力的线索，如光滑的皮肤、苗条的身材、浓密的头发、丰满的嘴唇等。这些生理特征也正是当今社会上公认的漂亮女人的特点。第三，除了年龄以外，还能反映高繁殖潜力的线索就是腰-臀比，腰围与臀围差异大即低腰-臀比，差异小即高腰-臀比。当不考虑脂肪总量时，低腰-臀比的女性更具吸引力。从进化的观点来看，低腰-臀比意味着健康、生殖力强、没有怀孕，较高的腰-臀比则酷似怀孕。对于男人来说，迷恋已经有了别人的后代的女人是违背了对自己的亲代进行投资的原则的，选择这样的女性做配偶，一方面立即有自己后代的可能性低，另一方面也会引起别的男人的嫉妒而导致额外的风险。

男性在择偶时倾向年轻漂亮的异性的偏好是否具有普遍性或文化差异呢？进化心理学家 Buss 等人对各大洲共 37 个国家的跨文化研究回答了这个问题：即求偶时，男性喜欢年轻的、生理上有吸引力的女性这一趋势具有相当的普遍性。研究者调查了横跨六大洲五个岛的被试，询问当他们要结婚时，自己和配偶的最理想年龄是多大，还让他们评定 18 种特质在选择未来配偶时的重要性，包括智力、良好的经济前景和有吸引力的外表等。结果支持了研究假设，所有被调查的 37 个国家中，男性都会选择跟比自己年轻、拥有漂亮外表的女性结婚。因此证明了不论文化和社会标准如何，男性的这种择偶倾向具有相当的普遍性。进化人格理论将这解释为我们从祖先那里遗传下来的、带有普遍性特点的证据。

第五章　人格的生物学取向

 学以致用

　　下面列出的是你(假设你为男性)潜在的配偶可能具有的一些品质。按照你的期望程度给它们排序。1代表第一期望;2代表第二期望;3代表第三期望……13代表第十三期望。

　　_____热情和善解人意　　_____善于持家　　_____大学毕业
　　_____虔诚的　　　　　　_____聪明　　　　_____外貌吸引人
　　_____乐观积极的人格　　_____能赚钱　　　_____健康
　　_____有创造力和美感　　_____想要孩子　　_____温和的
　　_____遗传力好

　　2. 女性喜欢追求什么样的男性

　　根据进化人格理论,男性喜欢一个能生育的伴侣。但相对来说,男性对繁衍后代的贡献相对较小,而且各种年龄、身体状况及相貌的男性都可以产生不计其数的有活力的精子,而女性因为卵子数量是一定的,生育能力有限,所以更需要男性有能力提供利于下一代成长的资源,直至下一代成熟。就是说,她们对繁衍采取的策略是:生一个,就要养一个。对于提供孩子所需的经济保障方面,一些男性做得比另一些男性好,能传递给孩子的地位和权力的能力也是不同的。

　　很多研究支持了这一推测。当调查者让已婚女性描述配偶吸引自己的地方时,她们更多地描述为:可依靠,能挣钱,有抱负,事业心强(Buss 和 Barnes,1986)。另外,也有调查发现女性比男性更希望找一个社会经济地位和抱负水平较高的配偶,而幽默感这种与亲代投资无关的特点,没有发现偏好上的差异。调查发现,男性另一个受到关注的人格特质是支配性。从进化人格理论来看,支配性更高的男性更可能升迁到社会组织的高层,掌握更多的权力和社会资源,并由此获得经济保障和其他好处,从而能够更好地满足抚养后代的各种需要。对女大学生的调查显示,在交往中支配性男性比温顺性男性更具吸引力。同情心与合作精神也是女性喜欢男性的一个重要条件,因为与支配性男性结婚虽有好处,但如果他不愿为自己的孩子投资,这种好处就不存在了,所以那些爱帮助人、温柔大度的男性比单纯的支配性男性更受女性青睐。这种更看重男性的能力和社会地位的女性择偶偏好也同样得到了跨文化研究结果的支持。

　　所幸的是,男性和女性都彼此清楚对方的愿望,所以在相亲过程中,女性尽力展现自己的美貌和身材;男性也总是故意炫耀自己的经济收入水平,或新买的房子、车子来吸引女性的注意力。

 拓展阅读

　　1. 女人善妒? 男人也会吃醋?

　　一旦结束相互间的择偶并配对在一起,男性和女性在维持伴侣关系的过程中的行为也会存在差异。当个体与配偶的亲密关系受到威胁时,男女两性虽然都会表现出嫉妒情绪,嫉妒的出现频率和强度也无性别差异,但在引发嫉妒的具体事件上,男女两性有着明显性别偏向差异。在一项调查中,要求男女被试阅读以下短文,并回答问题(Buss,1992)。

请思考一段曾有过的、当前拥有的或将来会发生的你很看重的婚恋关系。试想你很在乎的伴侣对其他人产生了兴趣,此时,哪一点会使你更加沮丧(二者只能选择一个)。

(a)想象你的伴侣与别人建立深厚的情感依恋;
(b)想象你的伴侣与别人享受激情的性行为。

结果60%的男性选择(b),82%的女性选择(a)。这说明男性对伴侣有性越轨行为感到更为郁闷、伤心。而女性对伴侣的情感越轨感到更加焦虑、不安。这一结果已在诸多研究,包括西方文化和非西方文化下的有关研究中得到重复验证。这与男女两性面临不同的适应性问题有关,从自然生育的生理过程来看,怀孕是发生在女性而不是男性的身体内部,因此女性可以很确定后代是自己的,但是男性却面临父子关系的不确定性,伴侣与其他男性发生性关系是对男性成功繁殖的最大威胁,因而伴侣的性越轨更可能引发男性的嫉妒。而女性却不同,为了成功地繁殖和养育后代,女性最需要的是男性的时间、资源、精力的投入,伴侣的感情变化则意味着停止了对她和子女的养育,因此伴侣情感上的不忠更能引发女性的嫉妒。

2. 男女对待性的态度和行为是否一样?

进化心理学还研究了男女两性在性态度上存在的差异,或者说在追求多个性伴侣方面存在的差异。根据亲情投资和性选择理论,两性中对后代投资较少的一方,对人类而言是男性,男性在选择性伴侣时不太严格,更少挑剔,同时倾向于追求更多的性伴侣。因为在古代,男性可以通过增加与不同女性的性接触而得到更多的机会传递自己的基因。

如果问及你的想法,请你试着回答:如果允许的话,你希望在下个月拥有几个性伴侣?下一年呢?你的一生呢?这是Buss等人的一项研究中的问题,被试是未婚大学生,其中,女性表示希望在下一个月有1个性伴侣,在一生中可以有4~5个;而男性表示,在下一个月里最好有2个性伴侣,下一年最好有8个,而在一生中男性可以接受18个性伴侣(Buss和Schmitt,1993)。男女两性对性关系的愿望符合了进化心理学的预测,同时,在具体行为表现上也有较大的差异。

另一项研究采用不同的方法也得到类似的结果,研究者请来一些同盟者去与不同性别的被试搭讪,在自我介绍后,同盟者分别对第一组被试说:"你好,我已经注意你很久了,你很迷人,今晚你愿意和我约会吗?"对第二组被试说:"今晚你愿意到我家去吗?"对第三组被试说:"你愿意和我发生性关系吗?"结果,女性被试中有55%的人愿意接受约会的邀请,只有6%的人同意去对方的家里,没有人同意跟对方发生性关系;而男性的表现则迥然不同,50%的人同意约会,69%同意去对方家里,75%愿意跟对方发生性关系。男性比女性更可能与陌生人发生性关系,有半数的女性愿意与陌生人约会,而且似乎没有考虑安全问题。当研究者询问那些拒绝邀请的被试时,发现无论是男性还是女性,拒绝的理由十分相似:已经有男朋友(女朋友),或者不知道对方是否友善(Clark 和 Hatfield,1989)。

(二) 归属需要

霍根(1983)提出,人有两种最基本的动机:追求地位和被群体接受。他认为,为了生存和繁衍,早期人类要解决的、最重要的社会问题便是与群体内其他成员建立合作关系,并确定等级关系。获得社会地位与声望的个体更可能获得大量与繁衍有关的资源。所以,对群体的归属需要,或者说得到群体的认同,就意味着个体可以得到更多的保护、获取更多的食物和其他抚养后代所需的资源,并因此得到更多寻求伴侣的机会。而被群体驱逐则是十分危险的。尤其在远古时代,物质资源匮乏,仅凭一个人的力量要想存活下来是非常困难的。因此可以推断,那些有利于被群体接受的心理机制能够被保存下来。

根据这种观点,被群体排斥将是一种极大的伤害。因此可以预测,人类已经进化形成了防止被排斥的心理机制。有人提出,这可能就是社会性焦虑(social anxiety)的起源和功能。社会性焦虑是指个体担心或害怕在人际交往中受到他人的消极评价,是一种防止个体被种族排斥的特有的适应性心理,这种担心可以使个体及早发现被排斥的迹象,从而采取措施去积极地解决问题。而那些漠视他人排斥的个体则可能在生存过程中失去群体的保护,从而无法存活或繁殖后代。Buss 据此提出一系列有可能遭到群体排斥的事件:在面临危险时表现的怯懦,对群体内成员施加攻击行为,争夺内部成员的伴侣,盗窃内部成员的财物等。

鲍迈斯特等人通过实证研究证实了归属需要是人性的主要动机之一,并归纳了群体的功能:①分享食物、信息和其他资源;②抵御外敌或外来威胁;③可选配偶满足繁殖需要;④血缘关系成员可相互帮助。许多实证研究支持了这种观点,尤其当面临外部危险时,群体内部的联系更加紧密。如斯戴恩等人研究发现,很多第二次世界大战时曾肩并肩作战的军人在战争结束后多年仍然保持密切的联系,最长的达 40 年之久。尤其是当年的集体中有战友阵亡时,幸免于难的集体成员间关系更为紧密。若比等人也发现当给予没有群体凝聚力的两组不同的奖励对待时,两组的凝聚力都增强了。也就是当资源与群体成员相关联时,群体内的成员关系更加牢固。

(三) 利他

社会心理学中,利他行为是指不带回报动机地帮助他人的行为,而进化心理学的利他行为则与之内涵不同。进化心理学的族内适应性理论认为,利他或帮助他人都是为了群体总体适应性更强。利他存在两种形式,不同形式的利他行为心理机制不同。

一种是亲缘利他。进化人格理论假设,如果受助者能够使助人者总体适应性更强,则助人者会发生更多的助人行为;受助者与助人者之间的血缘关系越接近,助人行为发生的可能性越大;反之,可能性越小。所以,亲缘利他行为的对象通常是与自己基因同缘的直系或旁系亲属。一项在美国和日本进行的研究结果证实了以上推论。实验要求被试想象在一栋火势快速蔓延的房子里,有一些熟睡中的人,然后问被试:假如你有时间救其中的一个人,你最可能救谁?最不可能救谁?结果发现,人们最可能帮助的是与自己有亲缘关系的人,关系越近则帮助的可能性越大,尤其是在面临生死抉择的时刻。

另一项研究发现,在紧急关头,人们更愿意帮助年幼的亲属而不是年老者,因为一般而言,前者更可能成功地传递基因。1岁的孩子得到的帮助多于10岁的孩子,而75岁的老人得到的帮助最少。在面临生死抉择时,年长的成员得到帮助的几率很低,但在日常生活中不涉及生死抉择的助人行为却不同,比如帮助某人跑跑腿之类的,人们会更多地帮助那些最需要帮助的人,如老人和小孩。

另一种是互惠利他,它是指某群体内部成员之间发生相互帮助的利他行为。对群体的归属可以使个体获得更多的保护,因此群体内部成员之间更可能出现助人行为和利他行为。我们可以推断,当群体内某个人身处困境时,如果你伸出友好之手,就意味着当你身处困境时,得到别人帮助的几率会增加。在群体内部,经常助人也能获取较高的组织地位。在困境时容易得到别人帮助和组织地位的提高都将有利于个体的生存。很显然,进化心理学中的利他包含有明确的、有益于自己生存繁衍的因素在内。

 温故知新

本章主要介绍了人格的生物学取向这一主题,主要包括三个方面的内容:人格的生理机制、人格的行为遗传学和人格的进化心理学理论。

人格的生理机制一节介绍了人格心理学家们对人格生理基础的探索过程,从最早的四液说、体型说简单地将个体的气质类型与生理特点联系起来,到艾森克的三维人格理论的生理基础,对内外向、神经质和精神质的生理机制一一进行阐述。人格生理学家们总是存在一种倾向和期望——哇!终于找到"人"这种令人惊奇的生物行为背后的原因。但事实远不是这样简单,因为生理和人格之间的作用是双向的,存在交互作用,这也就引发了关于人格天性和教养之争的讨论。

行为遗传学针对人格发展过程中天性和教养的作用进行了一系列的研究,包括家族研究、双生子研究和收养研究等,尝试回答人格到底更多是天性的作用还是教养的结果这一问题,并计算出天性对人格变异的解释率,即遗传率,结果得到人格特质的遗传率为30%~50%。根据这个结果,可以回答说人格的发展既有天性的作用,也离不开教养的熏陶,且二者之间存在显著的交互作用。它们时刻相互作用。所有这些要记住的关键点是在人生的舞蹈中,基因和环境绝对是一对无法解开的搭档(Hyman,1999)。

第五章 人格的生物学取向

关于人格的天性和教养之争我们无法明确地划分一个界限，但是我们可以明确地知道更利于生存和繁衍的人格特质会在人类进化过程被保存下来，选择和适应是进化的关键。根据亲代投资和性选择理论，进化心理学分析了不同水平的人格差异，包括个体水平的求偶、群体水平的归属和利他等，为我们解释和分析人类行为提供了一套非常有用的理论工具。

本章练习

1. 名词解释

   气质　神经质　感觉寻求　神经递质　收养研究　适应
2. 简述谢尔顿的体型说。
3. 人格内外向的生理基础是什么？
4. 结合实际说明遗传和环境对人格发展的作用。
5. 根据进化人格理论解释为什么不同年龄层次的男性都喜欢年轻漂亮的女性。

本章参考文献

[1] Bouchard T. J.. Genes, Environment, and Personality[J]. Science, 1994, 264(5166): 1700-1701.

[2] Bouchard T. J., Lykken D. T., McGue M. Sources of Human Psychological Differences: The Minnesota Study of Twins Reared Apart[J]. Science, 1990, 250(4978): 223-228.

[3] Braungart J. M., Plomin R., DeFries J. C.. Genetic Influence on Tester-rated Infant Temperament as Assessed by Bayley's Infant Behavior Record: Nonadoptive and Adoptive Siblings and Twins[J]. Developmental Psychology, 1992, 28(1): 40-47.

[4] Bullock W. A., Gilliland K.. Eysenck's Arousal Theory of Introversion-extraversion: A Converging Measures Investigation[J]. Journal of Personality and Social Psychology, 1993, 64(1): 113-123.

[5] Carducci B. J.. The Psychology of Personality: Viewpoints, Research, and Applications[M]. Belmont: Thomson Brooks/Cole Publishing Co., 1998.

[6] Cervone D., Pervin L. A.. Personality: Theory and Research[M]. 10th ed. England: John Wiley & Sons, 2008.

[7] Eysenck H. J.. Readings in Extraversion-introversion: II. Fields of Application[M]. Oxford England: John Wiley & Sons, 1971.

[8] Eysenck H. J.. Biological Dimensions of Personality[M] // Pervin L. A. (Ed.). Handbook of Personality: Theory and Research (pp. 33). New York: Guilford, 1990.

[9] Eysenck H. J. ,Eysenck M. W. . Personality and Individual Differences:A Natural Science Approach[M]. New York:Plenum,1985.

[10] Funder D. C. . The Personality Puzzle[M]. 4th ed. New York: W W Norton & Co. ,2007.

[11] Galton F. (Ed.). Hereditary Genius:An Inquiry into Its Laws and Consequences[M]. New York:Meridian,1869.

[12] Gray J. R. , Burgess G. C. , Schaefer A. , et al. Affective Personality Differences in Neural Processing Efficiency Confirmed Using FMRI[J]. Cognitive, Affective & Behavioral Neuroscience,2005,5(2):182-190.

[13] Harris J. R. . Where Is the Child's Environment? A Group Socialization Theory of Development[J]. Psychological Review,1995,102(3):458-489.

[14] Hyman S. . Susceptibility and "Second Hits."[M]//R. Conlan (Ed.). States of mind. New York:Wiley,1999.

[15] Loehlin J. C. ,Willerman L. ,Horn J. M. . Personality Resemblances in Adoptive Families When the Children Are Late-adolescent or Adult[J]. Journal of Personality and Social Psychology,1985,48(2):376-392.

[16] Maltby J. ,Day L. ,Macaskill A. . Personality,Individual Differences and Intelligence[M]. 2nd ed. London:Saffron House,2010.

[17] Pedersen N. L. , Plomin R. , McClearn G. E. , et al. Neuroticism, Extraversion, and Related Traits in Adult Twins Reared Apart and Reared Together[J]. Journal of Personality and Social Psychology,1988,55(6):950-957.

[18] Pervin L. A. (Ed.). The Science of Personality[M]. 2nd ed. New York: Oxford University press,1995.

[19] Plomin R. ,Bergeman C. S. . The Nature of Nurture:Genetic Influence on 'Environmental' Measures[J]. Behavioral and Brain Sciences, 1991, 14 (3): 373-427.

[20] Plomin R. , Neiderhiser J. M. . Genetics and Experience [J]. [Article]. Current Directions in Psychological Science (Wiley-Blackwell),1992,1(5):160-163.

[21] Plomin R. ,Rende R. . Human Behavioral Genetics[J]. Annual Review of Psychology,1991,42:161-190.

[22] Reiss D. . Mechanisms Linking Genetic and Social Influences in Adolescent Development:Beginning a Collaborative Search[J]. Current Directions in Psychological Science,1997,6(4):100-105.

[23] Rowe D. C. ,Vesterdal W. J. ,Rodgers J. L. . Herrnstein's Syllogism: Genetic and Shared Environmental Influences on IQ, Education, and Income [J]. Intelligence,1998,26(4):405-423.

[24] Ryckman R. M. . Theories of Personality [M]. Belmont: Calif

Wadsworth Pub Co.,2007.

[25] Stelmack R. M.. Biological Bases of Extraversion: Psychophysiological Evidence[J]. Journal of Personality,1990,58(1):293-311.

[26] Zuckerman M.. Psychobiology of Personality[M]. New York: Cambridge University Press,1991.

[27] 郭永玉,贺金波.人格心理学[M].北京:高等教育出版社,2011.

第六章 人格的行为主义取向

 内容概要

小艾尔伯特的恐惧:华生的行为主义心理学
动物的行为塑造:斯金纳的操作条件作用理论
榜样教会了儿童:班杜拉的社会认知理论
社会学习理论的相关研究及应用

生活中,我们常常会看到一些个体"一朝被蛇咬,十年怕井绳"、"吃一堑,长一智"、"引以为戒"或"见贤思齐"。持有行为主义取向的人格心理学家会用行为主义的观点来阐释上述个体的人格特征。在行为主义者看来人格是个人行为的综合,即人的行为习惯系统,而人的绝大多数行为是个体在后天的成长过程中习得的,因此行为主义用学习理论来阐释人格,主要代表人物有华生、斯金纳、班杜拉等人。

行为主义的开创者华生(John B. Watson,1878—1958)认为人格是人对刺激的反应的集合体,主张要培养什么样的人,就必须为他提供相应的环境,是典型的环境决定论者;新行为主义者斯金纳(Burrhus Frederic Skinner,1904—1990)虽然也强调环境的作用,但同时他也关注到现实生活中,人并非总是对环境被动适应,更多体现为一种主动的操作,以及该操作性行为带来的后果,因此他用操作性条件反射以及强化程序来阐释人格;班杜拉并不认同斯金纳的观点,他认为个体并不一定要通过操作性程序才能形成行为,个体完全可以通过观察他人而习得行为,正所谓"见贤思齐"、"引以为戒"。因此班杜拉强调个体的观察学习和替代强化。

我们将在本章中详细介绍以上内容。

第一节 小艾尔伯特的恐惧:华生的行为主义心理学

给我一打健全的婴儿,把他们带到我独特的世界中,我可以保证,在其中随机选出一个,可以训练成为我所选定的任何类型的人物:医生、律师、艺术家、商人,或者乞丐、窃贼,不用考虑他的天赋、倾向、能力,祖先的职业与种族。我承认这超出了事实,但是持相反主张的人已经夸张了数千年。

——J. B. Watson.

第六章 人格的行为主义取向

人物介绍

图 6-1 华生
(John B. Watson,1878—1958)

华生（见图 6-1），美国心理学家，行为主义的创建者。

华生1878年1月9日出生于美国卡罗来纳州，16岁进入格林维尔的福尔满大学学习哲学，并在5年后获得了哲学硕士学位，后入芝加哥大学研究哲学与心理学，先后求学于教育哲学家J.杜威、机能主义心理学家J.R.安吉尔、神经生理学家H.唐纳尔森和生物学家J.洛布。华生对伊万·米哈伊洛维奇·谢切诺夫（1829—1905）和弗拉基米尔·米哈伊诺维奇·别赫捷列夫（1857—1927）的反射研究非常感兴趣，巴甫洛夫（1849—1936）的工作对华生产生了重要的影响。可以说上述人的综合影响成就了日后的华生。他成为美国第一个将巴甫洛夫的条件反射作为学习理论基础的人。华生认为人的所有行为都可以用条件反射原理来解释。

华生于1908年任约翰·霍普金斯大学教授，并在这里度过了他学术生涯最辉煌的12年。1913年，他出版《行为主义者眼中的心理学》，开宗明义地指出：在行为主义者看来，心理学纯粹是自然科学的一个客观的实验分支，其目标就是预测和控制行为。立场鲜明地扬起了行为主义的大旗。1920年，他因桃色事件改行从事广告商业活动，直至退休。但在20世纪二三十年代，他还著书立说宣扬行为主义，做了大量心理学普及工作，产生了很大的影响。1958年9月25日，华生逝世，享年80岁。在他去世前不久，美国心理学会表彰了他对心理学的杰出贡献。

（转引自维基百科）

一、巴甫洛夫的经典条件作用理论

人物介绍

巴甫洛夫（见图 6-2），俄国生理学家，1904年，因消化生理学方面的出色成果而荣获1904年诺贝尔生理学和医学奖金，成为世界上第一个获得诺贝尔奖的生理学家。

经典实验 6-1

巴甫洛夫早先致力于狗的消化系统研究，他发现当食物呈现在狗面前时，狗的胃壁会分泌胃

图 6-2 巴甫洛夫
(Ivan Pavlov,1870—1932)

液以促进消化。在实验中,巴甫洛夫将狗用一副套具固定住,用开刀手术在狗的腮部唾腺位置连接一导管,引出唾液,唾液是用联结在狗颚外侧的管道收集的,管道联结到一个既可以测量以立方厘米计的总量,又可以记录分泌滴数的装置。实验时给狗食物,并随时观察其唾液分泌情形。在此实验过程中,巴甫洛夫意外地发现,除食物之外,在食物出现之前的其他刺激(如送食物来的人员出现或其脚步声等),也会引起狗的唾液分泌。巴甫洛夫将这种狗对食物之外的无关刺激引起的唾液分泌现象,称之为条件反射,即所谓的经典条件作用。

在巴甫洛夫的实验中,食物被称为是无条件刺激(UCS),由食物引起的唾液分泌被称为无条件反射(UCR),铃声原来是一种中性刺激或被称为无关刺激(NS)。在无条件刺激与中性刺激多次匹配出现之后,铃声和唾液分泌之间建立了一种新的联系,即原来的中性刺激铃声变成了条件刺激(CS),也可以直接引起唾液分泌,该过程称之为条件反射(CR)。

(一)经典条件作用理论的基本观点

1. 学习的实质

学习就是条件反射的形成。一个原来是中性的刺激与一个原来就能引起某种反应的刺激相结合,致使动物学会对那个中性刺激做出反应,这就是经典条件作用的基本内容。经典条件作用的形成过程实际上是一个刺激替代过程,即中性刺激替代了原先可以引起某种反应的刺激。

在经典条件作用的形成过程中,无条件刺激是引起特定反应的前提条件。经典条件作用的形成过程中,条件刺激可以是与无条件刺激相伴随出现的任何刺激,不仅限于听觉刺激,一切内外部的刺激只要与无条件刺激在时间上同时或继时呈现,都可以成为条件刺激,形成条件反射。

2. 经典条件作用的形成过程

经典条件作用的形成过程主要由以下三个过程构成:经典条件作用形成之前只有无条件刺激(食物)可以引发无条件反射(分泌唾液),而铃声作为无关刺激是不能引起唾液分泌的;经典条件作用形成中,让无关刺激(铃声)与无条件刺激(食物)多次匹配;经典条件作用形成之后,铃声也可以引起唾液分泌,此时铃声就成为条件刺激,唾液分泌就成为条件反射。具体过程如图 6-3 所示。

3. 经典条件作用的主要特点

首先,学习者行为的持续变化是其经验的结果;其次,对刺激的反应是一种情感的、心理的、不随意的反应,也就是说,这些条件反射是不受学习者意识控制的;再次,原本无任何关系的条件刺激和无条件刺激变得有关联了,如铃声和食物联系起来了;最后,条件反射与无条件反射完全相同或相似。综合经典条件作用的实验研究,以下几种现象是最常见到的,这些现象已成为以后解释有关条件反射的一般法则。

(1)消退。条件反射形成之后,如果得不到强化,已经建立的条件反射就会减弱

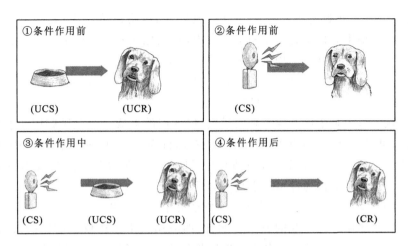

图 6-3　经典条件作用的形成过程

甚至消失,称为消退。有趣的是,在条件反射的消退过程中,会出现暂时恢复的情况,但是,如果暂时的恢复没有得到强化,条件反射将彻底消退。另外还有一种恢复的方式,就是将无条件刺激再伴随条件刺激出现,原有的条件反射再次受到强化,消退的条件反射也可以恢复。

（2）泛化与分化。条件反射建立初期,与条件刺激相似的刺激也可以引发条件反射,此谓泛化。例如:"一朝被蛇咬,十年怕井绳";再如有些很小的孩子会称那些和爷爷一样秃头的男士为爷爷。泛化存在梯度效应,即新刺激与原来的条件刺激越相似,泛化现象就越容易发生。与泛化作用互补的是分化过程,即对不同的刺激产生不同反应。

（3）高级条件反射。条件反射形成之后,条件刺激也可以作为新的"无条件刺激"与其他刺激同时或继时呈现以形成新的条件反射,称之为二级条件反射。在二级条件反射中,有机体在建立条件反射时不再需要借助生物学的力量。如此往复可以形成三级、四级条件反射,即高级条件作用。

除了提出行为的形成过程——条件反射,以及消退、泛化、分化等规律之外,巴甫洛夫还区别了两种信号系统:凡是能引起条件反射的物理条件刺激为第一信号系统,而能引起条件反射的以语言符号为中介的符号条件刺激为第二信号系统,例如:谈虎色变等。

（二）华生行为主义心理学的主要观点

1. 心理学研究的对象是行为而不是意识

华生自称行为主义是唯一彻底而合乎逻辑的机能主义。按机能主义的哲学依据——实用主义来说,检验意识适应性的唯一标准只能是行为的适应性,所以可以丢开意识去考察行为。华生所谓的行为是有机体用以适应环境变化的各种身体反应的组合。华生曾把人的反应按照是否可以直接观测、是否是习得的这两个维度划分成四种类型:外观习惯反应（如各种可以直接观测的动作）、内隐习惯反应（如思维,即无声语言)、外观遗传反应(如眨眼、抓握)和内隐遗传反应(如内分泌腺的分泌)。在这里,华生概括了有机体的全部行为,并且把这些行为区分为先天遗传的反应和后天习得的习惯反应。华生认为这种区分是很重要的,因为行为主义就是要发现后者的学习过程和方式,以掌握其形成的规律,实现预测行为、控制行为的目的。

2. 心理学的任务在于预测和控制行为

华生认为行为是个体表现于外的反应,但反应的形成与改变则归因于有机体所受的刺激,可以简化为"刺激-反应"。华生在其《行为:比较心理学导论》一书中写到,人和动物的全部行为都可以分析为刺激与反应。他认为最基本的刺激-反应都是反射。不管多么复杂的行为都不外乎是一套反射而已。

3. 心理学的研究方法应该是客观的方法而不是内省法

华生清楚地说过的客观的方法有四种,即应用或不应用仪器控制的观察、条件反射法、言语报告法、测验法。条件反射法是行为主义者最重要的研究方法。

4. 个体的行为不是先天遗传的,而是后天环境决定的

华生关于先天遗传在行为中的作用的看法是有所转变的,他从最初接受先天遗传的作用到断然否定先天遗传的作用,原因在于他认为行为最后都可还原为由刺激引起的反应,因为刺激不可能来自先天遗传,所以行为当然就不可能来自先天遗传。他指出即使那些像本能行为的人类行为,实际上也都是在社会中形成的条件反射。备受争议的小艾尔伯特的恐惧情绪获得实验对此提供了有力的证据(见图6-4)。

图 6-4 恐惧情绪获得实验

(三)华生的人格理论

华生认为人格是人的行为习惯系统,即人的行为的综合,而行为是人对刺激做出的适应性反应。按照经典条件作用的理论来看,反应经历的是一个从简单到复杂的过程,因此人格的形成与发展的经历也是一个从简单到复杂的过程。由于不同的个体所处的环境不同,因此接受的外界刺激也各不相同,故而形成各具差异的人格。可见,在华生看来,环境在人格形成与发展的过程中发挥着决定性的作用。个体成为什么样的人完全取决于他所处的环境。因此要培养一个什么样的人就必须为他提供相应的环境。当然华生在强调环境的作用不可忽视的同时,也注意到早期环境的作用更为重大。在人的一生中,早期是各种行为的形成初始期,不良行为的消退

较为容易,一旦不良的行为伴随着个体成长至成年,就会妨碍健康人格的形成。因此,华生强调要培养个体就要对个体所处的环境进行足够的控制,可见他是地地道道的环境决定论者和教育万能论者,正如在本节开头我们提到的"给我一打健全的婴儿,把他们带到我独特的世界中,我可以保证,在其中随机选出一个,可以训练成为我所选定的任何类型的人物:医生、律师、艺术家、商人,或者乞丐、窃贼,不用考虑他的天赋、倾向、能力、祖先的职业与种族。我承认这超出了事实,但是持相反主张的人已经夸张了数千年。"而在现实中,这句话的最后一句经常会被省去,于是更增加了激进主义的味道。

第二节　动物的行为塑造:斯金纳的操作性条件反射理论

日常生活中我们常常会发现一旦某人的一种行为得到奖赏,那他的这种行为就会更多地表现出来,而这种表现往往是主动的。也就是说,人并不是总是对环境刺激做出被动的反应,更多的时候表现出一种主动的行为。这似乎超越了经典条件作用的解释范围,这究竟是怎么回事呢?我们可以从斯金纳(见图6-5)的操作性条件反射理论中找到答案。

率先对此进行研究的是美国心理学家桑代克,他通过迷笼实验对动物的学习行为进行了研究,创立了试误说。该理论中,行为的后果对后继行为再次发生与否起着重要的影响作用,即那些经过行为后果强化

图 6-5　斯金纳
(B. F. Skinner,1904—1990)

的行为会保留下来,反之则会消退,即效果律。动物会为了达到某种特定的目的而做出适宜性行为,又称作工具性条件反射。美国心理学家斯金纳,新行为主义的主要代表人之一,和早期行为主义者一样,斯金纳将他的理论建立在可观察的外显行为反应上,他继承并发展了桑代克的工具性条件反射,提出了不同于经典条件作用的操作性条件反射理论。

一、操作性条件反射的基本观点

通过研究,斯金纳认为所有的行为可以分为两类:应答性行为和操作性行为。应答性行为是由已知的刺激引发的,如在巴甫洛夫的经典条件作用实验中,狗被动的对食物及条件刺激铃声做出反应。操作性行为则不是由已知刺激引起的,而是由机体自身发出的。如学生成绩优异,受到嘉奖等。相应的,他提出了操作条件作用。如表6-1所示,为经典条件作用与操作条件作用的不同之处。所谓操作条件作用是指在某种情境中,由于个体的自发反应产生的结果而导致反应概率的提高,并最终与某一刺激情境建立起联系的过程。他称为R类条件作用,他认为反应的后果影响进一步的行动,这些后果产生于外部环境,环境引起行为的变化,一个人将来做什么

或不做什么,都与他自己与众不同的经历直接相关。强化理论是斯金纳理论的核心内容,行为的习得正是由于具有强化才成为可能。

表6-1 经典条件作用与操作条件作用比较

比较范畴	经典条件作用	操作条件作用
学习的前提和过程	中性刺激与无条件刺激的多次结合	行为后果影响随后的行为
学习的结果	刺激之间的信号关系	新行为的形成
强化的出现及作用	强化在行为前,无奖赏作用	强化在行为后,有奖赏作用
行为的性质	情绪的、生理的、被动的	有意识、主动地

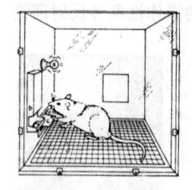

图6-6 斯金纳箱

经典实验6-2

20世纪30年代,斯金纳改进了桑代克的迷笼,设计了一种学习装置"斯金纳箱"(见图6-6)。箱内设一杠杆,当动物压杠杆时,就会有一粒食物丸掉进箱子下方的盘中,动物就能吃到食物。实验时把饥饿的老鼠置于箱内,老鼠可以在箱内自由活动,他在活动的过程中,偶然踏上操纵杆,就会得到一粒食丸。老鼠经过几次尝试,就会不断按压杠杆以得到食丸。

(一)强化与强化物

1. 强化

在斯金纳看来,行为之所以发生,皆因强化。所谓强化是指促使某一操作反应再次发生的概率增加的过程。

2. 强化物

能够使反应发生的概率增加或维持某种反应水平的任何刺激皆为强化物。强化物在相应的操作反应之后出现一次,我们就说这一操作反应得到了一次强化。因此,强化是针对反应而言的,而不是针对有机体而言的,例如,我们可以说食物丸强化了老鼠压杠杆的行为,而不能说食物丸对老鼠进行了强化。其次,强化物并不一定是令人愉快的刺激,强化物的作用只在于提高有机体某项行为出现的概率。

(二)强化的类型

斯金纳依据呈现或撤销强化物把强化区分为正强化和负强化;根据强化物的性质把强化物分为一级强化物和二级强化物。

1. 正强化

所谓正强化是指在行为之后呈现某种积极的刺激以使行为发生的概率提高,比如儿童会因为老师表扬他作业认真而更加认真地做作业。

2. 负强化

负强化是指在行为之后通过撤销某种消极刺激以提高行为发生的概率,比如,在闷热的教室里打开窗户可以使闷热的环境消失,从而提高开窗户这一行为的发生率。

3. 强化与惩罚的关系

正强化与负强化都是为了增加某一行为发生的概率。与强化不同的是惩罚,惩罚是为了降低某一行为发生的概率,比如通过打骂而消除孩童的不良行为。相应的惩罚也可以分为两种类型,即正惩罚和负惩罚。正惩罚通过呈现某种消极刺激来降低行为发生的概率,负惩罚则通过取消某种积极刺激来降低反应发生的概率。如表6-2所示为不同类型强化与惩罚的比较。

表6-2 不同类型强化与惩罚的比较

	行为发生的概率增加	行为发生的概率降低
呈现刺激	正强化(呈现积极刺激,如给予奖励)	正惩罚(呈现消极刺激,如关禁闭)
撤销刺激	负强化(撤销消极刺激,如免做家务)	负惩罚(撤销积极刺激,如不让玩游戏)

4. 一级强化物和二级强化物

一级强化物可以满足人和动物的基本生活需要,无需学习,它包括所有在没有任何学习发生的情况下也起强化作用的刺激,如食物、水等。二级强化物是指任何一个中性刺激如果与一级强化物反复联合,它就能获得强化的性质,是一种习得的强化,如激励、表扬等。二级强化物即那些在开始时不起强化作用,但后来作为与一级强化物配对出现后起强化作用的刺激。斯金纳认为,对于人类来讲,二级强化物包括对大量行为起强化作用的许多社会性强化物(如声誉、地位等)、信物(如钱、奖品、级别等)和活动(如玩游戏、旅游等),这些大多是由社会文化所决定的,它们构成了决定人类行为的极有力的二级强化物。父母和教师有时可以用一级强化物如糖果等强化学生的正确行为,但是教师更多地应该使用二级强化物强化学生的正确行为,如好的分数、赞赏、鼓励、表扬等。

强化原理中,有这样一个原则——普雷马克原理(祖母原则),即用高频的活动作为低频活动的强化物,或者说用那些学生更喜爱的活动奖励他们从事那些他们不太喜欢的活动,注意顺序不可颠倒。例如:学生必须先完成作业,然后才可以出去玩;或者先把玩过的玩具整理好,才可以拿新玩具玩。

(三)强化的安排

强化的安排指强化出现的时机和频率。斯金纳认为在行为实验中,强化方式是最容易控制的、最有效的变量。在精确控制的实验情境中,实验者可以精确地决定使用什么类型的强化、怎样给予强化,以及何时给予强化。

如图6-7所示。强化的类型很多,包括连续强化(即时强化)和间隔强化(断续强化)、定比强化和变比强化、定时强化和变时强化等。其中,如果在每一个适当反应

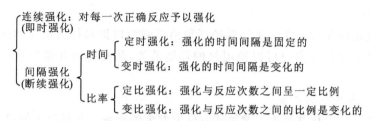

图 6-7 强化程序安排

之后呈现一个强化,这叫连续强化;间隔强化是指间隔一定时间或一定比例进行强化。定比强化是指间隔一定的次数然后给予强化,例如每隔 5 次强化一次,而变比强化是指两次强化之间间隔的次数是不同的。定时强化是指强化的时间间隔是固定的,变时强化是指强化之间间隔的时间是变化的。强化既能影响行为的习得速度与反应速度,也能影响行为的消退速度(彭聃龄,2005)。

间隔强化程序与连续强化程序相比具有更高的反应率和更低的消退率。间隔强化程序由于有一个时间差,开始为较低的反应率,但在时间间隔的末尾反应率上升,出现一种扇贝效应,学生在期终考试前临时抱佛脚就证明了这一点。定比强化对稳定的反应率比较有益,而变比强化则对维持稳定的和较高的反应率最为有效。现实生活中我们往往巧妙运用不同的强化安排来强化人的某些行为。

斯金纳通过严格的实验对操作条件作用进行了深入细致的研究,他提出了操作性条件反射理论,并以此为基础建立了操作性条件反射的学习理论,在一定程度上克服了桑代克的试误说的局限,以及巴甫洛夫和华生的经典条件作用理论用联结观解释学习现象的局限,将学习理论推向了一个新的高度。他的理论在西方学习理论中占有极重要的地位。他对强化进行的研究既深入,又具体,系统性很强,揭示出的强化规律客观可靠,在多个领域得到广泛应用。

二、斯金纳的人格理论及应用

斯金纳还将操作性条件反射应用于对人的研究,他指出人根本不可能有绝对的自由与尊严,人只可能是环境的产物;人们是否做出某种行为,只取决于一个因素,那就是行为的后果;人的内部心理过程也只能是环境产生行为时的副产品;人不能自由选择自己的行为而只能根据奖惩来决定自己是否作为以及如何作为。机体正是通过操作性条件反射形成与特定情境相适宜的行为的,而个体行为的综合即是人格。人格是逐步塑造的结果,正常人格和异常人格都是人在与环境的相互作用过程中习得的,有的人会因为他们的经历而形成一套异常的独特的反应模式。在斯金纳看来,正常的个体和异常的个体,从本质上讲并无二异,不必用不同的强化原则解释他们的行为,同样的强化原则适用于所有个体的行为。我们来看一下生活中,家长是如何在不知不觉中塑造了孩子的不良行为的:平心而论,家长都希望孩子是礼貌、亲和的,但现实中家长有时会专注于自己的事情,即使孩子多次发出某种请求依旧充耳不闻,于是孩子就会变得恼怒、暴躁、摔东西,以发泄怨气,这时家长才会对孩子的需求进行关注并予以满足,时间久了,孩子就会变得粗暴无礼,甚至暴力。

当然,现实生活中有一些异常的个体并非无药可治,他们的不良行为可以通过行为矫正得以改变,行为矫正可以通过代币管制法和使用厌恶刺激两种技术来实现。

第三节　榜样教会了儿童:班杜拉的社会学习理论

自 20 世纪 40 年代以来,行为主义心理学家们对儿童如何获得社会行为这个问题很感兴趣。这些社会行为包括合作、竞争、攻击、道德-伦理行为和其他社会反应。他们认为社会行为主要是通过观察和模仿别人的行为而习得的,但先前的强化理论不能令人满意地解释所有的模仿形式,如选择性模仿、延迟模仿等。面对这些问题,班杜拉(见图 6-8)提出一套更为综合且广为接受的观察学习理论,即社会学习理论(social learning theory)。班杜拉是美国心理学家,社会学习理论的创始人,1974 年当选为美国心理学会主席,1980 年获美国心理学会颁发的杰出科学贡献奖。他认为由直接经验获得的一切学习现象都可以通过观察学习来进行,他提出的替代强化对学习理论的发展有深远的影响。

图 6-8　班杜拉

(Albert Bandura,1925—　)

经典实验 6-3

班杜拉的社会学习理论是建立在他与其合作者所进行的大量实验研究基础上的。在早期的一项研究中,他们首先让儿童观察成年人榜样对一个充气娃娃拳打脚踢,然后把儿童带到一个放有充气娃娃的实验室,让其自由活动,并观察他们的行为表现。结果发现,儿童在实验室里对充气娃娃也会拳打脚踢。这说明,成年人榜样对儿童的行为有明显的影响,儿童可以通过观察成年人榜样的行为而习得新的行为。

在稍后的另一个实验中,他们对上述研究作了进一步的延伸,目的是弄清:①榜样攻击性行为的奖惩后果是否会影响儿童攻击性行为的表现;②儿童是否能不管榜样攻击性行为的奖惩后果而习得攻击性行为。在实验中,他们把儿童分成三组,实验分为两个阶段。

第一阶段,让儿童看一部电影,三组儿童看到的电影前半部分相同,电影中的成年男子攻击玩偶娃娃,但结尾部分不相同,影片中对榜样的攻击性行为的处理不一样:第一组是攻击-奖赏组,影片中的另一位成年人对成年人攻击者给予口头赞赏和糖果奖励;第二组是攻击-惩罚组,影片中的另一位成年人怒气冲冲地指责攻击者的行为;第三组是攻击-无结果组,影片中的攻击者既没有受到表扬也没有受到指责。然后他们把三组儿童带到与影片情境相同的实验室,让他们自由活动 10 分钟,研究者通过单向观察口观察和记录儿童的行为表现。结果发现,第一组儿童中模仿影片中成年人攻击性行为的比例比第三组儿童高得多,第二组儿童几乎没有模仿攻击性行为的。

在第二阶段的实验中,研究者告诉三组儿童,如果儿童模仿影片中成年人的攻击性行为,就给予糖果奖励。实验结果显示:三组儿童在模仿影片中的攻击性行为上没有差别。

一、社会学习理论的主要内容

(一)观察学习的概念

班杜拉通过大量实验研究提出,人类除了通过经典条件作用的方式对外界的刺激进行一定的反应,通过操作条件作用的方式从自身的行为及其后果中进行直接学习外,还能通过观察他人的行为及其后果进行间接的学习。这种方式的学习即是观察学习。即班杜拉区分了两种学习过程,一种是自己亲身经历所导致的学习,为参与学习;另一种是通过观察别人而进行的学习,为观察学习或替代学习。他认为,人类的许多行为都是通过观察他人的行为及其结果而习得的(施良方,2008)。

观察学习(observational learning)按照班杜拉的界定是:一个人通过观察他人的行为及其强化结果而习得某些新的反应,或使他已经具有的某种行为反应特征得到矫正。简单地说,观察学习是指学习者通过观察别人的行为方式及其行为后果(受奖或受罚),并在某种情境中做出或避免做出与之相似的行为方式。观察学习有时又称为模仿学习、替代性学习、间接学习。在经典实验6-3第二个实验的第一阶段,第一组儿童看到榜样受到了表扬和奖励,就纷纷模仿他们的攻击性行为,而第二组儿童因为看到榜样的攻击性行为受到了惩罚,榜样的这一行为结果降低了他们对榜样攻击行为的模仿动机,所以他们几乎没有模仿榜样的行为。

这就是说,学习者可以通过观察他人的行为,观察他人行为的结果是受到强化或是惩罚,不必自己直接做出反应并亲自体验其结果来进行学习。在班杜拉看来,建立在替代基础上的学习模式,是人类学习的一种重要形式,因为这类学习是学习各种复杂技能的一个不可缺少的条件。例如,我们不可能通过试误来学习开车、动手术之类的技能。至于人类的许多社会行为,如利他行为或暴力行为,也只有用观察学习过程来解释才能得到最好的理解。

在班杜拉看来,通过观察学习,可以使人们获得行为的规则,从而不必经过漫长的试误来逐渐形成和获得这类规则。

(二)行为习得与行为表现

班杜拉认为,行为习得与行为表现是不同的。从经典实验6-3中观看电影的实验结果中可以看出,第二组儿童在第一阶段模仿榜样攻击性行为比第一组少得多,甚至可以说几乎没有模仿,但在实验的第二阶段,当实验条件发生了改变(研究者提供糖果作为奖励)时,这两组儿童模仿榜样的攻击性行为没有差别了,即第二组儿童与第一组儿童一样,已经学会了对充气娃娃的攻击行为,但是因为在第一阶段的实验中,第二组儿童观看的影片中这种行为受到了惩罚,所以第二组儿童会认为这种行为可能会导致惩罚,一旦他们知道攻击行为可以带来奖励之后,他们就将攻击行为表现出来。这说明在没有表现出来的情境下,也存在着学习过程;榜样行为是否受到强化,只是影响该行为的表现,并不影响行为的习得。

(三)观察学习的过程

班杜拉认为,观察学习一般经过四个过程,即注意过程、保持过程、动作复现过程和动机过程(见图6-9)。

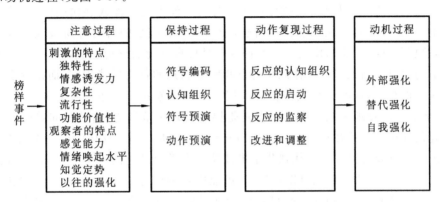

图6-9 观察学习过程

1. 注意过程

观察学习起始于学习者对示范者行动的注意。如果人们对示范行动的重要特征不注意,或不正确地知觉,就无法通过观察进行学习。所以,注意过程是观察学习的起始环节。在注意过程中诸多因素影响着学习的效果,其中有来自示范者行动本身的特征和观察者本人的认知特征,还有观察者和示范者之间的关系等因素,包括刺激的特点、观察者的特点、情绪唤起水平等,这些因素都调节着观察经验的数量和类型。

2. 保持过程

观察学习的第二个过程是对示范行为的保持过程。如果观察者记不住示范行为,观察就会失去意义。在观察学习的保持阶段,示范者虽然不再出现,但他的行为还给观察者以影响。要想示范行为在长时记忆中永久保持,需要将示范行为以符号的形式表象化,包括符号编码、认知组织、符号预演、动作预演等。通过符号这一媒介,短暂的榜样示范就能够被保持在长时记忆中。因此,高度的符号化能力使人们的很多行动都可以通过观察来习得。

3. 动作复现过程

观察学习的第三个阶段是动作复现过程,即把记忆中的符号和表象转换成适当的行为,再现以前所观察到的示范行为。由于这一过程涉及运动再生的认知组织和根据信息反馈对行为的调整等一系列认知的和行为的操作,班杜拉将这个过程分解为:反应的认知组织、反应的启动、反应的监察和依靠信息反馈对反应所进行的改进和调整等几个环节。

4. 动机过程

能够再现示范行为之后，观察学习者（或模仿者）是否能够经常表现出示范行为要受到行为结果因素的影响。班杜拉认为有三方面的因素影响着学习者做出示范行为：①他人对示范者行为的评价；②学习者本人对自己再现行为的评估；③他人对示范者的评价。这三种对行为结果的评价就是班杜拉所谓的三种强化，即外部强化、自我强化和替代强化。学习者并不把习得的所有东西都表现在自己的行为中。有些行为受到外界的奖赏和鼓励；有些行为受到外界的批评或惩罚；有些行为受到外界的忽视，既无奖赏也无惩罚。当然，受到奖赏和鼓励的行为容易被人们较多地采用，这就是外部强化的作用。学习者本人对自身行为的评价也决定着哪一个观察习得的行为反应将被采用。他们将对自我感觉满意的行为付诸现实，而抛弃那些自己不满意的行为，这就是自我强化的作用。如果示范者受到外界的奖赏、鼓励或好评，这无疑将间接地影响观察学习者是否愿意再现示范行为，这就是间接强化或替代强化的作用。替代强化（vicarious reinforcement）是指看到榜样的行为受到强化而间接地受到强化的过程。替代强化是班杜拉社会学习理论的一个重要概念，替代强化表明，没有强化学习仍然可以发生，它可能影响新行为的表现，但并不影响新行为的习得。由此看来，三种强化来自对行为结果的三种评价，三种强化又成为制约再现行为的重要驱动力量。故此，班杜拉把三种强化作用看成是学习者再现示范行为的动机力量。

二、社会学习理论

班杜拉的社会学习理论在解释人格的形成与发展方面有许多创新性的见解，下面主要介绍他的交互决定论及他对于榜样、强化的观点。

（一）交互决定论

在人格的形成与发展问题上，班杜拉提出了交互决定论，该理论在论述个体、行为及与环境的关系上，既不像极端的行为主义者一样认为完全是环境决定了行为，也不像人本主义者一样夸大了个体对行为的决定作用。班杜拉认为，在这一交互作用的模式里，个体、行为、环境三者彼此相互联结、相互决定（叶浩生，1994）。班杜拉还指出了交互决定论的三种模式。

1. 环境是决定行为的潜在因素

一方面，环境确实对行为有影响，甚至起决定性作用。另一方面，这种作用是潜在的，只有环境和个体的因素相结合，并且被适当的行为激活时，环境才能发挥这种作用。

2. 人与环境是交互决定的

班杜拉指出，个体既不是完全受环境控制的被动反应者，也不是可以为所欲为的完全自由的实体，个体与环境是交互决定的。

3. 行为是三者交互作用的结果

环境、个体与行为三者是相互影响,相互决定的,不是两者的联结或两者之间双向的相互作用(见图6-10)。根据这个三元交互决定的模式,个体的学习行为是前因决定因素(如个体因素、环境因素)与后果决定因素(既可来自外部即环境,也可以来自内部即自我引发)的函数。

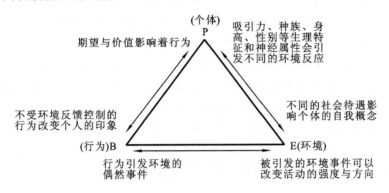

图 6-10　交互作用论

以学生的自我效能感、学习行为和教师为例来说明三元交互决定的模式。自我效能感是指个体对自己是否有能力完成某项任务的认知与体验。它与学习行为之间存在相互作用。

一方面,自我效能感的高低直接影响学生对学习任务的选择、坚持和努力程度,从而导致成绩的优劣(个人→行为)。另一方面,学生的学习成绩又会使学生调整自我效能感水平(行为→个人)。好成绩会增强自信心,成绩不理想就会引起挫折感。自我效能感与教师也存在相互作用。比如教师对学生的鼓励会明显影响学生的自信心水平(环境→个人),而学生所表现出的自信和积极的学习态度又会促进教师更为有效地教学(个人→环境)。同样学生的行为与教师也存在这种相互关系:如果学生学习勤奋,教师就会对这样的学生给予更多的关注(行为→环境),而教师的言语又会明显地感染学生的学习行为(环境→行为)。

(二)榜样因素对学习过程的影响

在观察学习过程中,个体向所观察情境中某个人或某个团体的行为学习的过程称为模仿,模仿的对象称为榜样。

班杜拉对最能引起儿童模仿的榜样进行研究,结果发现榜样具有以下特点。

(1)儿童最喜欢模仿他心目中最重要的人物,家庭中的父母与学校中的教师,一向被儿童视为模仿的榜样人物。

(2)儿童最喜欢模仿与他相同性别的人。

(3)儿童最喜欢模仿曾获得荣誉、出生于较高社会地位及富有的家庭的儿童的行为。

(4)同级团体里,有独特行为曾受到惩罚的人,一般不是儿童最喜欢模仿的对象。

(5) 同年龄、同社会阶层出身的儿童彼此间较喜欢相互模仿。

(三) 强化对学习过程的影响

与传统行为主义的观点不同,班杜拉认为反应结果并不是只有强化功能,即只加强刺激-反应之间的联结。他认为,当一种反应发生时,它会导致某种结果,无论这种结果是积极的、消极的还是中性的,都会对一个人的行为产生某种影响。这种影响可能是三重性的,即反应结果具有信息功能、动机功能和强化功能。

信息功能使个体了解哪些行为在某种条件下会导致成功或失败的结果,从而能对在某种条件下的行为结果提出假设,这种假设被用来作为未来行动的指南;动机功能使个体能利用已经掌握的信息进行预见和期望,从而使这些信息成为行为的诱因条件;强化功能是指反应结果能增加或减少这种反应的频率。在这点上,他与斯金纳等人认为反应结果会自动地、机械地产生影响的观点不同,他认为,反应结果产生的作用是受个人认知的影响和调节的。替代强化和自我强化都体现了这种调节作用。

班杜拉提出观察学习是人类间接经验学习的一种重要形式,它普遍地存在于不同年龄阶段和不同文化背景的学习者中,广泛地应用于人们的生活经验、行为操作和运动技能的学习。这种学习方式是其他学习理论所无法取代和解释的。班杜拉对观察学习的描述和解释客观地揭示了观察学习的一般过程和规律,对于解释和指导人类的观察学习过程有重要的理论价值和实践指导作用。

班杜拉对观察学习、自我强化等现象的研究,将心理学的研究回归到心理层面上来,由于班杜拉的这一努力,使得行为主义阵营内部开始注重人类学习不同于动物学习的特殊方面,也使得一些心理学家把他看做行为主义阵营中的人本主义者(刘启珍、杨黎明,2011)。

第四节 社会学习理论的相关研究及应用

通过本章前面讲述到的内容可以看出,社会学习理论在日常生活中有着广泛的应用,相应的关于社会学习理论的相关研究也有着卓著成果。例如,攻击性行为研究、习得性无助的研究等,下面将逐一介绍。

一、关于攻击性行为研究

生活中有些人蓄意伤害他人身体,故意讥笑挖苦使得别人情感受到伤害,这都是典型的攻击性行为。有时有些伤害则没有主观的伤害意图,例如短跑运动员冲刺时将冲进跑道的人撞伤倒地。甚至有时有些伤害的产生是出于帮助他人的目的,例如外科医生通过手术对病人进行治疗等。综上可见,伤害包括身体的和心理的,从行为目的上看包括有意的和无意的,那这些行为哪些是攻击,哪些又不是攻击呢?

不同的研究者给出了各自不同的定义。

（一）攻击的定义

攻击是对他人造成身体或生理伤害的企图；攻击须有伤害的目的，而不只是造成伤害；攻击是伤害他人的任何行为，不论其目的如何；攻击是以伤害某个想逃避此种伤害的个体为目的的任何形式的行为。我们可以看出最后一个定义是一个比较好的定义，从这个定义我们可以看出，它包含了以下内容：首先，攻击是各种形式造成的伤害，这些伤害既可以是身体，也可以是心理的；其次，攻击者有企图伤害他人的行为；最后，攻击是攻击者在行动上伤害他人，而他人是不愿意受此伤害的。

（二）攻击的相关研究

1. 挫折与攻击行为的关系研究

任何妨碍个体目标达成的外部条件都是挫折。研究发现挫折具有增加个体攻击行为的倾向，即所谓的"挫折-攻击"理论。该理论认为：个体意识到自己目标达成过程中受阻，于是产生攻击行为的可能性也会增加。起初学者们认为有挫折必然有攻击，因此提倡通过宣泄来减少攻击行为；但是后来的学者发现如果我们感到挫折是意料之中而不是意料之外的时候，我们并不会产生攻击行为。后来Berkowitz将该理论修正为：挫折并不一定会导致攻击，而只是导致攻击的因素之一，其他可能导致攻击的因素还有疼痛、极端的温度及遇到讨厌的人等。在诸多因素中，有些因素会增加攻击行为的动机，例如目标、意外的挫折、归因、相对剥夺感等（侯玉波，2008）。

2. 攻击的习得

班杜拉的充气娃娃实验说明，儿童可以通过观察学习的方式习得攻击性行为。攻击性榜样的确可以增加攻击性行为的发生概率。在一项纵向研究中发现儿童期对暴力影片的偏好与成年后暴力行为二者之间有相关关系（Rowell Huesmann，1984，1972）。

二、关于习得性无助的研究

现实生活中有些英语多次挂科的同学，每每提到英语考试就会连连摆手，并有"我是绝对考不过的，我本来就不是学英语的料"的想法；同样，有些非常努力学习的同学，希望获得老师和家长的认可，但是如果没有得到自己想要的结果，时间久了就会放弃努力，或者可能产生我怎么努力都是徒劳的想法，甚至还可能出现习得性无助，进而导致抑郁。

经典实验 6-4

习得性无助

1975年，塞里格曼（Seligmen）及其同事以狗为被试进行实验，将其分为实验组和控制组。实验分为两个阶段。第一阶段，将狗置于一个无法逃脱的笼子里面，并对其进行电击，电流会让狗感到痛苦，会引起狗的惊叫与挣扎并试图逃脱被电击的行为,但是无论狗怎样挣扎都无法摆脱被电击。第二阶段,将狗放置在中间有隔板的房间中,隔板一边有电击,另一边没有电击,而隔板的高度是狗能够轻易跳过去的。将第一阶段实验的狗放入有电击的一边,狗除了开始时会惊恐以外,其后会一直窝在那里任凭电击,很容易跳过的隔板,它们却连试也不试一下。而控制组的狗则全部能够跳过隔板以避免电击。塞里格曼将这个实验第二阶段中非控制组的狗面对容易跳过的隔板却不尝试跳过去,任凭电击的行为称作"习得性无助"。

人类是否也存在习得性无助,1975年塞里格曼以大学生为被试进行了实验研究。他把学生分为三组:让第一组学生听一种他们无论如何也不能使之停止的噪音;第二组学生也听这种噪音,不过他们通过努力可以使噪音停止;第三组是对照,不给被试听噪音。当被试在各自的条件下进行一段实验之后,即令被试进行另外一种实验:实验装置是一只"手指穿梭箱",当被试把手指放在穿梭箱的一侧时,就会听到一种强烈的噪音,放在另一侧时,就听不到这种噪音。实验结果表明,第二组和第三组被试在有"手指穿梭箱"的实验中,学会了把手指移到箱子的另一边,使噪音停止,而第一组被试会任凭刺耳的噪音继续,却不做任何使噪音停止的尝试。

三、社会学习理论的应用

根据社会学习理论,为了培养具有健康人格的个体,我们在个体成长的过程中要给孩子提供可供模仿的积极榜样,避免给孩子呈现例如暴力、无礼等消极行为。该理论已经被广泛应用于日常生活的众多领域,这里仅以在教育和心理咨询与治疗中的应用为例说明。

(一)社会学习理论在教育领域的应用

在家庭及学校教育过程中,家长和老师要多为孩子树立积极正面的榜样,对于那些不想让孩子习得的行为,家长和老师更是不能表现出来。比如,有些家长和老师试图用打骂的方式来制止孩子打骂他人的行为,结果常常事与愿违,我们会发现,对孩子打骂的次数越多,惩罚的力度越大,孩子打骂他人的行为也就越频繁、猛烈。除去成年人以外,同龄人也是孩子模仿的对象,因此学校经常会对各方面表现优秀的学生给以"三好学生"的称号,这些学生有时就会起到榜样的作用。但必须注重一个原则,即榜样的效果是行教重于言教。

另外,在教学过程中采用示范教学,教师给予学生积极的评价等都体现了社会学习理论的有关内容。

(二)社会学习理论在心理咨询与治疗中的应用

依据班杜拉的自我效能感理论,人们只有下定决心要改变并付出努力时,他们才可能改变自己的行为,自我效能感常被用于行为矫正方面。班杜拉认为可以通过过去的成就、替代经验、改变效能期望及情绪唤起等多种方式提升个体的自我效能,以此来坚定个体改变不良行为的信念,并最终使不良行为得以矫正。例如,在一项研究中,咨询师让一个怕蛇的人完成一系列行为:从摸蛇到拿蛇(表现成就),让他看别人完成这些事情(替代经验),这样来克服他对蛇的恐惧。

众多研究发现,自我效能感在患者处理众多诸如考试焦虑、药品滥用等心理问题时起着重要作用(陈会昌,2000)。

 温故知新

行为主义者认为,人格是由行为习惯系统构成,而习惯与后天的环境与学习是分不开的,也就是说人格是习得的。正如其他习得的行为一样,人格也可以通过经典条件作用和操作条件作用过程习得。然而在习得方式上,行为主义阵营内部存在分歧,以华生为代表的极端的行为主义者认为学习是刺激-反应的联结,其中强化是关键,而以班杜拉为代表的另外一些新行为主义者则在关注环境因素及直接学习的同时,强调有机体内部的认知在人格形成过程中的作用,强调观察、模仿、替代强化及自我强化,这就扩大了行为主义的解释现象范围。

从华生到班杜拉,对人格的描述完全建立在实验研究的基础上,他们凭借科学的实验设计、严谨的实验数据来发展和完善自己的理论。此外该理论的另一贡献在于由此发展起来的一套实用的治疗技术,行为疗法在塑造良好行为及矫正和消除不良行为方面与其他疗法相比,具有原理简单、操作便捷的特点。然而,行为取向的人格理论也存在一定程度的缺陷。

第一,只主张研究行为的做法,尤其是早期的行为主义将动物的研究推论到人身上的做法,难免会使人格的本质显得过于肤浅和狭隘,事实上,人不等同于动物,行为也不完全等同于人格。

第二,过于强调环境的作用,忽视了遗传在人格形成中的影响,对于有些人格现象(如人格障碍),如不考虑遗传因素,则对人格的本质很难有一个全面的把握。

第三,在研究过程中过于强调客观和可重复操作性,因而导致该理论带有很强的还原论的色彩,如将人格还原为多重刺激-反应的联结,这样就不容易从整体意义上把握人格。

本章练习

1. 解释下列名词

经典条件作用 消退 泛化 分化 强化 正强化 负强化 惩罚
模仿学习 自我强化 替代强化

2. 桑代克对教育心理学的贡献主要是什么?
3. 经典条件作用与操作条件作用有哪些区别?
4. 正强化与负强化、正惩罚与负惩罚的差异在哪里?
5. 模仿学习与两种条件作用相比,本质的区别是什么?
6. 两种条件作用对现实教学有什么启示?

7. 模仿学习对德育教学有什么启示？
8. 用现实生活中可以获得的动物或宠物尝试进行行为主义的几个经典实验,应用行为主义的基本原理训练动物或宠物进行学习。

本章参考文献

[1] 郭永玉,贺金波. 人格心理学[M]. 北京:高等教育出版社,2011.
[2] 郭永玉. 人格心理学 人性及其差异的研究[M]. 北京:中国社会科学出版社,2005.
[3] 柏格. 人格心理学[M]. 7版. 陈会昌,译. 北京:中国轻工业出版社,2010.
[4] 许燕. 人格心理学[M]. 北京:北京师范大学出版社,2009.
[5] 黄希庭. 人格心理学[M]. 杭州:浙江教育出版社,2002.
[6] 弗里德曼,舒斯塔克. 人格心理学 经典理论和当代研究[M]. 4版. 许燕,译. 北京:机械工业出版社,2011.
[7] 郑雪. 人格心理学[M]. 广州:暨南大学出版社,2007.
[8] 兰迪·拉森,戴维·巴斯. 人格心理学——人性的科学探索[M]. 2版. 郭永玉,译. 北京:人民邮电出版社,2011.
[9] 乐国安. 从行为研究到社会改选 斯金纳的新行为主义[M]. 武汉:湖北教育出版社,1999.
[10] 陈仲庚,张雨新. 人格心理学[M]. 沈阳:辽宁人民出版社,1986.
[11] 刘启珍,杨黎明. 学与教的心理学[M]. 武汉:华中科技大学出版社,2011.
[12] 陈琦,刘儒德. 当代教育心理学[M]. 2版. 北京:北京师范大学出版社,2007.
[13] 莫雷. 教育心理学[M]. 广州:广东高等教育出版社,2005.
[14] 施良方. 学习论[M]. 北京:人民教育出版社,2008.
[15] 张奇. 学习理论[M]. 武汉:湖北教育出版社,2011.
[16] 高觉敷. 西方近代心理学史[M]. 北京:人民教育出版社,1982.
[17] 侯玉波. 实用心理学[M]. 北京:人民教育出版社,2005.
[18] 孙灯勇,郭永玉. 经典条件作用的类型学说及条件反应消退机制新释[J]. 心理学报,2009,5:1262-1264.
[19] 孙晔,魏明庠,李翼鹏. 巴甫洛夫学说在苏联的某些发展[J]. 心理学报,1982,4:480-483.
[20] 乐国安. 论新行为主义者斯金纳关于人的行为原因的研究[J]. 心理学报,1982,3:335-336.
[21] 叶浩生. 论班图拉观察学习理论的特征及其历史地位[J]. 心理学报,1994,2:203-205.
[22] 皮连生. 教育心理学[M]. 3版. 上海:上海教育出版社,2004.

[23] 姚梅林.学习心理学——学习与行为的基本规律[M].北京:北京师范大学出版社,2006.

[24] Gredler M. E..学习与教学——从理论到实践[M].张奇,译.北京:中国轻工出版社,2007.

[25] Schunk D. H..学习理论:教育的视角[M].3版.韦小满,译.南京:江苏教育出版社,2003.

第七章 人格的认知取向

 |内容概要|......

格式塔与信息加工理论
凯利的个人构念理论
米歇尔的认知-情感系统理论
艾利斯的理性情绪疗法
贝克的认知疗法

有的人是梦想家,有的人是现实家;有的人是乐观主义者,有的人是悲观主义者。同一个盛有半杯水的玻璃杯,有的人看到的是它已经半空,而有的人看到的是它还有半满。有的人把燃烧着的灌木丛看成一种毁灭,有的人却看到了土地新生的机会;有的人在烟雾中想到了自然赋予的灵感,而另一些人却想到了空气污染。

为什么人与人的想法会有如此巨大的差异呢?人格的认知取向将会从认知的视角给我们以多方面的解答。

第一节 格式塔与信息加工理论

一、格式塔理论

格式塔心理学(gestalt psychology)是19世纪末源于德国的一场智力运动。在20世纪20年代,它在德国已经有了相当的影响力,后来随着它的拥护者于20世纪30年代逃离法西斯而被带到了美国。格式塔理论有三个核心的原则:①人类在环境中寻求意义;②我们会对从周围世界中获得的感觉进行组织进而得到有意义的知觉内容;③复杂刺激不能等同于各部分刺激的简单相加,整体大于部分之和。

德语单词"格式塔(gestalt)"表示的是一种结构或模式。格式塔理论认为,一个复杂刺激的结构即它的本质。从这个意义上说,一个刺激或是经验的各个组成要素是无法通过简单相加的方式来重新构成原来事物的。事物的各个要素存在于它内部复杂的关系及整体的结构中,一旦被拆成各个部分,这种关系及结构就会消失。例如,图7-1中的三角形其实并没有实际地画出来,但观察者却能在脑海中构建出来。当我们观察一个三角形的时候,它绝不仅仅是三条直线。而当我们看到恋人之间的三角关系的时候,又不单单是独立的三份关系。

图解 格式塔理论认为,知觉包括对意义的探求,这种意义可以是在其中任何一个单独的元素中都无法找到的自然特性。在图7-1中,大部分人对这相邻的不完整的圆或三段折线的知觉是"显现"出来的三角形,实际上这个三角形只是存在于人们的头脑中,而不是图中实际存在的。

图7-1 格式塔典型知觉图

尽管格式塔理论主要应用于知觉和问题解决领域,但随着人格学科的发展,在其他很多领域也逐步开始被应用起来。例如,研究者研究了视知觉规律,当一个远处的大物体和一个近处的小物体在视网膜上呈现出相近大小的图像时,我们能够准确地判断出物体的实际大小和离我们的距离远近。有些人在这一点上能比别人做得更好——也许是那些外向的人,他们更多地注意外部世界。但直到勒温的著作出现,格式塔理论才开始强烈地影响人格心理学。

二、勒温的场理论

 人物介绍

图7-2 库尔特·勒温
(Kurt Lewin,1890—1947)

库尔特·勒温(见图7-2),德裔美国心理学家,拓扑心理学的创始人,实验社会心理学的先驱,格式塔心理学的后期代表人物。出生于德国莫吉尔诺,1905年随家人前往柏林,先后求学于弗赖堡、慕尼黑、柏林等大学,1914年在柏林大学获得哲学博士学位。1917年从第一次世界大战战场归来后重返柏林大学心理学研究所工作,1927年晋升为教授。1932年应邀赴美国斯坦福大学做访问教授,1933年因逃避纳粹迫害前往美国定居,任职于康奈尔大学家庭经济学院,1935年任爱荷华州立大学儿童福利研究所教授,1945年在麻省理工学院创办群体动力学研究中心并担任该中心主任。主要著作有《人格动力论》(1935)、《拓扑心理学原理》(1936)、《解决社会冲突》(1948)、《社会科学中的场论》(1951)等。

勒温是直接从传统格式塔理论中走出来的,但他又和其他的格式塔理论家不同,他将自己的关注点主要放在人格和社会心理学领域,而不是知觉和问题解决上。勒温在1935年提出了著名的场理论(field theory)。

（一）心理环境

勒温把行为作为心理学的研究对象,提出了行为公式 $B=f(P,E)$,在这个公式里,B 代表行为,f 代表函数关系,P 代表具体的一个人,E 代表全部的环境。如果用文字来解释这个公式的话,就是说行为是随着人与环境这两个因素的变化而变化的,即不同的人对同一环境条件会产生不同的行为;同一个人对不同的环境条件会产生不同的行为;甚至同一个人,如果情境条件发生了改变,对同一个环境也会产生不同的行为。

勒温指出,心理环境是实际影响一个人发生某一行为的心理事实(事件)。这些事实主要由三部分组成:一是准物理事实,即一个人在行为时对他当时行为能产生影响的自然环境;二是准社会事实,即一个人在行为时对他当时行为能产生影响的社会环境;三是准概念事实,即一个人在行为时他当时思想上的某事物的概念,这一概念有可能与客观现实中事物的真正概念存在差异。在这里,勒温提出了所谓的"准事实",是想借用这个概念来说明影响人的行为的事实并非客观存在的全部事实,而是指在一定时间、一定情境中实实在在具体影响一个人的行为的那一部分事实。

（二）心理场

勒温认为,心理场就是由一个人的过去、现在的生活事件经验和未来的思想愿望所构成的一个总和,也就是说,心理场包括一个人已有生活的全部和对未来生活的预期。每一个人心理场的过去、现在和未来这三个组成部分都不是恒定不变的,它们会随着个体年龄的增长和经验的积累,在数量上和类型上不断丰富和扩展。同时,每个人的心理场在速度和范围的扩展和丰富上又有其个别差异性,但总的来说,一个人的生活阅历越丰富,他的心理场的范围就越大,层次也就越多。由于勒温主要借助心理场来研究一个人的需要、紧张、意志等心理动力因素,所以他提出的心理场常被称为心理动力场。

（三）生活空间

为了更好地说明心理动力场,勒温又提出了一个新的概念——心理生活空间,也称生活空间(life space)。生活空间是一个心理场,是一个人运动于其中的那个空间,它包含了所有对我们产生影响的过去、现在和未来的事件。生活空间其实是对心理环境和心理动力场的一个总的描绘,它后来成为勒温理论中最有影响的概念之一。按照勒温的说法,生活空间可以分成若干区域,各区域之间都有边界阻隔。个体的发展总是在一定的心理生活空间中随着目标有方向地从一个区域向另一个区域移动。而个体发展的心理过程实际上就是生活空间的各个区域的不断丰富和分化,且这些区域的丰富和分化沿着多个方向进行。

（四）矢量效价

勒温寻求用数学模型来表征他关于心理过程的理论概念,他选择了一种几何学形式,即拓扑学来图示他的生活空间概念,通过图示显示出在任一特定时刻人的可能目标和达到目标的路径。在拓扑图形中,勒温使用箭头(矢量)代表个人朝向目标的运动方向。他赋予这些选择以权重概念,以效价(valence)来表示生活空间中对象的正值和负值。那些具有吸引力或能满足人的需要的对象具有正效价,而那些具有恐惧性质的对象具有负效价。他的图示有时也被称为"黑板心理学"。

如图7-3为一简单事例的图示:一个孩子想去看电影,但是被父母禁止。图中的椭圆代表生活空间;c代表孩子;箭头是矢量,指出孩子的目标是想去看电影,这是一个正效价;垂直线是达到目标的障碍,是父母设立的,具有负效价。

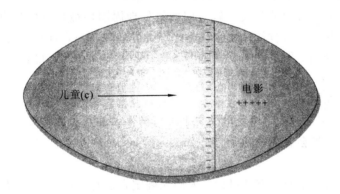

图7-3 生活空间的一个简单图示

经典实验 7-1

蔡加尼克效应

蔡加尼克的实验在1924—1926年间进行,被试共164人。实验的大致程序是:每次实验,均要求被试去做18~20项简单的工作,但是其中只有半数工作让被试完成,另一半工作则在中途阻止被试,不让其完成,等整个实验活动结束后,让被试对所做过的工作进行回忆。根据勒温的心理紧张系统理论,可以设想:一件要完成的工作等于一个准需求,并会随之产生相应的心理紧张。如果完成了工作,心理紧张就会消除;如果工作受阻没有完成,心理紧张将继续存在,并且会影响被试的行为和心理活动。蔡加尼克的实验结果完全证实了勒温的这些理论设想。被试对未完成的工作的回忆量平均为68%,而对已完成工作的回忆量平均为43%。这就是心理学史上著名的蔡加尼克效应(Zeigarnik effect)。

三、人格的认知信息加工理论

随着信息时代的到来,心理学家不仅运用信息加工理论来研究人类认知过程,也用来研究人格,形成了人格认知学派的一种研究倾向——认知信息加工理论,其主要代表人物是卡弗和斯切瑞(Carver和Scheier)。

(一)人性观

认知信息加工理论(cognitive information processing)主要探讨人们如何组织并陈述其经验。无论是复杂的人类行为还是简单的人类行为,都以其生理结构为基础。人们也一直在努力探讨生理结构是如何影响和操纵个体的行为的,尤其是神经系统的作用。近几十年来,由于电脑的发明和使用,使人们从自己所制作的机器及其信息处理的程序里,认识到它与大脑活动具有相似的过程,这样就带动了对人类行为的认知过程的大量研究。

卡弗和斯切瑞指出了理解人类行为的三个假设。

一是了解人类行为就是要了解人们如何处理周围环境提供的信息。各种外界刺激带给你一些来自当时环境的信息。这些信息是一点一点地传给你,由你的感官神经元分别接受的。但是你所获得的并不是零碎的信息,你会将它们组织、统合起来,获得当时环境一个相当完整的印象,这就是信息加工的过程。

二是人们在其生命中要面对许多需要做决定的事项。其中有些决定是有意义的,但有更多的决定是在不自觉的情况下进行的。哪些待决定的事情会进入一个人的思维?哪些成见会影响你的决定?你会怎样运用那些成见?这就是人格因素的作用。

三是人类行为本质上有其目标。人们先确定自己行动的目标,然后一步一步地朝向目标前进。有些目标比较远大,要付出艰辛的努力,其行动可能是复杂的;有些目标是比较具体的,只需要一些简单的行动就可以达成。不过在一般情况下,在朝向某一目标行动的过程中,常常需要不断地调整自己的行为。至于目标的选定和自我调节时将以哪些信息为参考,那是个体人格的表现。

(二)原型与图式

1. 原型

原型(prototype)是指某类事物在个人心目中的典型形象。人们在判断某个物体是否属于某个认知类别时,便会使用原型。物体越接近原型,人们便越是认为该物体属于某个类别。

原型可以用来对人进行分类。某一原型也许是综合了多种特征的人,或者也可以是代表某一种族或团体的特定人物。例如,当一个人以乔丹作为"篮球运动员"的原型时,就会觉得赵本山看来不像个篮球运动员。原型的分类方式可以是阶层性的,如图 7-4 所示。

人们如何以原型的概念来认识人格?使用不同的原型或原型的个体差异都会对人格的描述或评价产生影响,使得人们对同一个人的看法会有所差异,进而与他人的互动方式也会有所不同。由于原型是相对稳定的认知结构,行为上的个别差异也会相对稳定。例如,小王是个学生,在课堂上总爱对老师的观点提出挑战性的问题,A 老师认为小王是个叛逆又爱捣乱的学生,经常对小王的提问给予制止或否定;而 B 老师认为小王是个具有创造性思维的学生,对其提问给予积极肯定的反馈。两

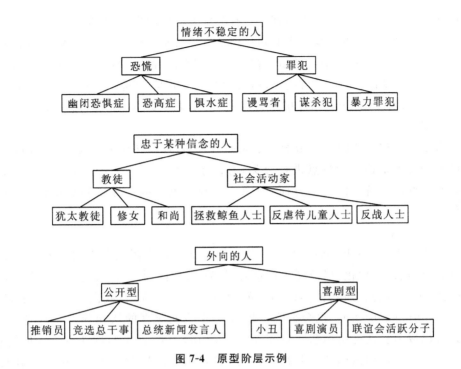

图 7-4 原型阶层示例

位老师对小王的反应与态度截然不同,源于两位老师所启用的原型不同,A 老师将小王与"爱捣乱学生"的原型相匹配,B 老师将小王与"创造性思维的学生"的原型相匹配。

2. 图式

图式(schema)是一种有助于人们知觉、组织、处理并利用信息的假设性认知结构。由于在大多数情况下,人们有太多的信息必须加以注意,因此一定要用某种方法来解释周围的信息。图式的主要功能之一是协助人们知觉环境的特征。图式还可以提供人们一个组织并处理信息的架构。由于人们已经有一个界定清楚的母亲的图式,就可以把新的信息纳入对母亲既有的了解中。关于自己的母亲,人们可以提供一个很有组织性的描述,因为这些信息都已经被纳入一个完整的认知建构中,而不是各不相关的片段。个体处理有关母亲的信息的能力,要优于处理一个初次谋面的女性的信息的能力。

人们用图式来解释人格差异,正如其他认知结构一样。图式是相当稳定的,有助于人们以稳定的方式知觉并利用信息。当然,每个人的图式也有所不同。图式让人们以一种稳定的方式处理信息,这就造成了个体间稳定的行为差异。

(三)人格的表征

1. 内隐人格理论

内隐人格理论(implicit personality theory)是指每个人都有一套自己的人格理论,之所以称为内隐人格理论,是因为大多数人并不清楚他们的人格特质分类或并未把这些特质组织成正式的人格理论。有关这方面的研究,可追溯到20世纪50年代。早期的研究焦点在于探讨人们知觉到某人拥有某一特征时,会倾向于假想他也有其他相关的特征,因为有些特质是在人身上一起出现的。也有学者将研究焦点放在人们用来知觉他人的一般维度上,结果发现三个维度:评价(evaluation),即描述人的好坏程度;活动(activity),即描述人的主动、被动程度;能力(ability),即描述人的强弱程度。

内隐人格理论的假设会影响一个人如何观察、理解和评价他人。一方面,它可帮助人们对人格特征和特点进行分类,有助于组织所知觉到的人格信息,以便对他人有更好的了解。但另一方面,内隐人格理论也可能会导致知觉错误,如刻板印象。

2. 自我图式

自我图式(self-schema)是对自我的认知表征。自我图式会影响个人注意哪些信息,如何加以结构化,以及哪些信息容易被个人回忆起。换言之,一旦发展出自我图式,人们就会有强烈证实该图式的倾向。也就是说,自我图式具有自我验证(self-confirming)的功能,也会影响并形成自我验证成真的认知偏差。首先,自我图式可以成为长期可用构念(chronically accessible constructs),即使只有少量信息,也会引发人们运用该图式。其次,自我图式影响人们想做的事,尤其会指引人们朝向与自我图式一致的方向。最后,人们会主动从别人身上寻找自我验证成真的证据,并设法将此证据展现出来。上述这三方面说明了:一旦建立好自我图式后将难以改变。因此,自我图式的性质会决定一个人人生的模式。一位拥有正面自我图式的人会健康地发展,但是那些具有负面自我图式的人就会长期背负着自己铸造的重枷。

经典实验 7-2

自我图式与信息加工

研究者先把被试分成三组:有很强独立图式的、有很强依赖图式的和中间型的。然后让被试坐在电脑面前,电脑屏幕上呈现一系列形容词。被试的面前有两个按钮,一个标明"是我",另一个标明"不是我"。被试的任务就是判断电脑屏幕上呈现的形容词是否可以描述自己,并按下相应的按钮做出回答。在这些形容词中,有15个是与独立有关的(例如,个人主义的、坦率的),有15个是与依赖有关的(例如,一致的、顺从的)。如图7-5所示,有很强独立图式的人对与独立有关的形容词做出"是我"的反应很快,而对与依赖有关的形容词做出反应的时间要长一些。而有很强依赖图式的被试的结果恰好与之相反。中间型的人对这两种形容词做出判断所需要的时间无显著差别。

研究表明,被试能够做出快速地按键回答是因为他已经具有相应的定义得很好的自我图式。这个图式使得他们能够快速加工信息,并立即做出反应。

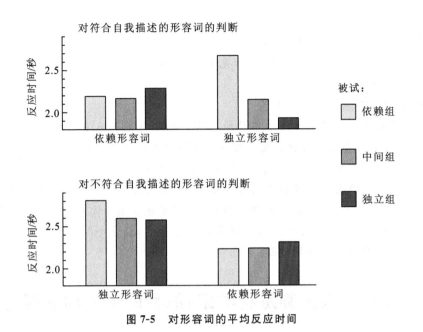

图 7-5 对形容词的平均反应时间

 学以致用

佛印与苏轼斗禅

有一天,苏轼又和他的老朋友佛印在一起,两人一起参禅。看着佛印参禅的样子,苏轼不禁笑出声来。

佛印问道:"学士因何而笑?"

苏轼不答反问:"大师,你看我坐禅的时候像什么?"

佛印不假思索地说:"学士像一尊佛。"

佛印接着反问道:"那学士看老僧坐禅像什么?"

苏轼脱口而出地说:"大师你像一堆牛屎。"

原来,佛印生得矮矮胖胖,碰巧那天又穿了一件黑色的僧袍,盘腿坐在那里,黑乎乎的一大堆,不像一堆牛屎又像什么?

佛印禅师听了,不怒反笑,默然不语,然后怡然自得地闭目养神。

这一次斗禅占得上风,苏轼高兴异常。回到家中,不禁对他的妹妹苏小妹说:"妹妹呀,从前与佛印那老和尚斗禅,总是斗不过他,今天不知道是老和尚倒霉还是我苏东坡走运啊,总算斗得他哑口无言。"接着便把自己与佛印斗禅的经过绘声绘色地讲了一番。

苏小妹听后,不禁大笑:"我的老哥啊,你今天可是输到家了,最惨的是,你自己还以为大获全胜啊!可悲!"

苏轼不禁跳起来:"你这是怎么说话的?"

苏小妹问道:"那你说,佛和牛屎,谁高尚,谁粗俗呢?"

苏轼说:"自然是佛高尚,牛屎粗俗。"

苏小妹说:"这就是了。佛印禅师见处即是佛,而老哥你啊,却见处即是牛屎。请问,到底是谁高谁低啊?"

苏轼一听,不禁吹胡子瞪眼。

苏小妹接着说:"佛印禅师心中装的是佛,所以,他看人人都是佛。可老哥你开口牛屎,那你的心中装的是什么呢?可见佛印的境界比你高啊!"

提示 这个故事,无疑有一些演义的成分。但它说出了一个道理:你所见的其实是你自己内心的反映。君子所见无不善,小人所见无不恶。并不是说君子不会面对恶,小人不会遇上善,而是因为即使面对恶,君子也用君子之心待之;而小人即使遇上善,也会以小人之心待之。从心理学的角度而言,就是个体的内在自我图式会影响其对外部世界的感知与评价。

第二节　人人都是科学家:凯利的个人构念理论

人物介绍

乔治·凯利(见图7-6),人格认知论的创始人,出生于美国堪萨斯州,1926年大学毕业主修物理和数学,后转为主修心理学,1931年在爱荷华州立大学获哲学博士学位。1931年至1943年任教于弗海斯州立学院并发展出为全州公立学校服务的巡回诊所,1946年任俄亥俄州立大学临床心理学系主任,1965年转任布兰迪斯大学教授。主要著作有《个人构念心理学》(1955/1959)、《临床心理学和人格:凯利论文选》(1969)等。

图7-6　乔治·凯利
(George Kelly,1905—1967)

一、人性观:人即科学家

凯利对人性的假设是:人即科学家。科学家的目的就是努力去解释世界,对现象进行预测和控制。凯利认为心理学家也与科学家一样,试着去预测并控制行为。普通人如同科学家,科学家在探索世界,建构着自己的理论;普通人在探索现实,建构着自己的生活。普通人与科学家的主要运作原则是一样的,他们不断地经历各种事情,形成自己看待世界的观点,并用已有的人生经验去预测未来,控制事件,调控行为。例如,你下午2点有个约会,现在是下午1点半,坐公交车却碰上交通阻塞,怎么办?你会提出问题("怎样按时赴约");预测答案("来不及了,打电话再约");分析利害关系("爽约太伤感情");假设可能方案("先通知他稍等,再乘出租车赶去");最后执行可控事件("坐出租车,按时赴约")。这类日常决策过程和科学家解决问题的过程并无本质区别。科学家在探索世界时,会提出假设、验证假设,预测未来。科学家与普通人的区别在于,前者进行的是更为系统的观察,更为清晰地阐释要检验的假设,且在假设检验上也更为系统化。在凯利看来,每个人的目标都是尽可能地成为一个好的科学家,即不断提高描述、解释和预测事件的能力。

凯利认为,个体的行为是由其对周围环境的解释和对最终结果的期望引导的,我们每个人都是一个人格理论家,都在不断发展并使用自己的构念系统去描述、解释、预测我们自己和他人的行为(见图7-7)。

图 7-7 每个人都是人格理论家

二、个人构念与构念系统

(一) 个人构念

1. 个人构念的含义

个人构念(personal constructs)是凯利人格理论的核心概念,是指个体知觉、分析或解释事件的方式。例如,"好-坏"就是人们评价事件时常用的一个构念。没有任何两个人会有完全相同的个人构念,也没有两个人会有完全相同的组织构念的方式。那么,这些构念是什么样子的呢?凯利认为,个人构念是两极的,如:"友好-不友好"、"高-矮"、"聪明-愚笨"、"男子气-女子气"等,但一极并不必然是另一极的逻辑对立面。我们看待世界时并不是以一种截然的逻辑对立关系来建立构念,并不只是把世界简单的分成黑白二色,没有中间的灰色。事实上,当我们用了最初的黑白构念以后,还会用其他的两极构念来决定黑色与白色的程度。例如,当我们确认了某一个不太熟悉的人是聪明的,那么我们随后也许会用"学术智力-常识智力"来继续建构对他的印象,得到关于这个人的更清晰的认识。

人生活在丰富多彩的世界上,会遇到各种各样的刺激。人们必须解释这个世界,才能预测并控制事件。为了满足我们的预测需要,我们就会做一件凯利称为"模板匹配(template matching)"的事情。也就是说,我们对这个世界的看法与一些透明模板相似,我们会把这些模板套在自己经历过的那些事件上。如果它们相匹配,我们就保留这些模板;如果不匹配,我们就会修改这些模板,让它们下次更适合做预测。在凯利看来,个人构念好像一种微型理论,是个人用来预测事件的主要工具,就是前面所说到的"模板"。例如,你根据过去观察的经验建立了"小王很内向"的假设,以后就会不断收集他各方面的信息,并将这些信息与假设相比较,如果你的假设被证实(不太与人说话、公共场合不愿主动发言等),那么你就会继续使用这一假设;相反,如果你的假设未被证实(小王热情、开朗、乐于助人等),你就会放弃这一假设,去建立新的假设。这正如科学家在实证的基础上证实或证伪假设的过程。

2. 个人构念的类型

(1) 依据构念的作用可分为核心构念与边缘构念。核心构念(core constructs)是个体行为中最基本、最稳定的构念,它是决定个体行为的一致性或同一性的关键构念,会决定一个人的人生信念。边缘构念(peripheral constructs)是较易改变的、不起决定作用的构念。不同的人核心构念是不同的,有人以竞争为核心构念,有人以友好为核心构念。例如,一个人如果以诚信作为核心构念,他在解释事件和评价他人时,总会首先关注这个人是否诚实守信、真诚正直等。如果确定了这个人具有诚信的品质,尽管这个人有时表现得粗心,有时表现得细心("粗心-细心"就是一个边缘构念),人们还是会对他在边缘构念上的变化采取通融的态度。

(2) 依据构念的通透性可分为可渗透性构念和非渗透性构念。可渗透性(permeable)构念是能容纳新成分进入其适用范围的构念。非渗透性(impermeable)构念是拒绝新的成分进入其领域的构念。例如,"科学-非科学"这一构念,就会随时代和科学的发展而产生变化。一个思想开放的人,即具有可渗透性构念的人,可以容纳不同的意见和吸收不同的见解。相反,思想保守的人,即具有非渗透性构念的人会表现出僵化、封闭、固执、刻板等。

(3) 依据构念的可变性可分为紧缩构念和松散构念。紧缩(tight)构念是对事件的预测无改变的构念。松散(loose)构念是对事件的预测可随时间、情境的不同而产生变化的构念。例如,具有紧缩构念的人会用同一构念去预测不同的事情,一个具有敌对构念的人,总是用敌视的眼光去看待或预测所有的人或事,甚至遇到了一个善良的人也会如此。一个灵活变通的人会考虑到环境的因素来适度地调整自我的构念。但是,精神病患者则一直停留在松散状态中,表现出随机、混乱的预测方式。

(4) 依据构念的表达方式可分为言语构念和前言语构念。言语(verbal)构念是通过一定文字符号来表达的构念。前言语(preverbal)构念是通过非文字符号来表达的构念。前言语构念通常出现在儿童时期,虽然儿童的言语尚不发达,他们仍然能运用表情、动作等来描述和预测事件,如亲昵、示好、恐惧等。成年人也会使用前言语构念,但由于前言语构念不确切,且显得累赘,不如言语构念方便,所以被运用的机会就少多了。

(5) 依据构念的层次可分为上位构念和下位构念。个体用来解释并预测事件的构念系统具有组织性和层次性,系统中的构念呈现出层次排列的结构,以减少人格系统中的矛盾。上位构念(superordinate constructs)是包含其他构念在内的居于上层的构念。下位构念(subordinate constructs)则是被包含在别的构念(上位构念)中的居于下层的构念。例如,"好-坏"可以是核心上位构念,"幽默-严肃"常是边缘下位构念,而一个人的核心构念可能是另一个人的边缘构念。描述人的"细心-粗心"、描述物的"精-糙"可能是包含在"好-坏"这一上位构念中的下位构念。人格描述中的"外向-内向"就是一个上位构念,它包含了"合群-孤僻"、"善言-缄默"、"活泼-安静"等下位构念。

(二) 构念系统

1. 构念系统的含义

构念系统是由许许多多的构念组成的复杂系统。构念系统有非常复杂的和非常简单的。前者包含许多相互联系着的构念,以多水平的方式把构念组织在一起;后者只有很少的几个相互联系的构念,只有1~2个组织水平。非常复杂的构念系统可对周围世界进行更进一步的区分,并对未来作出细致的预测;非常简单的构念系统只能把所有的人和事都纳入某些类别,预测性很低,面对不同的环境差不多只能作出同样的预测。

凯利认为,人格结构是由一组独特结合的构念群所组成的复杂系统。个体差异就表现在个体所拥有的构念性质、数量、质量和组合方式的不同上。面对相同的环境,你和我的反应相异,一方面是由于我们所用的构念不同,另一方面是由于我们组织构念的方式不同,即我们拥有的构念系统不同。例如,在我确定一个新认识的人是友好的之后,我可能想进一步知道这个人是乐于社交的还是文静的。可以图示这些构念间的关系:

但是,在这个构念系统中,我即使能判断一个人是友好的,但不能进一步知道他是乐于社交型的还是文静型的。另外,你可能用了同样的构念,但以这样的方式进行组织:

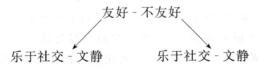

这种情况下,无论你判断一个人是友好的还是不友好的,你都可以进一步判断这个人是乐于社交的还是文静的。当然,也可以这样组织这两个构念:

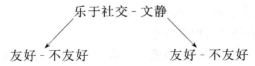

在这种情况下,当你在判断一个人是文静的以后,你可能想知道她是一个文静-

友好的人还是文静-不友好的人。对于同一个人来讲,他在不同的时间可能会使用不同的构念方式。因此,我们不仅可以运用无数的构念来理解这个世界,而且我们组织和运用这些构念的方式也几乎是无限的。

2. 构念系统的发展

凯利认为,个体的发展建立在构念系统的发展之上。个体的发展就是要不断提高对世界预测的准确性。凯利进一步指出,个人构念系统是通过对事件的反复建构而产生的,构念的产生依据先前的经验,人们通过概括化的过程来对经验进行建构,接着人们再依据自己已形成的构念去解释新信息、控制行为、预测未来。如果由某种构念产生的预测被经验证实,那么,这个构念就是有用的,被纳入个人构念系统中,使构念系统不断扩展与复杂化;而没有被证实的预测,则要被修正或被淘汰出构念系统。不断被优化的个人构念系统,会进一步提高个体预测未来的准确性。

随着年龄的增长,个人构念系统在构念的数量、质量、复杂性、组织方式等方面都会发生变化。而影响个人构念系统发展的因素受制于内外因素,个人构念是否具有渗透性、构念系统是否具有丰富性、构念组织是否具有条理性、构念使用是否恰当等,都会影响个人构念系统的发展。

三、角色构念库测验

凯利开发了一套独一无二的测验工具来测量一个人的构念系统。传统的测验常常会让人们去评价或排列出一系列他们认为重要的人格特质或是划分人格的维度,但这个测验不同,它的目的是通过一种比较过程使人们对人格的理解得到呈现。这个有名的测验就叫做角色构念库测验(role construct repertory test,REP)。

角色构念库测验的实施程序如下。

第一步:填写"角色称谓列表"(role titles list)。

主试给被试列出如下角色称谓:被试本人、母亲、父亲、喜欢的教师、妻子或丈夫、兄弟姐妹等。让被试写下他认识的并对自己具有重要意义的20~30个人名。

第二步:比较所列角色的异同。

主试按预先规定好的组合,从被试的列表中抽出三个人名,让被试分析三个人的异同。主试会询问被试:"在哪个重要方面,哪两个人相似而与第三个人不同?"例如,主试要求一个人考虑父亲、母亲和他喜欢的女朋友这三个人名。被试会说母亲与女友相似,都很文静,却与父亲不同,父亲比较活跃。那么,被试这次使用的构念维度便是文静-活跃。了解这一构念维度之后,再呈现另外三个角色,让被试重复上述步骤。这种重复通常会有20多次。每次呈现三个角色,被试便产生一个构念维度。此构念可能是过去已有的,也可能是全新的。

第三步:主试分析被试的构念特点。

主试从被试引发的构念数量(多或少)、构念内容(偏理智还是偏情绪或行为、偏身体特征还是偏社会或心理特征)、构念性质(是否可渗透、是否松散)等方面分析被试的构念特点。

值得一提的是,角色构念库测验具有两个特色:一是测验目的是非隐蔽性的,直接让被试说出自己的构念;二是测验本身是非强迫性的,被试是在自愿自发的情况下表达构念,无须主试的引导与限制。

 人格测验

使用角色构念库测验进行人格评估

通过这个简单的测验,你将对角色构念库测验是如何进行的有一个基本的认识。如果你对深入挖掘自身的构念有兴趣,你可以在第Ⅰ部分增添更多的角色单,并在第Ⅱ部分添加更多的组合。

Ⅰ.在下方描述的角色上,写出你生活中该角色人物的名字。

　　_____ 1.你的父亲或母亲
　　_____ 2.你最好的朋友
　　_____ 3.与你年龄最近的姐姐、妹妹(或是像姐姐、妹妹那样的人)
　　_____ 4.与你年龄最近的哥哥、弟弟(或是像哥哥、弟弟那样的人)
　　_____ 5.你的配偶(或男朋友/女朋友)
　　_____ 6.你喜欢的一个老师
　　_____ 7.你不喜欢的一个老师
　　_____ 8.你的老板
　　_____ 9.你所知道的一位成功人士
　　_____ 10.你所知道的一位不成功的人

Ⅱ.下面的列表列出了三个人物组成的多个组合(数字代表的是第Ⅰ部分中对应的人)。请思考在哪一方面其中的两个人相似而与另一个人不同。将相似的两个人对应的数字写下,并用一个词描述他们在哪方面相似(有什么共同特点)。同时,将另一个与他们不同的人对应的数字写下,并用一个词描述他与其他两人的不同之处。

组合	相似的两个	共同特点	不同的那个	不同特点
1,4,5				
2,3,9				
4,6,10				
2,4,7				
6,8,9				
1,7,8				
4,7,9				
5,8,10				

1,3,8　　　＿＿＿＿＿　＿＿＿＿＿　＿＿＿＿＿　＿＿＿＿＿
3,5,6　　　＿＿＿＿＿　＿＿＿＿＿　＿＿＿＿＿　＿＿＿＿＿

Ⅲ. 请再次观察上面你写下的各个对比组中的词。这些就反映了你的个人构念，也就是你是如何组织关于他人的信息的。

四、心理治疗

（一）心理问题

凯利是一位临床心理治疗家。他否认心理障碍是由过去的创伤经验引起的，提出了另一种观点，即人们产生心理障碍（如强迫、焦虑、抑郁等）是因为他们建立并使用了一些无效或错误的病态构念，构念系统紊乱，以致不能很好地解释、预测和控制外部事件。这主要体现在两个方面：一是构念系统缺陷，二是构念使用失误。

1. 构念系统缺陷

（1）构念过于可渗透或过于不可渗透。过于可渗透的构念几乎不加筛选地允许所有新的内容进入构念中，这会导致构念系统过于庞杂而无序，无法区分构念的范围与适用焦点。而过于不可渗透的构念，则完全不允许新的成分进入构念中，导致构念系统过于简单、狭窄，难以扩展和丰富。

（2）构念的不准确性。构念是在反复经验的基础上形成的，如果经验不足，就会影响构念的质量或准确性。而不能分辨并淘汰无效构念或纠正错误构念，也会影响构念的有效使用。

（3）构念系统的组织无层次。构念系统组织层次不清、结构混乱，会使个体感到内心矛盾重重，思维无头绪，预测无规律，导致差错不断。

2. 构念使用失误

（1）构念过度紧缩或松散。运用构念进行预期时产生偏差，原因之一是构念过度紧缩或松散。在过度紧缩的情况下，个体无视外在情况的差异均做出同样预测。在过度松散的情况下，个体则使用同一构念任意预测。这两种情况都无法预测准确，因为都忽略了构念与情境的交互作用。

（2）过于寻求安全确定性的构念。选择确定性的构念来预测世界是相对安全的，自信不足或自卑的人倾向于建立并使用确定性的构念，以致限制了其人格的发展。这是因为，人格的发展常常是建立在构念不断扩展的基础之上的，而构念的扩展又是建立在冒险的基础之上的，冒险和创新是相伴相生的。

（3）构念使用超出其适用范围。构念的适用范围涵盖了其应用所能及的一切事件，构念的适用焦点则包含其应用时最恰当的某些事件。例如，聪慧性适用于描述人的特性（适用范围），但是它最适用于描述人的智力特征（适用焦点），而不适用于描述建筑物。

有些人在解释事件时，常常使用构念不当，导致对事件的解释出现偏差，进而产生一些心理困扰。

第七章 人格的认知取向

（二）固定角色疗法

在个人构念理论中，心理障碍被认为是构念系统出现异常，而心理治疗就是帮助来访者改变其预测并重建其构念系统。凯利的认知疗法能帮助患者重建构念，其中固定角色疗法就是方法之一。固定角色疗法（fixed-role therapy）就是让来访者扮演一个由心理治疗师设定的新角色，来访者按照新的角色要求来行动，治疗师鼓励来访者以新的方式来看待自己，以新的方式行动，并以新的方式来解释自己。在这种治疗中，治疗师积极参与进来，任务是鼓励来访者放弃旧的构念，建立新的构念。同时，治疗师还要帮助来访者减少构念改变中出现的焦虑，树立建立新构念的信心。具体治疗步骤如下。

第一步：测定旧构念。

通过角色构念库测验、自我特征的描述、结构性访谈、罗夏墨迹测验、主题统觉测验等，了解来访者的构念系统，确定来访者构念系统中的问题所在，为治疗师确定治疗方案提供基础。

第二步：建立新角色。

治疗师针对来访者的病态构念系统，建立一个与原来不同的、有助于来访者改变旧构念的新角色。为了让来访者能够接受这个新角色，使这个新角色对来访者不造成过度的威胁，治疗师与来访者共同商讨这个新角色，帮助他接受这个新角色。

第三步：扮演新角色。

治疗师让来访者扮演这个新角色，言谈举止都符合新角色，时间为两周左右。治疗师会对来访者说："在这两周里，你要忘掉你是谁，忘掉你过去曾经是什么样的人，你现在就是××（新角色的名字）！你的行为要像他！你的思想要像他！你想象他怎样跟朋友说话！你想象他怎样做事，你也怎样做事！他有什么兴趣，你也要以什么为乐！"在这一过程中，治疗师要充当来访者的配角，给予来访者充分的支持，帮助其建立新的构念系统。

第四步：巩固新角色。

在之后的几周里，来访者的所有生活都按照新角色的要求去做，每隔几天与治疗师见一面，讨论来访者扮演新角色时所遇到的困难，并在治疗师的帮助下克服困难，直至来访者习惯了新角色的言行方式和为人处世的方式，成为一个新的人。

第三节 米歇尔的认知-情感系统理论

 人物介绍

沃尔特·米歇尔（见图7-8）出生于奥地利维也纳，1938年因纳粹党侵占奥地利举家迁居美国纽约，1953—1956年于美国俄亥俄州立大学攻读临床心理学，1956年

图 7-8　沃尔特·米歇尔
(Walter Mischel,1930—)

获得博士学位。1958 年任教于哈佛大学,1962 年任职于斯坦福大学,与班杜拉共事。1978 年荣获美国心理学会(APA)临床心理学部门颁发的杰出科学家奖。1983 年以后工作于哥伦比亚大学。主要著作有《人格与评估》(1996)、《人格科学进展》(2002)、《人格导论：整合的观点》(2003)等。

一、人性观

(一) 人的主观能动性

米歇尔与班杜拉对人性的看法基本上是一致的,即强调人的主动性。他在 1976 年论及人的这种主动性时叙述如下。

"人是主动的、意识的问题解决者,能够从广泛的经验和认知能力中获益,具有极大的行善或行恶的潜能,主动建构自己的心理世界,并影响环境,同时也按一定的规则而受环境的影响——即使这些规则不易被发现和类化……这种观点已经远离了本能的驱动论,稳定的特质论和自发的刺激-反应联结等传统的人格理论观点。"

(二) 人与情境的关系

米歇尔对特质的质疑最受人关注,并引发了人与情境孰轻孰重的争论,历经二十多年不休。他在《人格与评估》一书中,对一般人将人格特质视为广泛而普遍的行为决定因素的观点提出了严厉的批评,他认为那种想法并没有可靠的实验依据。他指出,一般人格自陈测评工具的结果与实际行为的相关很少超过 0.30,没有实质意义。一方面,一般人凭直觉认为人格特质具有普遍性,因而觉得行为具有跨情境的一致性;而另一方面,研究结果并不支持这种一致性的存在,因此形成了一种矛盾。米歇尔认为,正是因为行为在不同时间里的一致性,人们才认为行为是具有一致性的。换句话说,人们在认知上形成了一个错觉,即将行为在时间上的一致性和跨情境的一致性弄混淆了。

二、认知-情感单元

认知-情感单元(cognitive-affective units,CAUs)是指个体可以获得的心理-情感表征,即认知、情感或感受。它涉及人们的心理、社会和生理众多方面,因为这些方面的存在,使得人们与情境的交互作用呈现出一定的稳定性。认知-情感单元具体包括编码(encoding)、预期和信念(expectations and beliefs)、情感(affections)、目标和价值(goals and values)、能力和自我调节计划(competencies and self-regulating plans),其内涵如表 7-1 所示。

第七章 人格的认知取向

表7-1 认知-情感单元

编码	对有关自我、他人、事件和情境的信息进行编码,并将编码进行分类(建构)
预期和信念	对在某种特定的情境中将要发生什么进行预测,对某种特定的行为会有什么样的后果进行预测,对某人的个人效能进行预测
情感	感觉,情绪,情绪反应
目标和价值	个体目标、价值和人生计划
能力和自我调节计划	保持个体行为和内部状态的知觉能力、计划及策略

经典实验 7-3

幼儿延迟满足[①]实验

把 4~10 岁的孩子带入实验室玩游戏。游戏期间实验者借故离开,并告诉孩子如果要实验者回来,只需摇手边的一个铃铛。离开前,实验者给孩子呈现一大一小两支棒棒糖,告诉孩子必须等到实验者自己回来,才能够吃大棒棒糖;在等待期间,孩子可以随时摇响铃铛,终止等待,这样马上就可以吃小棒棒糖,但必须放弃大棒棒糖。然后这些孩子就被单独留下,对着诱人的糖果呆上 15 分钟。结果发现,有 2/3 的孩子都能克制自己,等待更大的奖励;另外 1/3 儿童却不能忍耐,宁愿尽快吃小棒棒糖。

实验表明,影响个体做出延迟选择的因素有:个体对等待的延迟奖励是否真会发生的预期、奖赏的主观价值,以及目标追求过程中应对诱惑和挫折的策略(如认知能力、注意能力等)。

研究还发现,5 岁以下的儿童没有选择偏好;到了 5 岁末,更多儿童会在等待过程中将奖赏物遮起来;7 岁左右,儿童能自发产生有效的认知策略,并能验证策略的可行性,能理解某些抵抗诱惑的规律;到 10 岁左右,儿童的延迟策略更为复杂,他们已经牢固掌握了基本的延迟规律。

此外,学前期延迟时间的长短与青少年期的学业成绩、社会能力和应对技能显著相关,且不存在性别差异。从父母的评价可以看出,那些能够较长时间等待的儿童的语言表达更流利,做事更专心、理智、果断,更有计划性,更自信,更富好奇心和求知欲,社会适应能力更强。

(沃尔特·米歇尔,1970)

[①] 延迟满足(delay of gratification)是指一种甘愿为更有价值的长远结果而放弃即时满足的抉择取向,以及在等待过程中展示的自我控制能力。

三、认知-情感人格系统、情境与行为

米歇尔等人指出,前面所提及的认知-情感单元不是孤立的,而是在经验的作用下以独特的方式联系在一起,形成人格结构的,在不同的情境下保持相对稳定。而由这些认知-情感单元构成的人格系统就被称为认知-情感人格系统(cognitive-affective personality system,CAPS)。认知-情感人格系统视人格为一个统一的系统:个体可获得的、可通达的不同认知-情感单元之间相互关联,组成关系网络;这种独特的关系网络构成人格的基本结构,是个体独特性的基础。

米歇尔认为,情境、认知-情感人格系统与行为之间在不断地进行着复杂的交互作用。如图 7-9 所示,认知-情感人格系统中的单元与某种情境发生交互作用,进而影响人的行为,而人的行为又反过来影响情境(见图 7-9)。

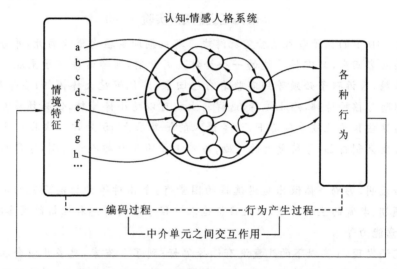

图 7-9 人格的认知模型:认知-情感加工系统

当个体处于某个情境中时,情境便会激活认知-情感人格系统中某些相互联系的因子,它们之间产生特定的交互作用,从而产生了情境特异化的认识、情感和行为。所以当一个人的某种行为(如友善的态度)在不同的情境中表现出高低变化时,不能简单地将那些高低变化的分数综合起来,以其平均水平来代表当事人的"友善特质"。也就是说,每个人在某种情境中的行为是由其特有的认知-情感人格系统和其当前情境交互作用决定的。如果他在多种情境中,某项行为变化相当稳定,那么就显示他具有这种特有的行为模式。米歇尔称之为"如果……那么……"的情境-行为模式("if...then..." situation-behavior pattern)。

不难看出,人格的认知-情感加工系统模型一方面可以说明在同一情境下人们认知和情感反应的个别差异,同时也可以说明一个人在不同情境下行为变化的稳定性。总之,个体是在其认知-情感人格系统和当前的情境交互作用之下,根据其对情境的解释,选择其所特有的某种稳定的行为模式来进行反应的。

第四节 认知人格理论的相关研究及应用:抑郁及其治疗

一、认知与抑郁

我们都知道,在日常生活中,抑郁者不仅容易记住难过的经历,而且难以控制自己从一种抑郁想法转到另一种抑郁想法。悲伤的人容易回忆起他们孤独和失去爱的时候。他们常常会陷入问题中不能自拔,对所有可能出错的事情忧心忡忡。他们时常想起那些令人尴尬的场面、再也不想提起的往事和但愿能从记忆中抹去的经历。甚至当好事降临时,抑郁者也要找出几片"灰云",来"提醒"自己。当被一所好学校录取时,他们会想到如果没被录取会承受多少压力,会发生什么不快。当被邀请参加晚会时,他们会想,如果谁也不认识,在那里陷入尴尬境地怎么办。

这些观察告诉我们一个事实:抑郁的想法是与抑郁的情绪紧密相连的。这就是为什么心理学家转而大量地用认知方法来解释抑郁。虽然一些心理学家主张,消极想法只是抑郁的一个症状,但认知理论认为,这些消极的想法同时也导致了人们的抑郁。抑郁者的想法可以用一个抑郁认知三角来描述。也就是说,抑郁者常常消极地评价自己,对未来持悲观态度,对正在发生的经历也总是消极地去看待。在此,主要从抑郁图式和消极认知风格两方面出发来阐释人们解释和回忆信息方式的不同如何影响了他们的抑郁体验。

(一)抑郁图式

持认知观点的心理学者认为,抑郁者使用一个活跃的抑郁图式进行信息加工。抑郁图式(depressive schema)是一种包含了对各种抑郁事件和想法的记忆及其相互联系的认知结构。使用这种图式进行信息加工的人会注意消极信息,忽视积极信息,并用抑郁的方式解释模棱两可的信息。他们容易回想起抑郁的记忆,并且常把当前的伤心经历和过去的伤心事扯在一起。简单说,抑郁者的信息加工,采用了一种长久保留消极思想、排斥积极思想的方式。

消极想法总是与其他的抑郁症状,如悲伤心境、活动减少等共同出现。认知理论家认为消极想法与其他症状之间有双向因果联系。也就是说,消极想法可以导致抑郁,而抑郁也可以导致消极想法。然而,也有几项研究显示,尽管人们的消极想法会随着抑郁的康复而减少,但最根本的认知系统通常还是没有什么变化。如果个体自身稳固的抑郁图式仍然完好无缺,那么他在以后还是非常容易患上抑郁。例如,之前患过抑郁症的患者仅仅在听了一段哀伤的音乐之后,就产生了消极想法。

经典实验 7-4

抑郁者与非抑郁者的自我描述实验

实验目的:考察个体的认知结构在抑郁形成和维持上的作用。

实验程序：选取三组被试，分别为抑郁患者、非抑郁患者（此处指没有抑郁症但有其他心理障碍的患者）和非抑郁正常人，提供一张写有形容词的词单，词单上一半的词与抑郁有关（如破碎的、不幸的、无助的），一半与抑郁无关，让被试通过按键 YES 或 NO 来表明这些词语是不是对他自己的描述。然后给被试 3 分钟时间，让他们尽可能多地回忆之前呈现过的形容词。

实验结果：抑郁患者对与抑郁关联的词回忆得更好，而另外两组非抑郁的被试对其他词的回忆更好，如图 7-10 所示。

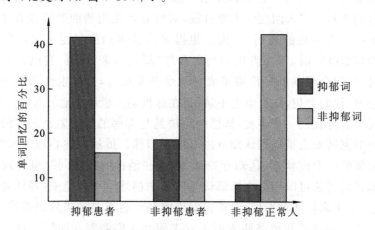

图 7-10　用自我参照加工回忆描述自我的词的比例

实验表明：抑郁患者之所以能更好地回忆像"不幸的"、"无助的"这样的词语，是因为他们是使用抑郁图式加工这些词语的。抑郁者更可能注意到这些与抑郁有关的词语，并把它们与自己联系起来，而且随后也更容易回忆起它们。

（二）消极认知风格

心理学家观察了人们在解释事件的方式上的个体差异，发现了一种称之为消极认知风格的方式。使用消极认知风格的人倾向于把他们的问题归因为持久、普遍的原因。他们常常预期最糟糕的结果，并坚信出现的问题是他们的个人缺点导致的，或者是个人不足的一种反映。研究人员提出了测查人们对这种思维方式的依赖程度的方法。如同其他人格变量一样，消极认知风格在时间上是比较稳定的。

消极认知风格与抑郁密切相关。有研究者研究了生理和情绪虐待对一组妇女的心理影响。通过与那些进入被虐妇女收容所不到两周时间的妇女接触，发现与那些不依赖于消极认知风格的妇女相比，使用消极认知风格的妇女更容易受到抑郁和其他创伤症状的困扰。另有研究者研究了人们在强烈地震之后的情绪反应，发现使用消极认知风格的人在地震后更容易感到抑郁。

认知风格与抑郁之间的联系还可能会受到文化的影响。集体主义的人往往比较重视他们在社会中所发挥的作用，而个体主义的人则比较重视他们的个人抱负和成就。一项研究发现，中国（集体主义文化）大学生比美国大学生更多地使用一种悲观主义的认知方式。美国人更倾向于把成功归因于他们自己,而把失败归因于他人或不幸的境况,这与美国人对个体主义的重视一致。但是,还有一项调查也比较了美国和中国的学生,结果发现,美国文化中能够预测抑郁的归因类型也能预测中国文化中的抑郁。如此看来,尽管两种文化中的人们对事物的认知方式可能有所不同,但是引发抑郁的认知风格却是相同的。可见,消极认知风格能够在一定程度上导致抑郁。

二、认知行为心理治疗

不管是认知治疗师还是认知行为治疗师,他们都认为,不恰当的想法是引起精神衰弱、情绪困扰和自我挫折行为的重要原因。一个人之所以变得焦虑和抑郁,是因为他们隐藏了使自己变得焦虑和抑郁的想法。因此,大多数认知心理治疗会帮助来访者认识到不合适的想法,而用更恰当的想法取代它们。

(一)艾利斯的理性情绪疗法

阿尔伯特·艾利斯(Albert Ellis,1913—2007)是认知治疗的早期倡导者之一,他创建了理性情绪疗法(rational emotive therapy)。后来有人把认知疗法和行为疗法结合起来,为了与这种结合相一致,艾利斯又把自己的疗法称为理性情绪行为疗法(rational emotive behavior therapy)。

艾利斯认为,人变得抑郁、焦虑、伤心,是因为错误的推理和非理性想法。艾利斯将此描述为一个A—B—C过程。举例来说,假设你的男朋友/女朋友今晚打来电话说要和你分手。这就是A,艾利斯称它为诱发事件(activating experience)。然而,你可能会因此产生一些不良情绪,这里将其称作C,即情绪结果(emotional consequence),你可能会感到抑郁、内疚、愤怒等。但是依照逻辑,如何从A到C呢?为什么个人的挫折或损失会导致那么强烈的消极情绪呢?这个问题的答案就是你已在这一过程中加入B——非理性观念(irrational belief)。从和伴侣分手的事件中推论出你应该抑郁的唯一方式是你曾对自己说过类似这样的话:"我应该被生活中的每个人喜爱,被每个人接纳",或者"离开这个人,我永远都不会快乐"。这样的想法显然是不合理的。但这些非理性观念占据着很多人的思想,这些人需要专业人员的帮助才能认清自己思维方面的弱点。

1. 非理性观念

艾利斯认为,每个人内心深处都隐藏着许多非理性观念,并依赖着它们。艾利斯指出,有些观念一眼就能看出是非理性的,在治疗过程中很容易鉴别,也容易改变,但有些观念就比较微妙和难以捉摸,在改变的时候会遇到较大阻力。下面列举一些常见的非理性观念。

明显的非理性观念:①因为我强烈希望成功地完成那些重要任务,我必须在任何时候都能成功地完成任务;②因为我强烈希望受到我认为重要的人物的赞同,我必须一直要受到他们的赞同;③因为我强烈希望人们体贴、公平地对待我,所以他们无论在什么时间什么情况下都必须这样对待我;④因为我强烈希望过一种安全、舒适、令人满意的生活,所以无论怎样我的生活都必须是安全、舒适和令人满意的。

微妙和令人难以捉摸的非理性观念:①因为我强烈希望成功地完成那些重要任务,而且因为我只希望某些时候能够成功地完成,那么这时我必须漂亮地完成任务;②因为我强烈希望受到我认为重要的人物的赞同,而且我只想从他们那儿获得一点儿赞同,那么我必须受到他们的赞同;③因为我强烈希望人们体贴、公平地对待我,而且我也总是很体贴、公平地对待别人,那么他们也必须这样对待我;④因为我强烈希望过一种安全、舒适、令人满意的生活,而且我是一个帮助别人过上这样生活的很好的人,因此无论怎样我的生活都必须是安全、舒适和令人满意的。

2. 治疗过程

理性情绪疗法的目标可分成两步。首先是让来访者查找出他们依赖于什么样的非理性观念,并认识到推理上的错误。然后是治疗师与来访者一起用合理的观念取代非理性观念。下面的例子是艾利斯为一位女士治疗的过程,从中可以看出理性情绪疗法是怎样改变错误想法的。

来访者:哦,这就是困扰了我很长时间的事情。我总是害怕我会出错。

艾利斯:为什么?你害怕什么呢?

来访者:我不知道。

艾利斯:你说当你犯错误时你认为自己是一个坏女人,是一个卑鄙无耻的小人。

来访者:对,我差不多总是这样认为。每次犯错误,我都懊悔得想死几千遍。

艾利斯:你在责备你自己。但是为什么?你害怕什么?你那样做会对你以后有帮助吗?会让你减少犯错误的次数吗?

来访者:不会。

艾利斯:那你为什么还责备自己呢?为什么你一犯错误就变成卑鄙小人了呢?有谁那样说过吗?

来访者:我想那是我的一种感觉。

艾利斯:是你的一种观念,就是"我是一个卑鄙小人"。那么你就会有这样的感觉:哦,真糟糕!真可耻!这种感觉就伴随着观念产生了。你还会说:"我应该不是这样的,我是不应该犯错的!"事实上你应该这样想:"哦,看看,我又犯错了。我不愿意出错。那我怎样才能避免下次犯错误呢?"……

来访者:我们又回到了如你刚才所说的对赞同的需要上了。如果我不犯错,人们就会尊敬我。

艾利斯:是的,就是这个。这就是你的错误观念:如果你从来不犯错误,每个人就都会喜欢你,而且对你来讲这是必要的……但事实上是这样吗?设想一下你从来没有犯过错误,每个人都会喜欢你吗?也许他们有时候会讨厌你的完美,难道不会吗?

理性情绪疗法的治疗师向来访者提出挑战,让他们找出自己的非理性观念,并认识到这些观念是怎样导致他们得出错误结论的。当然,这并不容易做到,因为多数人容易找出朋友的哪些想法是错误的,却难以找出自己的错误想法。

(二)贝克的认知疗法

与艾利斯一样,艾伦·贝克(Aaron T. Beck,1921—)原先也是位精神分析家,后来舍弃精神分析而发展出一套认知疗法。他的认知疗法以对抑郁患者的处理最出名,也应用于各种心理疾病患者。按照贝克的看法,心理问题不一定都是由神秘的、不可抗拒的力量所引起的,相反,它可以从平常的事件中产生,例如错误的学习、依据片面的或不正确的信息做出错误的推论,以及不能妥善地区分现实与理想之间的差别等。

1. 抑郁认知三角

贝克的抑郁认知模式重点在于抑郁患者会系统地错估当前与过去的经验,导致自认为是一个失败者,世界是充满挫折的,而未来是凄凉的。这些关于自我的(如我能力不足,不讨人喜欢)、关于世界的(如世界对我们要求太多,生命总是涉及痛苦与被剥夺)、关于未来的(如前景是暗淡的,未来是无望的)三种负面观点即称为抑郁认知三角(depressive cognitive triad)。此外,抑郁患者倾向于错误的信息处理,将日常难题夸大成灾难,并从单一遭拒的事件过度概化到"产生没人喜欢我"的信念。就是这些思想问题、负面图式及错误认知导致抑郁。

2. 治疗过程

抑郁的认知疗法旨在辨认并纠正歪曲的概念化过程及不良信念。该疗法教导抑郁患者监控其负面、自动化思想,体验这些思想如何导致情绪化问题与问题行为,检查与反思这些思想,并以更现实导向的解释来取代这些认知偏差。在整个治疗过程中,治疗师要协助患者了解事件的解释能导致抑郁情绪。例如,下面即是治疗师与来访者之间可能发生的交谈。

>来访者:当事情不顺利时我就忧虑,如我考试失败时。
>治疗师:为何考差一次就让你抑郁?
>来访者:假如我失败了就永远别想当律师。
>治疗师:所以考试结果对你来说是件大事。但是,你认为每位有过考试失败经历的人都有抑郁症吗?每位因考差而得抑郁症的人都严重到有治疗的必要吗?
>来访者:不是,要根据那次考试对当事人的重要性而定。
>治疗师:没错,那谁来决定考试的重要性呢?
>来访者:我自己决定。

除了检验信念的逻辑性、效度与适应性外,治疗师也给抑郁患者布置行为方面的家庭作业,以协助患者自己检验某些不良认知与假设,同时也指定患者进行一些可以得到成功与愉快结果的活动。一般而言,治疗主要针对那些被认为影响抑郁的特定认知。另外,贝克注重治疗师持续主动建构的治疗过程、强调此时此地及强调意识因素等。认知疗法治疗抑郁患者的疗效是相当高的,因为它较少被中途放弃,也没有什么副作用。

最新发现

认知心理学与人格心理学的融合

认知心理学中存在许多未解的问题,深入探讨心理现象的复杂性使心理学家将视线投向了人格心理学领域。当认知心理学家将问题带进人格领域时,也无疑拓展了人格心理学的研究范畴。这种融合的研究趋势更符合心理学研究发展的整合特征——多视角地研究人的心理现象。

当前,人格心理学家感兴趣的有三个认知层面。

第一个认知层面是知觉(perception)差异,即人们的感觉器官在接受信息排列顺序的过程中所体现的个体差异。例如,罗夏墨迹测验的基本原理也正是基于这一点。看着同一幅墨迹,一个人可能看到一大群蝴蝶停在花园里的鲜花上,而另一个人可能看到的是血迹。两个人的人格影响了视觉方式与知觉到的内容。

第二个认知层面是解释(interpretation)风格,即人们对世界上的各种事件赋予不同意义,加以不同解释。像主题统觉测验(TAT)一样,呈现给被试若干张意义不同而模糊的图片,要求他们说明在每张图片中发生了什么,解释图中所发生的事情及其结果。研究发现,人们对TAT图片的解释非常不同,这些解释揭示了人们的人格特点。

第三个认知层面是人们的信念与欲求(belief and desire),即人们形成的用以评价自己和他人的标准和目标。人们对生活中什么是重要的、什么任务适合去追寻形成了特定的信念。信念与欲求引导和组织了个体的日常生活,指引着人们为各种各样的目标而奋斗。理解生活任务如何由信念产生,以及它们如何转化为日常生活的目标和渴望,将帮助我们理解人格。

上述认知层面的问题成为认知心理学家和人格心理学家共同关注的主题,认知心理学与人格心理学两大领域的研究者将联手探究人类自身的心理问题。

 温故知新

人格的认知取向可以追溯到格式塔心理学。格式塔心理学是19世纪末源于德国的一场智力运动。格式塔理论强调事物内部的复杂关系和整体结构,主要应用于知觉和问题解决领域。直到勒温的著作出现,格式塔理论才开始强烈地影响人格心

第七章 人格的认知取向

理学。勒温将关注点主要放在人格和社会心理学领域，提出了著名的场理论，关注生活空间，认为生活空间是一个心理场，是一个人运动于其中的那个空间，包含了所有对我们产生影响的过去、现在和未来的事件。生活空间可以分成若干区域，各区域之间都有边界阻隔，而个体发展的心理过程实际上就是生活空间的各个区域的不断丰富和分化。认知信息加工理论原先限于心理学中学习与记忆现象的研究，但近年来已扩展到整体心理学，尤其被应用于自我及整个人格的研究之中。认知信息加工理论提出了其他的认知结构，如原型、图式等，分析了影响人格表征的因素，如内隐人格理论、自我图式等，以此来研究并解释人格差异。

凯利的个人构念理论基于人人都是科学家的人性观。凯利认为，个人构念是指个体知觉、分析或解释事件的方式，根据不同的标准可将其分为不同的类型；而构念系统则是由许许多多的构念组成的复杂系统，它通过对事件的反复建构得以产生，它一旦产生，人们便可凭借其去解释新信息、控制行为并预测未来。基于此，凯利开发出了角色构念库测验来测量一个人的构念系统，并进行人格评估。此外，凯利还认为心理问题的产生主要缘于构念系统的内在缺陷和构念使用失误，据此提出了固定角色疗法，以帮助人们放弃旧构念，建立新构念，重建整个构念系统。

米歇尔的认知-情感系统理论的核心是认知-情感单元。认知-情感单元是指个体可以获得的心理-情感表征，即认知、情感或感受。它涉及人们的心理、社会和生理众多方面，具体包括编码、预期和信念、情感、目标和价值、能力和自我调节计划。而由这些认知-情感单元构成的人格系统就被称为认知-情感人格系统。认知-情感人格系统视人格为一个统一的系统：个体可获得的、可通达的不同认知-情感单元之间相互关联，组成关系网络；这种独特的关系网络构成人格的基本结构，是个体独特性的基础。认知-情感人格系统并不是一个截然孤立的系统，它与情境、行为之间不断进行着复杂的交互作用。

在认知人格理论的相关应用研究中，抑郁及其治疗显得尤为突出。认知人格理论认为，消极的想法是导致抑郁的重要原因。抑郁者被认为是通过抑郁图式来加工信息的。抑郁者比非抑郁者更容易回忆起消极的信息和记住消极的事情。此外，消极的认知风格也更容易导致抑郁。与不依赖这种认知风格的人相比，倾向于用持久而普遍的消极原因解释事件的人更可能患上抑郁。鉴于此，可采用认知行为疗法，如艾利斯的理性情绪疗法和贝克的认知疗法等来治疗抑郁。

本章练习

1. 名词解释

生活空间　　蔡加尼克效应　　原型　　图式　　自我图式　　个人构念
构念系统　　角色构念库测验　　固定角色疗法　　认知-情感单元
抑郁图式　　理性情绪疗法　　抑郁认知三角

2. 举例说明自我图式在个体信息加工中的作用。
3. 简述个人构念的分类,并举例加以说明。
4. 简述认知-情感人格系统与情境、行为之间的关系。
5. 你认为抑郁是怎样产生的?试从认知的角度加以解释。

本章参考文献

[1] Lewin K.. The Conceptual Representation and Measurement of Psychological Forces[M]. Durham:Duke University Press,1938.

[2] Carver C. S., Scheier M. F.. Control Theory:A Useful Conceptual Framework for Personality, Social, and Health Psychology[J]. Psychological Bulletin,1982,92:111-135.

[3] Carver C. S., Scheier, M. F.. Origins and Functions of Positive and Negative Affect:A Control-process View[J]. Psychological Review, 1990, 97: 19-35.

[4] Kelly G. A.. The Psychology of Personal Constructs[M]. New York:Norton,1955.

[5] Mischel W.. Toward a Cognitive Social Learning Reconceptualization of Personality[J]. Psychology Review,1973,80:252-283.

[6] Mischel W.. Personality Dispositions Revisited and Revised:A View After Three Decades[M] //L. A. Pervin (Ed.), Handbook of Personality:Theory and Research (pp. 111-134). New York:Guilford,1990.

[7] Mischel W., Shoda Y.. A Cognitive-affective System Theory of Personality:Reconceptualizing Situations,Dispositions,Dynamics and Invariance in Personality Structure[J]. Psychological Review,1995,102:246-268.

[8] Ellis A., Harper R. A.. A New Guide to Rational Living[M]. Hollywood:Wilshire Books,1975.

[9] Beck A. T.. Cognitive Models of Depression[J]. Journal of Cognitive Psychotherapy,1987,1:27.

[10] Beck A. T.. Cognitive Therapy:Past,Present,and Future[J]. Journal of Consulting and Clinical Psychology,1993,61:194-198.

[11] 弗里德曼,舒斯塔克. 人格心理学 经典理论与当代研究[M].4 版. 许燕,译. 北京:机械工业出版社,2011.

[12] 伯格. 人格心理学[M].7 版. 陈会昌,译. 北京:中国轻工业出版社,2010.

[13] 珀文. 人格科学[M]. 周榕,译. 上海:华东师范大学出版社,2001.

[14] 舒尔茨. 现代心理学[M].8 版. 叶浩生,译. 南京:江苏教育出版社,2005.

[15] 黄希庭. 人格心理学[M]. 杭州:浙江教育出版社,2002.

[16] 叶奕乾.现代人格心理学[M].上海:上海教育出版社,2005.
[17] 许燕.人格心理学[M].北京:北京师范大学出版社,2009.
[18] 郭永玉.人格心理学导论[M].武汉:武汉大学出版社,2007.
[19] 叶浩生.心理学通史[M].北京:北京师范大学出版社,2006.

第八章 人格的人本主义和存在主义取向

 内容概要

马斯洛自我实现论和高峰体验论
罗杰斯自我成长的责任和心理治疗理论
罗洛·梅的存在分析论

著名哲学家尼采有一句警世格言——成为你自己！马斯洛在自己的生命历程中,不仅将毕生精力致力于此,更以独特的人格魅力证明了这一思想,成功地树立了一个具有开创性的形象。《纽约时报》评论说:"马斯洛心理学是人类了解自己过程中的一块里程碑"。还有人这样评价他:"正是由于马斯洛的存在,做人才被看成是一件有希望的好事情。在这个纷乱动荡的世界里,他看到了光明与前途,他把这一切与我们一起分享。"

人本主义心理学家认为,以弗洛伊德为代表的精神分析理论把病人与正常人等同,强调本我的原始欲望与人的消极方面,把人看成是由非理性的无意识冲动所主宰的缺乏创造性的个体,这样的心理学只能称为"残缺的"心理学。

华生所开创的行为主义心理学把人与动物等同,将人类看成为"一只较大的实验白鼠",以 S-R(刺激-反应)解释人格,实质上是一种机械的决定论和还原论。

人本主义心理学兴起于 20 世纪 50 年代的美国。它的形成深受存在主义哲学和现象学理论的影响,在批判和继承行为主义心理学、精神分析心理学等学派的基础上形成了自身的理论体系。与其他心理学派不同,它主要研究人的本性(nature)、潜能(potentiality)、经验(experience)、价值(value)、创造力(creativity)和自我实现(self-actualization),认为人的自我实现和为实现目标而进行的创造是人的行为的决定因素。人本主义心理学的形成,为人类了解自己树立了新的里程碑,为心理学的发展开辟了新的方向,所以又被称为心理学的第三势力。人本主义心理学和其他学派最大的不同是特别强调人的正面本质和价值,而并非集中研究人的问题行为,并强调人的成长和发展,使人的潜能得以充分实现,促使健康的个体变得更健康。

人本主义心理学的主要代表人物有四位:马斯洛(Abraham Maslow,1908—1970)、罗杰斯(Carl Ransom Rogers,1902—1987)、罗洛·梅(Rollo May,1909—1994)和布根塔尔(James Bugental,1915—   )。1956 年 4 月,马斯洛等人发起并创

·第八章 人格的人本主义和存在主义取向·

立了人本主义研究会组织,第一次讨论了人类价值的研究范围。1962 年,美国人本主义心理学会(American association humanistic psychology,简称 AAHP)在美国成立,这标志着人本主义心理学正式诞生,布根塔尔担任了第一任主席。

第一节 马斯洛的人格自我实现论

 人物介绍

亚伯拉罕·马斯洛(见图 8-1)出生于纽约市布鲁克林区。美国社会心理学家、人格理论家和比较心理学家,人本主义心理学的主要发起者和理论家,心理学第三势力的领导人。1926 年考入康奈尔大学,三年后转至威斯康星大学攻读心理学,在著名心理学家哈洛(Harry F. Halow,1905—1981)的指导下,1934 年获得博士学位。之后,留校任教。1935 年在哥伦比亚大学任桑代克学习心理研究工作助理。1937 年任纽约布鲁克林学院副教授。1951 年被聘为布兰迪斯大学心理学教授兼系主任。1969 年离任,成为加利福尼亚劳格林慈善基金会第一任常驻评议员。第二

图 8-1 亚伯拉罕·马斯洛
(Abraham Harold Maslow,1908—1970)

次世界大战后转到布兰戴斯大学任心理学教授兼系主任,开始对人格健康的人或自我实现者的心理特征进行研究。曾任美国人格与社会心理学会主席和美国心理学会主席(1967),是《人本主义心理学》和《超个人心理学》两本杂志的首任编辑。著有《动机与人格》(1954)、《存在心理学探索》(1962)、《宗教、价值观和高峰体验》(1964)、《科学心理学》(1967)、《人性能达的境界》(1970)等。

一、需要层次论

按照马斯洛的理论,个体成长发展的内在力量是动机,而动机由多种不同性质的需要所组成,各种需要之间有先后顺序与高低层次之分;每一层次的需要与满足,将决定个体人格发展的境界或程度(见图 8-2)。

(一) 生理需要(physiological need)

生存所必需的基本生理需要,如人的饥、渴、性、生育等基本生理机能。这是人的需要中最基本、最强烈、最具有优势的一种,是对基本生存条件的需要。

(二) 安全需要(safety need)

安全需要表现为人们对秩序、稳定、工作与生活保障的需要,包括一个安全和可

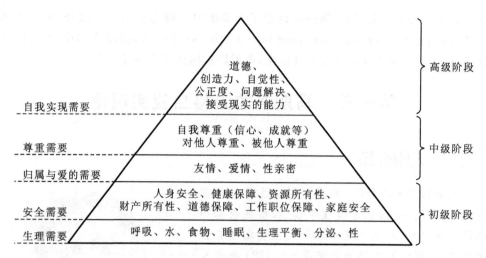

图 8-2 马斯洛需要层次论（Maslow's hierarchy of needs）

预测的环境,它相对地可以免除生理和心理的焦虑。如职业、劳动、心理、环境等方面的安全。

（三）归属与爱的需要(love and belongingness need)

归属与爱的需要包括被别人接纳、爱护、关注、鼓励、支持等,如结交朋友、追求爱情、参加团体等。对马斯洛来说,爱是人与人之间健康的、亲热的关系,包括互相信赖。人们渴望在生活圈子里有一个位置,希望自己能归属于某个团体或组织。

（四）尊重需要(esteem need)

尊重需要包括自我尊重与社会尊重。自我尊重包括获得信心、能力、成就和自由等的愿望;社会尊重即个体希望其能力、成就得到社会的认可和赏识。马斯洛认为最稳定和健康的自尊是建立在当之无愧的来自他人的尊敬之上的。

（五）自我实现需要(self-actualization need)

自我实现需要位于需要层次之巅,是人类需要发展的高峰。所谓"自我实现"就是要求充分发挥个人的潜力和才能,对自身内在本性的更充分地把握和认可,是朝向个人自身的统一、完整和协调的一种倾向。

呈金字塔形的需要层次结构具有如下特点。

(1) 有各层次需要的人口在所有人口中所占比例从塔底到塔顶是由大到小的。

(2) 这些需要是天生的、与生俱来的,它们构成了不同的等级或水平,需要是激励和指引个体行为的力量。

(3) 这些需要出现的顺序由低到高。只有当低级需要得到一定程度的满足之后,才会产生高级需要(低级需要未得到基本满足时难以产生高一级需要)。

(4) 人类的需要可分为低级需要和高级需要。低级需要直接关系到个体的生存,是人和动物所共有的,其特点是一旦满足便停止需要;高级需要也叫成长需要,特点是越满足，需要越强烈。高层次需要是一种在进化上发展较迟的产物。

（5）高层次需要的满足有更多的前提条件。人们通常认为高层次需要具有重大的价值，他们愿为高层次需要的满足牺牲更多东西，而且更容易忍受低层次需要满足的丧失。

二、自我实现论

自我实现（self-actualization）是马斯洛人格理论的中心。自我实现就是充分发挥一个人的潜能，充分利用和开发天资、能力、潜能，更充分地认识并承认一个人的内在天性，在个人内部不断趋向统一、整合或协同的过程，这样的人似乎在竭尽所能，使自己趋于完美。个体之所以存在，之所以有生命意义，就是为了自我实现。

马斯洛认为我们每个人都有自我实现的潜能，但能充分实现自我、成为自我实现者的却非常稀少，在人口中所占的比例不到1%。马斯洛对许多他所认为的自我实现者，如斯宾诺莎、贝多芬、歌德、爱因斯坦、林肯、杰弗逊、罗斯福等人进行个案研究，概括出了自我实现者所共同具有的人格特征，并称之为自我实现者的特征。经过观察与整体分析，马斯洛概括出自我实现者的15种共同的人格特征。

1. 准确地认识现实，对现实具有更有效的洞察力

自我实现者能够采用客观的态度去认识自己、认识他人、认识周围世界，因而他们不带任何主观偏见去看待现实，能够按照事物的本来面目去认识它们，更能发现事实真相。

2. 对自我、他人和自然表现出极大的宽容

自我实现者能够承认和接受任何事物都具有积极与消极两个方面的事实，他们不否认任何人和任何事物的消极面，并且对此有较大的宽容性。他们知道自己的长处，也承认自己的不足，因而能够悦纳自己。

3. 行为的自然流露

自我实现者坦率、自然，倾向于真实地表达自己的思想与感情，行为具有自发性。他们有什么想法，就讲什么；他们有什么感情，就表达什么；他们想做什么，就做什么。他们不矫揉造作，完全按照自己的本性行事。

4. 以问题为中心，而不是以自我为中心

自我实现者不以自我为中心，而以问题为中心。他们一般不关注个人，而以工作、事业为重，能够全力以赴解决问题，实现自己的目标。对他们来说，工作不是为了金钱、名誉和权力，而是一种享受，能够实现自己的潜能。

5. 具有超然于世的品质和独处的需要

自我实现者是自我决定、自我负责的自由个体，他们不依赖他人，不害怕孤独，常常主动追求独处的环境。

6. 有较强的自主性和独立性，超越环境和文化的束缚

自我实现者更多受成长动机驱动，而非受匮乏动机所驱动，因而能够摆脱对外

界环境和他人的依赖,独立自主地选择自己的目标,并实现自己的目标。

7. 具有永不衰退的欣赏力

自我实现者对平凡的事物不觉厌烦,对日常的生活永感新鲜。他们具有奇妙的和反复欣赏的能力,在他们眼里,每一次朝阳都是那么灿烂,每一个婴儿都是那么令人惊奇,每一朵花都是那么美丽。他们带着好奇、敬畏、喜悦和天真无邪的心理去欣赏和体验对他人来说陈旧的东西和例行公事的日常生活。

8. 经常能够产生神秘体验或高峰体验

自我实现者通常都经历过强烈的神秘体验,一种狂喜、惊奇、敬畏及失去时空感的情绪体验,马斯洛称之为高峰体验、海洋情感。这种体验并不是自我实现者所独有的,所有人都有享受高峰体验的潜能,但只有自我实现者才能经历更高频率、更大强度、更充分的高峰体验。

9. 对人类的认同、同情与关爱

自我实现者对所有人都有强烈而深刻的认同感、同情心和慈爱心。他们的关爱不仅仅局限于自己的亲戚朋友,还包括不同种族、不同文化、不同社会阶层的所有人。

10. 仅与少数朋友或所爱的人有亲密关系

自我实现者比一般人具有更融洽、更崇高和更深厚的朋友关系。由于交际需要占用时间,他们的朋友圈子比较小,更倾向于寻找其他自我实现者作为亲密朋友。由于以共同的价值观和共同的人格特征为基础,他们的朋友虽然不多,但感情却非常深厚。

11. 民主的性格特征

自我实现者具有民主思想和民主的行为风格,他们尊重一切人,不管他们的种族、地位、宗教、阶级和受教育的程度如何。他们能平等待人,极少偏见,尊重别人的意见,随时倾听别人的话,虚心向别人学习。

12. 强烈的道德感

自我实现者有明确的道德观念,能够明辨是非,遵循自己认可的内在道德标准行事,只做自己认为正确的事情。

13. 富有哲理的和善意的幽默感

自我实现者具有很强的幽默感,他们常常会开一些有哲理性的玩笑,但不愿意开一些庸俗的和伤害他人的玩笑。他们可以取笑自己,甚至取笑人类的愚蠢。

14. 具有创造性

自我实现者的一个突出的特点就是具有很强的创造性。他们的创造性与儿童天真的、异想天开的创造潜力一脉相承。我们一般人在社会适应过程中逐渐丧失了这种与生俱来的潜力,而自我实现者却能够坚持用开放、新鲜、纯粹和直率的眼光来看待生活与世界,因而能够破除旧观念,使自己在生活、工作各个方面显示出创意和独特性。

15. 具有抵制和评判现存社会文化的精神

自我实现者不墨守成规,不随波逐流,他们自主独立,能够抵制和评判现存不合理和不完善的社会文化,突破这些社会文化的限制与包围,其思想和行为遵循自己内心的价值与规范。

1967年,马斯洛在《自我实现及其超越》一文中,提出了达到自我实现的几条途径。

(1) 个体应全身心地专注于工作或事业,通过全身心地投入或献身于某一工作或事业,彻底忘记自己的伪装和角色,真正进入"无我"的境界。

(2) 在面临成长与防御的选择时,要能选择成长。

(3) 要让自己的思想成为自己行为的最高准则,而不是倾听父母、老师和领导等外部权威的声音,不必拘泥于他人的意见。

(4) 要勇于承担责任,每次承担责任都是一次自我的实现。

(5) 从小处做起,千里之行始于足下。顺从自己的兴趣和爱好,要敢于与众不同,要有勇气做出自己的选择,一步一步地迈向自我实现的远大目标。

(6) 自我实现不是一种终极状态,而是一个实现个人潜能的过程。因此,必须不懈努力,时刻准备发挥自己的潜能,在不断追求的过程中完善自己、发展自己。

三、高峰体验论

高峰体验是人在进入自我实现和超越自我状态时所感受到的一种非常豁达与极乐的瞬时体验,其特征如全神贯注、审美感受、创造精神、真知灼见等。

马斯洛在阐述高峰体验时认为,这种体验是瞬间产生的,压倒一切的敬畏情绪,也可能是转瞬即逝的极度强烈的幸福感,甚至可能是欣喜若狂、如痴如醉、欢乐至极的感觉。许多人都声称自己在这种体验中仿佛窥见了终极的真理、人生的意义和世界的奥秘。

马斯洛认为高峰体验有以下三个共同特点。第一,高峰体验是个人生命中最快乐、最心醉神迷的时刻。第二,在高峰体验中,个人的认知能力发生了深刻的变化:挣脱了功利主义的羁绊,超越了缺失性认知的褊狭,进入到存在认知的境界,领悟到了存在的价值。第三,高峰体验的持续时间往往是短暂的。虽然其影响和作用可能长期存在,但是体验的一刹那是短暂的。

马斯洛指出,高峰体验本身是一种同一性的感受,在这样的时刻,人有一种返归自然或与自然合一的欢乐情绪。自我实现作为人的本性的实现是人与自然的合一,作为个人天赋的表现也是人与自然的合一,因此,自我实现者能更多地体验到高峰时刻的出现。

高峰体验可以来自爱情,来自审美感觉,来自创造冲动和创造激情,来自意义重大的领悟和发现,来自女性的自然分娩和对孩子的慈爱,来自与大自然的交融,来自某种体育运动,来自翩翩起舞时……这种高峰体验可能发生于父母子女的天伦情感之中,也可能在事业获得成就或为正义献身的时刻,也可能出现在饱览自然、浪迹山水的那种"天人合一"的刹那。

阅读资料

高峰体验的时刻

（1）火花直到昨晚才突然迸发出来。我热爱夏天,我恨死了冬季。于是,当我昨晚步出户外时,发现外面暖意融融,我不想再返回屋里了。我徜徉于房子四周,静观周围的一切。环顾这一切,静听这夜晚的声音,我感到惬意、舒适。我觉得好像是在观察整个世界一般。这种温柔的感情使我心颤不已。

（2）一个靠为某一爵士乐队击鼓来挣钱读完医学院的年轻人几年后报告说,在他全部的击鼓生涯中,有三次击鼓时他进入了高峰状态,觉得自己像个伟大的击鼓手,而那个时刻,他的击鼓也演绎得非常完美。

（3）一个女主人举办了一场晚会,每一件事都进行得非常成功。那天晚上大家玩得十分开心。晚会结束了,她向最后一位客人道了晚安后在一张椅子上坐下,看着四周一片狼藉,进入了极度幸福欢欣的高峰状态。

（资料来源:柯林·威尔森,2001）

作为西方心理学第三势力的人本主义心理学,马斯洛研究的是人格健全的人,而不是变态的人或动物,他提出了人性本善,人类生活中存在着对真理、善良、美好事物的追求,不仅扩大了心理学的领域,丰富了人的精神生活的研究,并且加强了实证科学和规范科学的联系,也促进了心理学的发展。这无疑对心理学领域有一定的积极意义,推动了积极心理学的形成。他的需要层次论和自我实现论也为心理学界、教育学界和企事业单位广泛使用。但马斯洛的理论体系不够严谨,缺乏对基本观点的充分论证,一些概念也描述得很模糊。同时过分强调自我实现和自我选择,认为这是一种与生俱来的自然倾向,忽视了社会环境和后天教育对人成长的影响和制约。

第二节 自我成长的责任:罗杰斯以人为中心的理论

人物介绍

卡尔·拉姆森·罗杰斯(见图8-3),早年主修农业和历史。1924年毕业于威斯康星大学,同年进入纽约联合神学院。后转入哥伦比亚大学师范学院学习临床心理学,1928年获硕士学位后,受聘到罗切斯特市防止虐待儿童协会的儿童研究室工作,1930年任该研究室的主任。1931年获得哥伦比亚大学博士学位,1940年到俄亥俄州立大学任心理学教

图8-3 卡尔·拉姆森·罗杰斯
(Carl Ramson Rogers,1902—1987)

第八章　人格的人本主义和存在主义取向

授,1945年转到芝加哥大学任教,1957年回母校威斯康星大学任心理学和精神病学教授。1962—1963年,任行为科学高级研究中心研究员,之后又到加利福尼亚西部行为科学研究所和哈佛大学任职。曾任1946—1947年美国心理学会主席、1949—1950年美国临床和变态心理学会主席,还担任过美国应用心理学会第一任主席。在1927年以后的半个多世纪中,罗杰斯主要从事咨询和心理治疗的实践和研究。他以首倡患者中心治疗而驰名。他在心理治疗的实践基础上,提出了关于人格的自我理论,并把这个理论推广到教育改革和其他人际关系的研究领域中。1956年,他提出心理治疗客观化的新方法,并因此获得美国心理学会的卓越科学贡献奖。1972年,又获美国心理学会卓越专业贡献奖。著有《咨询和心理治疗》(1942)、《来访者中心疗法》(1951)、《患者中心治疗:它的实践、含义和理论》(1957)、《在患者中心框架中发展出来的治疗,人格和人际关系》(1959)、《变成一个人:精神病治疗家的精神病观点》(1961)、《论人的成长》(1961)、《学习的自由》(1969)、《一种存在方式》(1980)等著作。

一、人格的自我理论

（一）现象场与自我概念

根据现象学的观点,人们的行为是由他们对外部世界的知觉决定的。同样一件事,人们的知觉不同,其反应也就各异。从这种意义上来说,所有人都生活在自己知觉的主观世界中,这个世界也只为他们自己所知晓,它是一种现象的实在,而不是物质的实在,正是这样一种现象的存在左右着人们的行为。罗杰斯深受现象学观点影响,他认为每个人都以独特的方式感知世界,个体能对感知过、经历过的事物赋予一定的意义,为此,他提出"现象场"(phenomenal field)的概念,罗杰斯将一个人的内心世界或经验世界称为现象场,它由个体的知觉经验的总体构成,是个人的参照系,个体如何行事取决于现象场。每个人都以独特的方式知觉世界,因此每个人的现象场不尽相同。尽管现象场是个体隐私的内心世界,但是我们可以通过每个人的知觉及其对知觉的解释了解其内心世界。也只有达到了这一目的,我们才能帮助有心理问题的人解决他们的烦恼,才能帮助学生提高学习成绩,才能帮助人们处理好各种人际关系等。

自我与自我概念理论是罗杰斯人格理论的核心。自我由现象场的一部分逐渐分化而成,是指个人的独特思想、价值观念、知觉及对事物的态度。它主要包括以下内容。①个人对自己的知觉及其与之相关的评价,例如,"我是一个好学生"这句话中"学生"是知觉认识,而"好"是评价。②个人对自己与他人关系的知觉与评价,例如,"同学们都不喜欢我"。③个人对环境各方面的知觉及其与环境的关系的评价,例如,"在社交聚会中最能显示我的能力"。

罗杰斯把个人对自己及其与相关环境的关系的了解和看法称为自我概念。在自我概念中,罗杰斯区分出现实自我(real self)和理想自我(ideal self)的成分。现实自我是指此时此刻真实存在的自我,如:我现在是什么样的人;我目前的真实状况等。理想自我象征着个体最喜欢拥有的自我概念,包括与自我有潜在关联的、被个体赋予很高价值的感知和含义。现实自我与理想自我的和谐统一就是自我实现。理想自我和实现自我之间的差别能够作为一个人的心理是否健康的指标。罗杰斯认为,如果一个人认识到真实自我与理想自我,并且设法使它们二者趋于统一,那么他在成长的过程中会调节得越来越好,并使潜能最终得到充分发挥。

自我包含有意识的内容,因而它是可操作的。罗杰斯为研究个体的自我结构创造了一种Q技术或称Q分类法(Q-sort technique),运用Q分类法可以将他人对被试的评定和被试的自我评定进行比较,也可将理想自我和现实自我进行比较。

 阅读资料

Q分类法的诊断和疗效评估作用

罗杰斯为研究个体的自我概念,设计了一种区分理想自我和现实自我之间差距,并作为诊断评价心理健康水平的指标,称为Q分类法。在80~100张卡片上分别写有"沉思的"、"常常焦虑"、"能经受紧张"等描述人格的词句,让被试对每张卡片按最符合→最不符合两个极端之间分9(或7、11)个等级进行判断选择,然后统计各等级选定的卡片数目。研究证实,如果被试者先后两次运用这种判断选择,分别描述现实和理想中的自己,那么两次选择卡片分布统计的结果必然不一样,这就是现实自我和理想自我之间的差距。计算出的两组数据的相关系数标志着被试的心理健康水平,此系数越低则心理健康水平越低。中外研究都证实,经过心理治疗后心理健康水平明显好转者,两种自我的相关系数也显著提高。这说明了Q分类法的诊断和疗效评估作用。

(二)实现倾向与无条件积极关注

人类同其他生命有机体一样,都具有生存、成长和促进自身发展的需要,这些需要与生俱来。这些天生的倾向通过满足基本需要(氧气、水、事物)、控制生理成熟等方式,不断地成长、重建。这种实现倾向(actualizing tendency)是人格结构中唯一的动机,其他一切动机都可归属于这种实现倾向。

实现倾向如何引导我们以积极的方式行动?按照罗杰斯的说法,我们根据是否能够维持和提高我们自身来评价经验。他称这一过程为机体评价过程(organismic valuing process)。机体评价过程是实现倾向的反馈系统,使个体能调节自己的经验,朝向自我实现。经验中凡是能维持或增强积极评价自我的需要的,就是积极的经验,它能带来满意感;与此相反的经验被理解为消极的、需要避免的东西。如果一个孩子在努力学习时感到愉快,他就有了一个积极的直接经验,而父母也表扬他,于是来自父母的评价性经验也是积极的。这时他的自我是协调的。如果儿童的直接经验与来自父母的评价性经验不一致,这时孩子就会陷入自我不协调的状态。自我不协调的个体会产生焦虑,进而采用各种防卫机制阻止与自己的直接经验相左的经验进入意识的层面。

罗杰斯认为,所有的人都有一种希望获得积极关注(positive regard)的需要,这种需要包括要求获得他人对自己的关注、赞赏、接受、尊敬、同情、温暖与爱。积极关注来自其他人,特别是身边重要的人,如父母、老师与朋友等,随着自我的发展,积极关注的提供者更多从他人转向自己,也就是说个体能够自我珍重、接受自己、奖赏自己。罗杰斯把来自父母的观念称为价值条件(conditions of worth)。孩子的表现符合家长的价值条件时,家长才会给予孩子爱,这种积极关注为有条件积极关注(conditional positive regard)。然而,良好的教育方式应该是不给孩子强加任何价值条件的。由此,罗杰斯提出了无条件积极关注(unconditional positive regard)的概念,它意味着全心全意地去爱孩子,让孩子在任何时刻都能感觉到父母的爱。无条件积极关注有利于孩子自我协调发展,充分发挥其潜能,这样孩子才能健康成长,成为机能完善的人。

(三) 机能完善的人的特征

机能完善的人是依照机体内部评价过程而不是外在价值条件生活的人。罗杰斯认为机能完善的人具有以下几点特征。

1. 经验的开放

机能完善的人不需要防御机制,所有经验都被准确地符号化而成为意识。

2. 协调的自我

机能完善的人的自我结构与经验协调一致,并且具有灵活性,以便同化新的经验。

3. 机体评价过程

机能完善的人以自己的实现倾向作为评价经验的参考体系,不在乎世人的价值条件。

4. 无条件的积极自我关注

机能完善者时时刻刻对自己的经验和行为都给予积极肯定,他们不觉得有什么不可告人的内在冲动。

5. 与同事和睦相处

机能完善的人乐于给他人以无条件积极关注,同情他人,为他人所喜爱。

罗杰斯认为自我结构与经验的协调一致是成为一个机能完善的人的关键。这就要求有一个无条件积极关注的成长环境。这种环境不仅在心理治疗中可以实现,而且在日常的婚姻、家庭或亲密的朋友间也能实现。

二、心理治疗与人格改变

(一) 来访者中心治疗

罗杰斯的突出贡献在于创立了一种人本主义心理治疗体系,其流行程度仅次于弗洛伊德的精神分析法。罗杰斯以心理治疗和心理咨询的经验论证了人的内在建设性倾向，认为这种内在倾向虽然会因为环境条件的影响而受到障碍，但能通过心理治疗师对患者的无条件关怀、移情理解和积极诱导使患者的障碍消除而恢复心理健康。罗杰斯认为每个人与生俱来都具有追求自我价值、达到自我实现的趋向，当由社会价值观念内化而成的价值观与原来的自我有冲突时便会引起焦虑，为了对付焦虑，人们不得不采取心理防御，这样就限制了个人思想和感情的自由表达，削弱了自我实现的能力，从而使人的心理发育处于不完善的状态。罗杰斯创立的来访者中心治疗（person-centered therapy）的根本原则就是人为地创造一种绝对的无条件积极关注的气氛，使来访者能在这种理想气氛下，修复其被歪曲与受损伤的自我实现潜力，重新走上自我实现、自我完善的心理康庄大道。这种方法反对采取生硬和强制的态度对待患者，主张治疗师要有真诚关怀患者的感情，要通过认真的倾听达到真正的理解，在真诚和谐的关系中启发患者运用自我指导能力促进其自身内在的健康成长。这一原理也适用于教师和学生、父母与子女，以及一般的人与人之间的良好关系的建立，因此，又称作以人为中心的理论。

罗杰斯的来访者中心治疗的理论和马斯洛的自我实现论在基本观点上是一致的，但他更强调人的自我指导能力，相信经过引导，人能认识自我实现的正确方向。这成为他心理治疗和咨询及教育理论的基础。他认为，精神障碍的根本原因是来访者背离了自我实现的正常发展方向，咨询和治疗的目的在于恢复其正常的发展，治疗的结果是来访者去掉了伪装，真正地成为他自己（见图 8-4）。

图 8-4 罗杰斯在来访者中心治疗中与来访者交流讨论

（二）人格改变

在来访者中心治疗过程中，人格的变化主要表现在两方面：自我概念和对自我的经验方式。这些变化最终引起行为上的改变。要使建设性的人格改变得以发生，需存在以下一些条件：①治疗师与来访者有心理上的接触；②来访者处在一种不和谐的状态,脆弱或焦虑不安；③治疗师与来访者的关系是一致的或整合的；④治疗师对来访者的无条件积极关注；⑤治疗师体验到对来访者的内在参考系的同理心,并力图把这种体验传达给来访者；⑥治疗师对来访者的同理心和无条件积极关注至少在一定程度上成功地传达给了来访者。

罗杰斯认为如果在治疗中满足了上述先决条件的话,来访者的人格就会发生改变。改变一般表现在情绪表现、经验方式、不协调程度、自我的交流、经验组成方式、问题的处理和对外部事物的态度等7个方面。每一方面都是一个连续的过程。它的一端代表固定、死板和停滞不前的低级阶段,另一端则代表变化、灵活和运动的高级阶段。

 拓展阅读

人格改变的表现

第一连续体——情绪表现
  最低阶段：没有情绪流露。
  最高阶段：情绪及时和自然地流露。

第二连续体——经验方式
  最低阶段：个体与经验相隔离。
  最高阶段：经验成为个体内在的事件。

第三连续体——不协调程度
  最低阶段：个体对与自我矛盾的东西无意识。
  最高阶段：个体能认识自我的不协调。

第四连续体——自我的交流
  最低阶段：个体回避揭露自我。
  最高阶段：个体揭露自我,能暴露自我意识。

第五连续体——经验组成方式
  最低阶段：个体以僵化的观点看待经验。
  最高阶段：个体以变化的观点看待经验。

第六连续体——问题的处理
  最低阶段：回避问题或认为与己无关。
  最高阶段：面对实际,积极解决问题。

第七连续体——对外部事物的态度
  最低阶段：生活在个人的小天地中。
  最高阶段：在与他人交往中发展自己。

罗杰斯认为心理学应着重研究人的价值和人格的发展,他既反对弗洛伊德的精神分析把意识经验还原为基本驱力或防御机制,又反对行为主义把意识看做是行为的副现象。罗杰斯对人的本质的看法是积极的、乐观的。通过对人的现象场的探讨,罗杰斯强调人的自我意识和行为自由。以自我结构为中心和以实现倾向为动力,他强调人的积极向上,在适合社会需要的过程中发掘自身潜能,满足自己的需要。这一学说与弗洛伊德精神分析的心理生物决定论针锋相对,因而日益引起人们的重视。罗杰斯反对行为主义机械地塑造人的行为的观点,强调行为的选择自由,并强调人从行为的自由选择中得到满足。另外,罗杰斯比其他心理治疗家更注重对心理治疗过程的科学化。通过Q分类法,他把心理治疗过程中原来流行的主观描述变为数量考查,使许多术语成为可操作的,这是他的主要贡献之一。他将心理咨询和治疗予以主动积极的性质,因而这种方法已被广泛地应用于医疗、教育、商业、司法等方面。

但罗杰斯理论片面强调自由选择,完全的非决定论,最终会走向神秘主义。过分的自由选择也是个人主义的温床。同时,他太依赖于被试的自我报告,过分夸大主观经验,对人的本质的理解也过于简单,对人性的态度过于乐观。

第三节 罗洛·梅的存在分析论

人物介绍

图 8-5 罗洛·梅
(Rollo May,1909—1994)

罗洛·梅(见图 8-5),美国存在主义心理学家,是以存在主义哲学思想为基础的人本主义心理学家,也是存在心理治疗的代表之一。罗洛·梅于 1909 年 4 月 21 日生于美国俄亥俄州的艾达镇,他有一个患精神病的姐姐。父母没有受过良好的教育,而且对子女的教育也不太关注,因而罗洛·梅早年的家庭环境和教育环境都是很差的。在大学阶段他首先接受的是艺术教育,就读于俄亥俄州奥柏林学院艺术系,获学士学位。随后有一段漫游欧洲的经历,在这段时间中他与阿德勒有过密切的接触,对阿德勒的学说总体上非常赞同,虽然后来认为阿德勒学说有"过分简单化和笼统"的问题。返美后于 1934—1936 年在密歇根州立学院任学生心理咨询员。后来改进纽约联合神学院,研究当时正流行的存在主义哲学,旨在探讨人生存在的意义和价值。1938 年期间进入联合神学院获得神学学士学位,在此期间,他从德国新教神学家保罗·蒂利希(Paul Tillich)那里第一次接受了存在主义思想,后来二人建立了深厚的友谊。此后,他担任纽约市立学院学生咨询员,并研习精神分析。1946 年开业从事私人心理治疗工作,并在哥伦比亚大学进修。在此期间,罗洛·梅曾患肺结核濒临死亡,不得不入疗养院静养 3 年,然而此次生病

·第八章 人格的人本主义和存在主义取向·

的经历反成为其生命的转折点。面对死亡,遍览群籍之余,罗洛·梅认真研读了存在主义宗教思想家 S.克尔凯郭尔的著作。出院之后,入怀特学院攻读精神分析,遇沙利文与 E.弗洛姆等人,交往甚密。病中他精研精神分析和存在主义中所讨论的焦虑问题。于1949年获哥伦比亚大学首位临床心理学哲学博士学位。此后,担任纽约社会新学院研究员,以访问教授名义分赴哈佛、耶鲁、普林斯顿等大学讲课,并曾担任怀特学院的训练兼主任分析师。罗洛·梅从事心理学研究的起步阶段是作为一名心理指导教师和心理咨询员,使用的是精神分析理论,随着他对精神分析的缺陷和存在主义哲学的进一步的认识,他逐渐从一个精神分析心理学家转变为一个存在分析学家。到了20世纪50年代,美国人本主义心理学兴起,此时的罗洛·梅已初步确立了存在分析的心理学思想,通过与人本主义心理学代表人物如马斯洛、罗杰斯、戈尔德斯坦、奥尔波特等人的长期接触和思想交流,罗洛·梅和人本主义心理学家取得了共识。著有《焦虑的意义》(1950)、《存在:精神病学与心理学的新面向》(1958)、《存在主义心理学》(1961)、《爱与意志》(1969)等著作。

一、从精神分析到存在主义的转变

"存在(existence)"一词派生于两个拉丁词"ex"和"stare",其基本含义是:人能够通过自我意识、自我反思,通过对人的个体价值的超越,通过创造、工作、爱和友谊而使个体超然于自我之上。西方的存在主义者如克尔凯戈尔、海德格尔、梅洛·庞蒂、萨特等人都把这种本体论的存在视为其全部哲学的基础,坚决主张通过对主客体关系的分析来理解人及其本质。他们反对对人的行为进行孤立和客观的测量,而强调科学研究应从人的存在这个基本事实出发,把我们自己的"内在经验世界"带入到科学研究中去;他们反对传统科学脱离生活现实的研究,主张科学家应该解决有意义的人类实际问题。就是说,科学所面对的应该是一个活生生的真实的人的世界,它探索的应该是人存在的意义。存在主义哲学的一个显著特点是它强调哲学研究的对象应是单独的个人,它所研究的一切,应总是围绕"我个人生存,或者说我个人的存在究竟有何意义"这一中心问题。且在研究单独的个人时,存在主义哲学家总是把个人放在社会联系里,强调个体面临的困境,以及个体面临困境时产生的焦虑、孤独、空虚等情绪体验。存在主义哲学的另一个特点是强调个人的自由选择,认为人有自由选择的能力,个人的价值完全取决于自己的自由选择。存在主义者的观点深深影响了罗洛·梅。他发现精神分析理论过度强调因果关系决定论,认为人的行为受到本能和早期经验的限制,这种错误的观点无法解释当代人的空虚、孤独、自我陌生等病态的心理特征,给心理治疗实践带来巨大困难。而应用存在主义关于自由选择的观点,却很容易解释这种现象:这种变态心理的产生仍在于个人放弃了自由选择的权力而将它交给了社会或他人,从而进入了一种非真实的存在状态,自我的个性丧失了,个人独特的潜能得不到发挥,只能机械地、无生气地顺从他人的要求,因而逐步产生空虚、自我疏远、生活毫无意义等痛苦的情绪体验。罗洛·梅把人看做是一个有机的统一体,在这个有机体中包含着理性和非理性,意识、价值、人生的意义;也包含着自然和环境的影响,人生的喜怒哀乐和酸甜苦辣。正是这个丰富多彩、复杂多变的有机体构成了一幅深邃的人格画卷。心理学研究和心理治疗就是要理解这个活生生的有机体。按照他的观点,我们对人的理解必须以存在和存在感为目标,通过对存在感及其基础的探讨,确定人的心理面貌,进而制订心理治疗的目标,帮助病人确立存在感。因此,存在感应该为人生的基础和目标。

对人性本质的看法,罗洛·梅与其他人本主义心理学家一样,强调自由意志,反对决定论。罗洛·梅认为,每个人生而具有长成一个人的先天潜能,每个人都会全力以赴地将其天赋潜能表露出来,以期臻于自我实现。不过,人和其他生物不同,其他生物是靠自然条件成长的,人却是靠自己的选择才能成其为人。一粒橡树种子内蕴藏了将来长成一棵大橡树的潜能,一旦落地生根,只要生长环境适当,它就自然会长成一棵橡树。人的成长却非如此,人将成为一个什么样的人,不是靠自然条件,而是靠自己的选择。正因如此,在人的世界中即使环境相似,而各人的成长却仍有很大的个别差异。罗洛·梅认为,人性本质虽如此,但在现实中个人的选择却未必适当,选择之后也未必如意。因此人在生长历程中难免因选择失当而感到痛苦。存在心理治疗的目的,旨在协助当事人了解自己,重新选择。罗洛·梅认为人存在六种本体论特点,或构成人格结构的六要素,即自我中心核、自我肯定、参与、觉知、自我意识和焦虑。

(一)自我中心核

自我中心核是指一个人不同于别人的存在,指一个人的独一无二性,自我就处在这个存在的核心。

(二)自我肯定

自我肯定指一个人保存其自我核心的勇气。人有一种保持自我中心性的需要,为了满足这一需要,必须不断地鼓励、督促自己。这种自我肯定的勇气分为四种:生理勇气、道德勇气、社会勇气和创造勇气。生理勇气指的是身体的力量;道德勇气源于同情心,使我们对他人有同情心,有为他人牺牲自己利益的勇气;社会勇气指的是与人交往、建立人际联系的勇气;创造勇气是四种自我肯定勇气中最难实行的勇气,也是最重要的。运用创造勇气,人们可以发现新的形式、新的象征和新的模式,而一个新的社会就是建立在其上的,也正是由于这种勇气,人格才能不断变化、不断发展。

(三)参与

参与是指个体虽然必须保持独立,以维护自我中心性,但是同时又必须参与到人际世界中去。人不能脱离社会,必须通过合理的社会整合来增强自身的存在感和存在的价值。缺乏正常的人际交往,必然损害人格正常发展。参与的程度要把握好,如果参与过多(如一味的顺从、依赖),就会失去了自我中心性,感到空虚、无聊、生活无意义,同样会产生病态心理。

（四）觉知

觉知是指人对自我核心的主观认识，罗洛·梅把觉知看做是一种对自身感觉、愿望、身体需要和欲望的体验，这种体验比自我意识更为直接和具体。它可以转变为自我意识。

（五）自我意识

自我意识就是觉知表现在人身上的一种独特形式，自我意识是人类独有的特征，它使个人能够自己观察自己的能力。罗洛·梅认为前四种本体论特点是所有生物都有的，而自我意识则是人所独具的，与觉知相比，自我意识更加抽象和间接，它是更为整合的一个整体，它可以使人有能力超越直接的具体的世界，而生活在可能的世界里，它是人的所有其他特点，如自由意志、抽象观念、象征作用、责任感、罪疚感和超越时空等的基础。

（六）焦虑

焦虑是指人的存在面临威胁时所产生的一种痛苦的情绪体验，是指个体对有可能丧失其存在的一种担心。

二、自由与焦虑

1950年，罗洛·梅以其博士论文为基础，出版了他的第一部心理学专著《焦虑的意义》。该书首度有系统地提出一般性焦虑（general anxiety）的概念，意在使焦虑一词跨越心理病理专有名词的局限，将之引入一般心理现象的范畴，以描绘现代科技发展对人类整体生活处境的彻底改变，如何导致现代人所共有的心理情绪问题。罗洛·梅观察到现代人内在空虚感的关键，乃是因为爱与意志的旧有伦理力量已然遭到严重挫伤。在罗洛·梅的心理学思想中，焦虑与自由是两个核心概念。他认为自由是人性的重要本质，个人在现实生活中自由选择时，选择的后果往往非但未必使人心安，反而使人感到焦虑。在现实中个人根据自己的条件做自由选择，个人的潜力才会获得充分发展，即自由选择是个体自我实现的先决条件。此理念与人本主义心理学主要领导人马斯洛和罗杰斯的思想是一致的。

罗洛·梅对焦虑实质的看法主要有以下几点。

1. 焦虑是对存在受到威胁的一种反应

这种存在包括人的生命和与生命有同等重要性的信念，如个人的职业、名誉和地位。

2. 焦虑是对人的基本价值受到威胁的一种反应

罗洛·梅认为价值观是一个人生存于这个世界的基本支柱，个人是把这种价值观与作为一种自我的存在相等同的，威胁了价值观，就如同威胁到本人的存在一样。

3. 焦虑是对死亡的恐惧

人终有一死，这是每个人都无法改变的事实，对于普通人来说，当死亡近在眼前时，恐惧是必然的，而当死亡的威胁不那么强烈时，这种对于死亡的恐惧就会转化为焦虑。

　　罗洛·梅将因自由选择带来的焦虑分为两种，一是健康的焦虑（heathy anxiety），另一是神经质焦虑（neurotic anxiety）。所谓健康的焦虑，是指个人在现实生活中进行选择时（如升学、就业、转业、婚姻、投资等），能以积极乐观的态度面对选择不确定带来的焦虑，并心甘情愿地承担起自己选择后的责任，即使选择结果未必尽如人意，但至少克服了焦虑的威胁，使危机化为转机。健康的焦虑是与威胁相均衡的一种反应，是人成长过程中的一部分。人的成长过程必然伴随着对原有意义结构的挑战，伴随着向更大的可能性的开放，向未知领域的探索，这些都会产生焦虑，如果人可以正确地理解挑战和变化中包含的意义，能够合理的调动自身的力量来应对这种挑战，能使价值观在相对稳定的情况下逐渐向更全面的方向发展，那么在此过程中的焦虑就是健康的焦虑，它是人走向成熟的动力。健康的焦虑也不会激发过度的防御反应，而且只要情境发生改善，焦虑就会消失。健康的焦虑是青春期人常常会遇到的情绪。人，尤其是青年人在自我认识的过程中常常体验到的紧张、不安与担心就是健康的焦虑，因为人在客观了解自己、认识自己的时候常常会与自身的弱点（或者说是暗影）相遇，加之青年人常常有完美主义倾向，于是就容易因为自身的不完美而产生内疚与焦虑，很多时候，由于人们害怕这种焦虑的体验，往往就可能放弃对自我的主动认识。如果一个人想具备充分的自由感，首先就要学会去忍受并且体验成长过程中的健康的焦虑，并且学会接受自己的不完美。其实会影响青少年自我认识的不仅仅有健康的焦虑，还有懒惰、缺乏恒心和方法及太容易被环境影响等。问题是，不论是什么原因妨碍了我们自觉进行自我认识，从长远看，都会影响我们的成长，就如同物质不灭一样，人的发展任务也是不灭的，更何况，人的发展是建立在对自己的认识的基础之上的，总是被动地在遇到问题后才做自我调整与主动、自由地去选择自己的人生相比，其个人的成长一定是大相径庭的。

　　所谓神经质焦虑，是一种与威胁不均衡的反应，它包含着心理压抑和其他形式的内部心理冲突，并受各种活动和意识障碍的控制，是不能合理地应对挑战和变化的结果。如果个体采取遵从他人的意见，放弃自由，放弃个人成长的可能性的方式来进行应对，此时焦虑并不会真正消失，而只是转变为神经质焦虑，它依然会困扰个体。个人在现实生活面临选择情境时，因过分恐惧选择后会带来失败的结果而犹豫不决，不是希求别人支持，就是畏惧退缩或但求安于现状。一旦因放弃选择而丧失成功机会，却又悔恨交加倍感痛苦。如此，焦虑不但未能免除，而且愈积愈多，最后难免因无法承担过重的心理压力而导致精神疾病。

　　罗洛·梅认为，心理治疗的目的正是帮助那些因患得患失而不敢选择以致陷入神经质焦虑的人，使他领悟到自由选择和勇于负责两者间的必然关系，以期其面对现实人生去实现自己。当然，现实人生中有些境遇是无法自由选择的，像死亡就是最具体的例子。在《存在主义心理学》一书中，罗洛·梅指出，即使个人对死亡无可选择，但面对死亡的态度，仍有选择的余地。设想如果人类真的永生不死，人类可能就会不珍惜生命,不努力向美好追求。正因为人生有限,在短暂的人生中选择自己的生活方式,才会显得更有意义。因此罗洛·梅认为,学习面对死亡不畏惧,是人生在世的一个重要课题。

三、爱与意志

罗洛·梅认为爱是连接存在和生成(becoming)的桥梁,爱依赖于过去,但更应该指向未来,指向双方在未来的更大的可能性。爱是与对方在一起时的喜悦及对自己和对方的价值和发展的肯定。

把爱降格为性是当前现代人的一个重要问题。性应该作为爱的基础之一,但是却不应该是爱的全部。把爱降格为性只能使两者都变得越来越了无生气,越来越缺乏个性和原发性。单纯靠性维系的关系,在激情退去之后,只会感到空虚。性行为中最正常最基本的要素,是通过给予对方,来获得自我肯定的体验和乐趣(这是一种更特有的付出方式),而不是从对对方身体的占有和控制中来寻求与他人结合的可能。要通过爱来赋予性活动更多的意义从而使性得以升华,使性活动成为个人向更高的意识水平迈进的途径。

在爱与性行为中,自发性都是很关键的因素,人的主体性和自由正是体现在这种自发性之中的,没有个性的爱和依赖于技术的性活动都只能把人变为千篇一律的机械,这正是工业文明最大的危害。

在《爱与意志》一书中,罗洛·梅把意志定义为组织个体自我的能力。它可使个体向着某一目标和方向前进。罗洛·梅认为,个体的意志不是飘忽不定的幻觉,而是一个在时空上与世界息息相关的具体而又有结构的反应。正是在意向性和意志中,在朝向意义的人类倾向中,个体才会体验到他的同一性和自由,感受到他自己的存在。意志以意向性(intentionality)为基础。意向性首先意味着延伸,其次是计划和目的。它是指在理解客体的意义的基础上,通过主体的价值判断而产生对客体的某种趋向,产生一定的计划和目的。而意志则把某种意向性具体化为行动。愿望是意向性和意志的先决条件。个体需要对自身的愿望有明确的意识,才能产生意向性,进而通过意志付诸行动。意志不能简单地理解为强力意志,强力意志很可能是建立在扭曲人性的基础之上的。

爱与意志都是与他人形成联系的方式,爱与意志都表现了个人向对方的延伸、拓展和趋进,表现了个人希望影响他或她或它,而与此同时又敞开自己,以期被对方所影响。自我肯定和自我确证——意志最明显的方面——对于爱是极其重要的。一个人只有对自身的存在抱一种肯定的态度,只有真正的认识到自己的价值,才具有爱的能力,否则的话只能是对爱的对象的依赖。

罗洛·梅认为,在现代社会中,爱与意志已遭到分裂。爱与肉欲、性联系起来,而意志则意味着顽固的坚持,人们抓不着爱与意志的真实意义。因此,整合爱与意志,使其重新融为一体,是现代社会的当务之急。

四、人格论

从精神分析转变到存在分析的罗洛·梅想用新的态度和观点阐述人格的本质,以便给存在分析疗法的临床实践提供一种新的理论依据。罗洛·梅从存在分析的观点出发,认为人格首先是一种"存在","存在"既不像弗洛伊德的"自我",也不像荣格的"阿妮玛"那样,是精神的一部分,而是一种整体结构,它既是精神的,也是物质的。罗洛·梅认为,这种存在是先于一切本质的,人格的一切本质都建立在存在的基础上,通过自由选择获得。人必须承担选择的责任和后果,任何逃避选择的行为都是有损于他的。罗洛·梅认为,人格是与社会整合且具有宗教紧张的自由、独特的个体生活过程的现实化。在这个定义中,罗洛·梅应用了存在主义关于自由选择的观点来诠释人格。所谓宗教紧张,罗洛·梅指的是存在于人格中的一种紧张状态或不平衡状态,这种紧张状态是我们每个人在每时每刻都能体验到的,它植根于人类的本性之中。罗洛·梅认为个人的行为既不是盲目的,也不是被环境所决定的,而是在自由选择中进行着的。人有自由选择的能力。人类的潜力与责任感与人的自由是分不开的。换句话说,自由是人格的基本条件。因此,罗洛·梅相信自由选择的可能性,不仅是心理治疗的先决条件,同时又是使病人重新获得责任感、重新决定自己生活道路的唯一基础条件。通过自由选择,人确立了自我的独特性,接受这一独特性是心理健康的首要条件之一。人格障碍的主要因素之一就是感觉自我不是自我、自己不能接受自我或不能容忍自我。换句话说,自我无法个性化,不能发现自我独一无二的特性。人格的形成和发展不能离开社会。人格同社会有着千丝万缕的联系,离开了社会联系就不能形成健全的人格,因此,人必须实现同社会的整合。罗洛·梅认为,为了维持自我的独特性,自由的个人必须与社会整合。

罗洛·梅认为,人格的发展经历了四个阶段:第一个阶段是婴儿时期,三岁以前的儿童基本属于这个阶段,此时个体还没有自我意识,个体的各种潜能也尚未发掘出来。但这一时期对个体以后的人格发展十分重要,它将奠定儿童人格发展的基础。如果处于这一阶段的儿童过分依赖父母,他将来也很难发展具有独立性和创造性的人格。

第二个阶段是反叛阶段,个体开始寻求建立自身内在的力量。这个阶段一般出现在三岁左右,并且会一直持续到未成年期。反叛阶段是意识发展的重要的一步,我们要注意不能将它与自由混淆。反叛是一种反抗,是拒绝父母和社会规则的行为。

第三个阶段是一般的自我意识阶段。它出现在婴儿期并维持到青少年后期。在这个阶段我们有能力理解自己的错误,并能从中吸取教训,为自己的行为负责。

第四个阶段是创造性的自我意识阶段。个体到达这一阶段才真正意味着人格的成熟。

罗洛·梅认为无意识对人格有一定的控制能力,而原始生命力是无意识的主要内容。原始生命力是能够使个人完全置于其力量控制之下的自然功能。原始生命力最初被体验为一种原始性的盲目冲动,处在非人格状态,从人出生不久,它就逐渐

第八章 人格的人本主义和存在主义取向

开始了漫长的人格化过程。罗洛·梅认为人的一生,就是从一种非人格的意识维度,经由人格化的意识维度,最终走向超人格的意识维度的过程。原始生命力既可以是创造性的,也可以是毁灭性的。原始生命力是一切生命肯定自身,确证自身,持存自身和发展自身的内在动力。原始生命力需要指引和疏导,要把非人格的原始生命力转化为人格化的原始生命力。人的心灵是善与恶的合体。如果一味的压抑原始生命力,必然导致它以暴力的形式的反击,关键在于如何引导原始生命力,以达到善恶同一的水平。把原始生命力引导到建设性方向上的办法有两个,一是与其他人的对话,二是自我批判。如果原始生命力处于无个性状态,则就会把它诉诸集体的非理性行为,如果敢于正视自身存在的原始生命力,把它整合到人格结构之中,那么它就可以成为建设性的力量。正是在这一意义上,罗洛·梅认为人是善恶兼具的,这也是他与其他人本主义心理学家的观点的最大分歧之处。

尽管真正具有完整人格的人在现实中并不多见,但作为一种人格理想,还是可以通过许多方法去逐步接近的,对此,罗洛·梅提供了许多可以操作的方法。

(一)增强自我认识,具备自由感

自我认识是人参与自我成长的前提,是一个人塑造自己的前提。一个人的自我认识越深入,其自我意识就越强,信心也越强,其被自身防御机制控制的可能性就越小,因而内心的自由度也就越大。而一个缺乏自我认识与自我意识的人,则容易受制于焦虑、愤怒、冲动和怨恨,这样的人是很难行使自由的。

(二)选择自己的自我

罗洛·梅相信人具有发展的潜能,并确信人若不完成自身潜在的可能性,心理上就会受到压抑并可能患病。但是他也认为人不像一棵树那样可以自动生长,人只能在有意识的计划与选择中实现其潜在可能性。因此,要具备自由感,需要靠人用努力去获得,其方式之一便是:选择自己的自我,也就是说对自己的存在负责,为自己做出基本的生与死的选择。这里的生与死具有宽泛的意义,是指一种充满活力的积极的生活或一种消极怠倦地活着的生存态度;也指选择一种有价值、意义的生活还是一种无价值、无意义的生活。而选择自己的自我就是选择积极地生,就是在选择自由与责任的同时为实现自我而选择对自身的约束。那些为了从众而挤在同一个专业中的人,那些为了虚荣而谈恋爱的人,那些为了出国而出国的人,为了逃避工作而考研的人……他们所做的大都是违背自我、违背自由意志的选择,因此,这些人在得到了他想要的之后却总是不快乐,并且总摆脱不了被束缚甚至被窒息的感觉。这就是很多大学生感觉生活没有意义的原因,因为他所过的是别人而不是他自己的生活。而在符合自我(即符合自己的兴趣、爱好、潜能、环境、条件等)的选择中,人不仅在自我塑造与发展上表现出充分的自由,而且能够充分体验生命的意义和乐趣。

(三)接受现实

建设性地接受现实、面对现实,并在现实允许的情况下改变现实,这是具备自由感的另一种表现形式。不少青年人以盲目反抗现实的方式追求自由感,这是对自由的误解。而真正的自由意味着能够承认自身的局限性,并在尊重自身局限性的前提下发掘内外资源以改变自己的生存状态。以身患重病的人为例,缺乏内心自由的人会心存怨恨,把生命消耗在怨天尤人、自怜自悯的消极情绪中,而具有内在自由的人却会运用自己心灵的自由,努力寻找使自己患病的原因,如以往的生活方式等,然后对之加以改善,通过这种自由的选择,不论现实多么严峻,后者都能在一定程度上改变自己的处境,提高自己生命的质量。

所以,无论生活在什么样的时代或处境中,只要人具备自我意识,能够选择自己的自我并建设性地面对现实,他都能自由地超越他所生活的时代,拥有充实、丰富的人生,最大限度地选择自由。

(四)具备接受自我的勇气

罗洛·梅认为,一个人要具备勇气,首先就要能敢于面对自己,面对真相,尽管认识自己是一件冒险的事,会发现自己不愿知道的一些事,但只要一个人对善有信心,就能认识并且正视自己善恶并存的事实,努力发扬光大自身的善,控制并削弱自身的恶,这样的人比那些不敢正视自身的恶以致被恶所左右甚至控制的人要健康许多。认识到自己有局限性,知道自己不仅不完美,甚至还存在恶的一面,知道自己不仅不能穷尽真理而且还会犯许多过失甚至错误,但仍然信赖自己,相信自身的善足够强大到抑制并削减自身的恶;相信自己只要采取负责任的行动就可以光大自身的善;能够勇敢地接受自己的局限性,并且去积极地行动、去爱、去思考、去创造。

(五)学会爱

在罗洛·梅看来,爱不仅包括了两性爱,更包括人与人之间的关怀、友爱和支持,正因此,爱与欲的分离会造成人的异化,并最终导致人丧失爱的能力。此外,爱是需要学习的,对绝大多数人来说,它不会自然而然地降临。同时能够自爱,自爱不是自私也不是自我中心。自爱是指对自身价值有充分的认识与体验,是指尽管知道作为个人,自身的力量十分渺小,但仍然坚信自己是整个世界向善中不可缺少的一环,坚信自己向善的努力会让周围乃至世界受益,尊重自己且善待自己。为此,罗洛·梅提出要能够从爱本身体验幸福。他认为一个健康的人是能因爱本身而体验幸福的人,因为给予爱的过程能使我们有新的自我发现,能使我们感到自己和他人更有价值并更懂得善待自己、他人与世界。如果我们学会从爱本身去体验幸福,我们还能使自己免于受制于他人和自己的欲望,并使自己的心灵获得自由。

五、心理治疗:一门人的科学

罗洛·梅是个心理治疗学家,但他却十分关注心理治疗的理论基础。在他看来,心理治疗要想准确地预测治疗情境中所发生的一切,了解患者的精神存在,以及明白为什么有些治疗有效,有些治疗无效,那就必须对理论基础进行严格的考查并做出合理的解释。因此,他倡导建立一门关于人的工作科学(working science of

第八章 人格的人本主义和存在主义取向

man)。作为人的科学的心理治疗,是从关注人的生活现实出发,通过对病人的现实存在的具体描述分析,帮助病人找到自己的正确位置,形成一种整合、协调的心理结构。罗洛·梅坚信,只有这种科学才能对人做出全面的理解,才能科学地理解人的存在,才能更好地进行心理治疗。

罗洛·梅在1958年与安杰尔等主编的《存在:精神病学与心理学的新方向》一书中明确指出,心理治疗的核心过程就是"帮助病人认识和体验他自己的存在"。治疗者不仅要了解病人的症状,而且要深入探讨他对人生的体验,治疗的任务不仅仅是给疾病命名或开药方,而是要发现通往病人内心世界的钥匙,理解和阐明病人的存在结构,即发现病人的存在感。

精神分析治疗病人的主要途径就是帮助病人把潜意识的冲突引导到意识领域中,从而达到心理的统合、平衡,消除心理的紧张状态。罗洛·梅反对这一观点,他承认心理组织的破坏可以导致人格分裂,但他否认消除冲突、紧张是心理治疗的最高理想。他认为人格的最后平衡根本不可能,因为人格是动态而非静态的,是不断发展而非停滞不前的。罗洛·梅主张健康人格所需要的不是消除冲突、保持平静,而是把破坏性的心理冲突转变为建设性的心理冲突。罗洛·梅认为人格中的自由受特定时空、特定社会、特定家庭和其他条件的限制,但是每个人或多或少都有选择的余地。自由对于心理健康不可缺少。病态心理的产生在于个人放弃了自由选择的权力,把这一权力交给了社会或他人,从而进入人格丧失、个人的独特性得不到发挥的非真实的存在状态,逐渐产生空虚、自我疏远、生活毫无价值和无意义等痛苦的情绪体验。心理治疗专家应引导病人勇敢地承担自由选择的结果,帮助病人重新开始自由选择,这是使病人重获责任感、恢复健康、重新生活的唯一基础。在心理治疗中,不要把消灭冲突、取得平衡作为治疗的首要任务,而应引导病人正确对待由紧张而导致的冲突,接受内疚和焦虑作为生活的不可避免的事实,勇敢地面对生活的挑战。

在心理治疗方面,罗洛·梅也坚持他的存在分析观。他认为,心理医生的责任是在全面理解病人心理存在的基础上,帮助病人形成正确的存在感和自我体验。它主要包括以下几个方面。

(1) 探寻和确定病人所赖以生存的心理前提,即了解他的基本人生信念或产生这些信念的根源。

(2) 医生必须使病人感到自己是可以被别人接受的,使他体验到自己的存在和价值,或意识到他的自由及他对自己的存在所负的责任。

(3) 帮助病人不能仅限于使他对社会和道德标准予以镜像反映,因为这样只会产生道德说教,而无助于道德意识和信念的发展。正确的方法是帮助他在日常活动中确立起正确的道德存在感。

(4) 把两种自我整合起来。罗洛·梅认为,存在感中包含着两种自我。第一种自我(ego)只是心理发展或存在感的必要前提条件,它是脆弱、消极和防御性的。在人的心灵深处还有第二种自我(self),它是个体内部的组织功能和使一个人能与另一个人建立联系的功能,是个体把自己看做存在于这个世界上的能力,知道自己是做这些事情的存在。因此,一个人只有把自我存在视为一个整体的、不可分割的统一结构,才能产生健康的心理体验。

　　罗洛·梅的存在主义心理学并不是哲学意义上的存在主义,他是在批判性地分析存在主义哲学的基础上,结合自己的临床实践提出的一种新的存在主义心理学理论,是一种能对加强自我治疗提供支持的人的存在主义,它能在人们面临现代生活及焦虑时提供支持和指导。他所阐述的某些心理学观点具有积极的启示作用。

　　从罗洛·梅对"存在"、"自由"、"个体化"、"社会整合"等概念的阐述不难看出,他的观点是有一定合理因素的。他既看到了人有塑造自我的个性化倾向,又看到了个体与社会的相互作用。显然,这种自由的个体并不是完全自我中心的,而是在充分认识自我价值的基础上,与社会和谐地融为一体的自由存在。

　　罗洛·梅的存在主义心理学以现实生活中的人作为研究对象,以探究人的主观体验和存在感为目标,运用临床观察、现象学分析和经验描述等个案研究方法,形成了当今美国心理学研究和心理治疗的一股重要力量。这就启示我们,心理学研究不应拘泥于门户之见,对于复杂多变的心理现象,应该允许有不同的科学研究方法。

　　与大多数西方心理治疗学家一样,罗洛·梅也忽视了造成心理疾病的根本社会原因。尽管他对社会的不平等做过一些严厉的批评,但他并没有把整个社会作为一个广泛的背景来考虑心理治疗问题。因此,他的这种存在心理治疗仍然是治标不治本的。对于当今美国社会普遍存在的价值危机,他也没有提出有效的心理学对策。

　　罗洛·梅的理论处处都显露出明显的主观、思辨等哲学的特征。如果我们不了解罗洛·梅的目的在于为心理治疗奠定理论基础,则很有可能把他对人格的论述当做某种哲学理论。罗洛·梅的人格理论所表现出来的这种思辨性、哲学性特征不是偶然的。心理学自独立以来,一直存在一种反哲学的倾向。这种倾向从冯特开始,由行为主义者所继承,至今在美国心理学界仍有不可忽视的影响。但自第二次世界大战以后,心理学中有一股回归哲学的倾向,一部分心理学工作者认为没有人能逃避哲学问题,这部分心理学家认为,如果说过去心理学的独立曾依赖它同哲学的分离,那么今日心理学的进步将依赖它同哲学的联系。罗洛·梅正是认同上述思想的心理学家之一。

 温故知新

　　马斯洛的人本主义心理学理论的核心是人通过自我实现,满足多层次的需要,达到高峰体验,实现完美人格。他认为人作为一个有机整体,具有多种动机和需要,包括生理需要、安全需要、归属与爱的需要、尊重需要和自我实现需要。其中自我实现需要是超越性的,追求真、善、美,将最终导向完美人格的塑造,高峰体验代表了人的这种最佳状态。

　　罗杰斯以心理治疗和心理咨询的经验论证了人的内在建设性倾向,认为这种内在倾向虽然会因为环境条件的影响而受到障碍,但能通过医师对患者的无条件关

第八章 人格的人本主义和存在主义取向

怀、移情理解和积极诱导使障碍消除而恢复心理健康。他把这一理论用于教育改革,强调教育中建立师生亲密关系和依靠学生自我指导能力的重要性。罗杰斯将欧洲存在主义心理学和存在主义心理治疗引入美国人本主义心理学,认为人的处境虽然带有悲剧的性质,但能通过勇气的培养、焦虑的克服和自我的选择趋向光明的未来。

在心理学史上,罗洛·梅是介于存在主义和人本主义心理学之间的桥梁人物。在他1958年出版的《存在:精神病学与心理学的新面向》一书中,首次将德国哲学家海德格尔的存在主义思想介绍到美国,从此一方面建立了他的存在心理治疗体系,另一方面为以后人本主义心理学的发展奠立了基础。罗洛·梅在心理学上的贡献,主要在于他所提倡的以下两个观念。①自由意志的人性本质观:对人性本质的看法,罗洛·梅与其他人本主义心理学家一样,强调自由意志,反对决定论。②自由与焦虑:个人在现实生活中自由选择时,选择的后果往往非但未必使人心安,反而使人感到焦虑。在现实中个人根据自己的条件做自由选择,个人的潜力才会获得充分发展,即自由选择是个体自我实现的先决条件。此理念与人本主义心理学主要领导人马斯洛和罗杰斯的思想是一致的。

本章练习

1. 名词解释

无条件积极关注　自我中心性　焦虑　人本主义　来访者中心

2. 简述马斯洛的人格自我实现论的基本观点。
3. 练习实际评价马斯洛的需要层次理论。
4. 何谓高峰体验?高峰体验有何特点?
5. 何谓现实自我和理想自我?如何达到现实自我与理想自我的和谐统一?
6. 来访者中心治疗的根本原则是什么?
7. 简述罗洛·梅的存在分析论的基本观点。

本章参考文献

[1] 陈仲庚,张雨新.人格心理学[M].沈阳:辽宁人民出版社,1986.
[2] 高觉敷.西方心理学史论[M].合肥:安徽教育出版社,1995.
[3] 黄希庭.人格心理学[M].杭州:浙江教育出版社,2002.
[4] 车文博.人本主义心理学[M].杭州:浙江教育出版社,2003.
[5] 郭永玉.人格心理学导论[M].武汉:武汉大学出版社,2007.
[6] 郑雪.人格心理学[M].广州:广东高等教育出版社,2004.
[7] 陈少华.人格心理学[M].广州:暨南大学出版社,2004.
[8] 马斯洛.人的潜能和价值[M].林方,译.北京:华夏出版社,1987.
[9] 罗诺·梅.爱与意志[M].冯川,译.北京:国际文化出版公司,1998.

[10] 秦龙. 马斯洛与健康心理学[M]. 呼和浩特:内蒙古人民出版社,1998.

[11] 叶浩生. 西方心理学的历史与体系[M]. 北京:人民教育出版社,1998.

[12] Maslow A. H. Motivation and Personality[M]. New York: Harper & Row,1970.

[13] Rogers C. R. Freedom to Learn[M]. Columbus: Merrill,1969.

[14] Rogers C. R. A Way of Being[M]. New York: Houghton Mifflin Company,1980.

第九章 动 机

内容概要

成就动机
权利动机
亲密动机
动机理论和动机的研究方法

第一节 追求卓越：成就动机

问题引入

在中学的一节数学课上，老师拿出了 3 支钢笔，告诉她面前的 54 名学生，她要把这 3 支钢笔奖励给数学考试的前三名。这 3 支钢笔能够对这 54 名学生都产生同样的激励作用吗？

著名心理学家阿特金森(J. W. Atkinson)曾经做过一次有关成就动机的经典实验。实验结果可能给出上面问题的答案。

经典实验 9-1

阿特金森为了研究成功概率和成就动机之间的关系设计了这个实验。实验者将 80 名大学生被试分为 4 个组，每组 20 人，在接受不同的实验指导语的干预条件下，要求他们完成同样的任务。实验者告诉第一组被试，只有完成任务成绩最好的那个人才能够获得奖励(成功概率为 1/20)；实验者告诉第二组被试，获得奖励的将是成绩最好的 5 个人(成功概率为 1/4)；而第三组被试则被告知，成绩最好的 10 个人都将得到奖励(成功概率为 1/2)；第四组被试被告知，成绩排在前 15 名的人可以获得奖励(概率为 3/4)。实验结果是，成功概率适中的第二组、第三组成绩最好；事先被告知成功概率太高或太低的组成绩会下降。也就是说，任务太难或者太容易的情况下，被试的成绩都会下降，只有任务难度适中，成功概率不高也不低时，个体才能得到最大的激励。

通过阿特金森的实验结果来思考在上面提出的问题中，在这 54 人中获得前三名才可能获得钢笔奖励,对于一般同学而言,这无疑是较为困难的任务,所以3支钢笔不能对这54名同学都产生激励作用。

(转引自:马利文,2002)

一、什么是成就动机

每个人都希望自己能够在生活中的某些方面或领域展现自己的独特能力。部分人的这种愿望可能会更强烈一些。面对同样的任务诱因,他们更快速高效地实施任务行为直至任务完成,在此过程中,最大范围地调动内外各方面的能力、经验、资源,争取任务的圆满完成。成就动机事实上就是这样的一种动力,在这种动力的驱使下,个体不断地准备和实践,追求出色表现和获取成功。

成就动机是人们在完成任务过程中力求获得成功的内部动因,亦即个体对自己认为重要的、有价值的事情乐意去做,努力达到完美地步的一种内部推动力量(Nicholls,1982)。

(一)高成就动机的主要特征

成就动机无疑是个体的人格特征之一,是个体行为的内部推动力量之一。高成就动机个体与低成就动机者相比,行为表现上的差异特征有哪些呢?

经典实验 9-2

德国心理学家蔡戈尼克曾经做过一个实验:要求一些人完成22种不同的任务,其中有一半任务必须坚持完成直至结束,另一半任务则在中途被终止。上述两种任务出现的顺序是随机排列的。实验结束后,要求被试立即回忆刚才做过的任务。结果未完成的任务平均被回忆起68%,完成的任务平均被回忆起43%。这种对未完成任务的记忆比完成任务的记忆保持得更好的现象就称作蔡戈尼克效应。

(引自 McGraw 和 Fiala,1982)

当你正在完成某一作业而在中途被迫停止后,你是否会返回去将其继续完成?研究发现,在中途被迫停止作业后,个体有返回去完成未完成任务的倾向。相比低成就动机者,高成就动机者更可能回忆起那些被中断的成就性任务,比如去做完没有解决的字谜游戏,也正是因为拥有高成就动机的特点使得他们在现实生活中显得不同于常人。

事实上,高成就动机者的行为表现有三个特征。首先,他们倾向于参加那些有挑战性的工作,那些较高难度的任务成功的概率较低,同时当其成功时对于完成者的肯定和认可会更高。也就是说,高成就动机者趋向于较高难度的任务和工作;低成就动机者趋向于较容易完成的工作和任务。其次,高成就动机者更喜欢那些需要个人承担结果的任务,而不愿意责任的分散。或许在他们看来,独立承担责任已经是对于他们能力的承认;更多人对责任的分担也意味着更多人对成果的分享,这对于高成就动机者来说是难以忍受的。最后,高成就动机者趋向于那些能够得到反馈的工作和任务,无论反馈结果的好坏。

（二）成就动机的测量

成就动机作为内在的个体特征,是个体在面对同样的诱因时产生不同的行为表现的重要影响因素。最开始的成就动机测量从成就动机的概念出发,通过主题统觉测验(thematic apperception test,TAT)来测量个体的成就动机水平。在主题统觉测验中,当被试在描述图片中的故事时,如果故事中的人物不断追求进步和成功,总是期望能够在某些方面表现突出,获得成就,我们就认为该被试的成就动机水平较高;相反的,如果被试的描述总是忽略主角带有主动追求成就意义的事件和表现,则有理由认为该被试成就动机水平较低。

通过主题统觉测验研究不同成就动机水平的个体行为差异,研究者有以下几点发现。首先,成就动机高的被试趋向于中等难度的、可以马上获得结果反馈的工作任务,在上述任务中,他们的精力投入会更多一些,同时获得成功的概率更高。其次,成就动机高者会争取承担更多的工作任务,而且工作效率较高,有些时候甚至为了取得更好的成绩而试图欺骗和违反规则。再次,成就动机较高者自控能力强,很少感到满足,总是表现出开拓进取的态势,并随时准备面对挑战和变化。最后,成就动机高者对可能带来个人成就的机会会全身心投入,对日常性的枯燥工作不感兴趣,喜欢具有一定创造力和需要独特见解的任务,如果完成这项任务会带来事业上的飞跃,他们就会比一般人更执著地投入工作(Brunel,1999)。以上行为特征被认为是被试在主题统觉测验中成就动机得分获得较高分数的关键事件和关键行为表现。

主题统觉测验在前提假设和具体操作方面存在局限性,信度和效度较低。此后的成就动机研究者尝试编制一些自陈量表来考查个体的成就动机水平。自陈量表的信度和效度较高,常用的有 T. Gjesme 和 R. Nygard(1970)编制的成就动机量表(AMS),由 Helmreich 和 Spence(1978)编制的工作与家庭取向量表(WOFO),由 Cassidy 和 Lynn(1989)开发的成就动机调查工具等。

人物介绍

戴维·麦克利兰(见图 9-1)是美国著名的社会心理学家。他出生在美国纽约州弗农山庄,1938 年获得了韦斯利昂大学心理学学士学位,1939 年获密苏里大学心理学硕士学位,1941 年获耶鲁大学心理学哲学博士学位。毕业后曾先后任康涅狄格女子大学讲师、韦斯利昂大学教授及布林莫尔学院教授,1956 年起担任哈佛大学心理学教授,1987 年后转任波士顿大学教授,同年获得美国心理学会杰出贡献奖。

图 9-1 戴维·麦克利兰
(David C. McClelland,1917—1998)

在心理学研究的早期活动中,麦克利兰就对个体的社会动机问题产生了浓厚兴趣,率先展开对个体需求和动机的研究。此后,他发展了期望学说,创制过测量成就的技术,进而对成就动机进行了更加深入细致的研究。他是当代研究动机的权威心理学家,提出了著名的三种需要理论(three-needs theory):成就需要(need for achievement);权力需要(the need for authority and power);亲和需要(need for affiliation)(McClelland,1961)。

在麦克利兰之前,精神分析学派和行为主义学派的心理学家已经对动机开展了一些研究。以弗洛伊德为代表的精神分析学派用释梦、自由联想等方法研究动机,但他们往往将人们的行为归于性和本能的动机,而且他们的研究方法和技术很难得出有代表性的结果,可重复性差,无法得出动机的强度。行为主义者用实验的方法研究动机,使得动机的强度可以测量,但是他们用动机实验研究动机,把动机定义得过于狭窄,主要集中于饥、渴、疼痛等基本生存的需要上,没有区分人的动机与动物的动机。麦克利兰认为他们对动机的研究都带有一定的局限性,他注重研究人的高层次需要与社会性动机,强调采用系统的、客观的、有效的方法进行研究,提出了个体在工作情境中的成就动机、权力动机和亲和动机等概念。

二、成就动机的作用

(一)成就动机与学习绩效

成就动机水平对于个体的学习绩效存在重要影响。成就动机作为社会性动机的一种,有内在和外在之分,它由三个部分组成。认知驱力,即个体渴望认知、理解和掌握知识及陈述和解决问题的倾向,它是内部动机。自我增强驱力,即个体有凭自己的才能和成就获得相应的社会地位的倾向,它是外部动机。附属驱力,即个体有为得到他人的赞扬而学习的倾向,它是外部动机。个体在学习过程中,不论内部还是外部成就动机,由于其价值取向激发的强度不同,就会出现性质不同的成就动机,进而就会对学业绩效产生不同影响。通常人们提及成就动机就会认为只要有成就动机,个体的学习就会取得成绩,必然会形成相应较高的学业绩效。事实上,成就动机也有积极与消极之分(蒋京川,刘华山,2004)。

个体成就动机的来源和价值取向的不同,将会导致不同的学业绩效的获得。只有那些不以功利为主要目的,为了追求最大化地发展个体的主体性的成就动机,才能有效促进学业绩效的提高,个体所具有的各种潜能才可能被挖掘出来进而得到相应的发展,最终将形成社会要求的学业绩效。

不同强度的成就动机对个体的学习绩效也会产生不同影响。成就动机处于中等水平时,学习效果最好。这时它的影响是积极的,有利于学习效率的提高。正如心理学家耶基斯和多德森的研究成果表明:各种活动都存在一个最佳的动机水平,动机不足或过分强烈都会使工作效率下降(见图9-2)。在学生的学习过程中,动机不足会降低学习效果,而当成就动机强度超过了适中的水平,将会有消极的影响,对

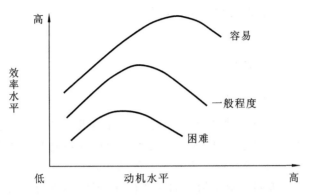

图 9-2 耶基斯-多德森定律示意图

学习行为产生一定的阻碍作用,同时还伴有焦虑和紧张,使学习效率下降,对学业绩效会有不良影响(Ausubel,1968)。

(二)成就动机与职业选择

研究表明,被试在主题统觉测验中测出较高的成就动机得分可以预测个体在其职业生涯上获取的成功。实际上,成就动机理论的相关研究的每一次发展和深化都与职业生涯管理领域的研究内容有着千丝万缕的联系。从麦克利兰研究成就动机对于社会优秀人才形成的重要性,到阿特金森的期望-价值理论引起的人们对成就动机与职业选择难度的广泛研究,再到人们将成就动机的目标、期望、价值、归因等成分加入到职业领域的综合分析中可见,成就动机与个体职业生涯决策之间的关系是非常的密切。

在主题统觉测验中有较高成就动机的人,并不是所有学科的成绩都很优秀,而是那些与其职业直接相关的课程成绩比低成就动机者优异得多。Mohone 评定了密歇根大学学生的智力测验分数、平均成绩、和专业相关的事业抱负,发现在职业选择上,有 81% 的高成就动机者的选择被认为是"符合实际的",而低成就动机者的选择"符合实际的"却只有 52%(Mohone,1960)。Mohone 的研究结果说明高成就动机者似乎能更好地评价自己,更了解未来自己将要从事的职业,并依据自己的能力和适应度选择自己的职业生涯。这仿佛是因为他们采取了更为明智和实际的策略,从而走上了适度挑战和风险的事业道路。

阿特金森将成就动机看成一个稳定的个性因素,用个体变量和环境变量的交互作用来解释人类的选择行为和风险决策行为(Atkinson 和 Murrell,1988)。Morris 等人在早期职业领域相关方面的研究认为,高成就动机的个体偏好中等难度的职业;低成就动机的个体,则对特别困难或特别容易的极端难度的职业有所偏好。这项研究结果部分地支持了阿特金森成就动机理论(Mohone,1987)。

此外,作为个体成就动机水平重要影响因素的职业归因风格、职业自我效能感、职业目标定向,可以预测个体职业决策行为及行为绩效(Singh 和 Greenhaus,2004)。

成就动机每个人都有,但强度存在着差别,成就动机高的人喜欢有挑战性的工作,会选择自己有信心取得成功的工作,愿意为取得事业上的成功持之以恒地付出艰辛的努力。

三、成就动机的合理引导

(一)成就动机合理引导的意义

美国心理学家麦克利兰曾经指出,个体的成就动机水平在通过系统的培养和训练后将得到显著提高。他还强调,成就动机培养的过程要遵循成就动机形成和提高的客观规律。首先,受训者对自己要有正确的认识,自信、自立,在综合考虑自我价值取向和生活现实的基础上确立恰当的成就目标,据此形成初步的成就动机;其后,为受训者提供更多的锻炼机会,在完成任务的过程中进一步发展成就动机;最后,及时为受训者提供训练任务结果的反馈。麦克利兰在提出有关成就动机设想和训练的计划后,在印度进行了具体的实践训练实验。参加实践训练的人都是中小企业的领导者,共52人,分成几个小组,每组12~15人,进行小组讨论和小组活动训练时间为10天。结果发现,在训练实施之后的6~10个月,70%以上的受训者在市场上表现得特别活跃,他们的商业活动比训练之前增加了两倍多。由此可见通过系统训练有提高个体的成就动机水平的可能性。

(二)成就动机合理引导的步骤

合理引导个体成就动机有以下几个步骤。

1. 改善个体的自我认知,确立恰当的成就目标,形成初步的成就动机

个体的成就动机往往与自我认知存在直接关系,要提高成就动机首先要改变低成就动机者的自我认知,改善他们对自己的态度,并在此基础上使个体确立自信、自立、自强的个性特征。当这些特征形成之后,个体对客观世界的认识将会发生明显的改变,他们本人也将会以全新的面貌面对生活。同时,当个体再面对新的行动时,必然会形成一个区别于以往的新的成就目标。

2. 对个体的行动给予充分和及时的反馈

成就目标的作用在于能够引导个体的行动,并成为个体行动的出发点和落脚点。在成就目标的指引下,个体开始付诸实践,并且期望获得关于行动结果的反馈,据此成为此后行动的参考和决策依据,直接影响此后行动的成就动机水平。

无论行动的结果如何,必须为行动个体提供结果的反馈,否则,个体将会对自己的行动一无所知,就更谈不上行动反馈对后续行动的调节与控制作用了。因此,个体成就动机的培养过程必须持续地提供及时充分的行动反馈。

3. 实施有针对性的归因训练

归因可以从对行动结果的解释上来影响后续行动的动机。在遭遇失败时,成就动机高的个体,把失败归因于自己不努力等可控因素。他们相信,只要努力就可能带来成果,所以表现得更具耐心和持久,期望下一步取得成功。而成就动机较低的个体,往往把失败归因于自己能力不高,任务太难等不可控因素,因此对改变现状缺

乏信心。更为严重的是,如果一旦这种心理固化,个体就会感到自己是低能者,再努力也不行,即形成习得性无助(learned helplessness)。所以及时引导失败个体合理归因,把失败恰当地归因于可控因素,防止个体出现习得性无助,在成就动机培养训练中尤为重要。

4. 开展不同层次成就动机的具体训练

成就动机属于社会性动机,对社会中的个体工作和学习等行为都有巨大的推动作用。心理学的研究结果表明,成就动机是一个复杂的社会性动机系统,它既包含较深的人格特质成分,又包含较深层次的价值观念成分,同时还有原因方面的情境性成分。不同层次的成就动机各有差别,其构成成分的复杂性、可塑性及塑造时间的长短既存有差异,又相互影响。正是因为成就动机的这种特殊性,归因或其他形式的单纯的成就动机训练只能涉及较浅层次的价值认知成分或部分情境性成分,不会对成就动机的提高产生根本性的影响。换言之,只有在科学理论指导下,系统安排适应不同层次的成就动机的具体训练,并使其与同效的自我监控学习行为指导结合起来,才能使个体看到自己的进步、发展和提高,体验到自己努力的有效性和价值,才能通过行动的成功唤起积极的情绪情感反应,最终提高目标明确的成就动机、成就行为及其效果。如表9-1所示为成就动机测量量表。

表 9-1　成就动机测量量表

(1) 我喜欢新奇的、有困难的任务,甚至不惜冒风险。
(2) 我讨厌在完全不能确定会不会失败的情境中工作。
(3) 我在完成有困难的任务时,感到快乐。
(4) 在结果不明的情况下,我担心失败。
(5) 我会被那些能了解自己有多大才智的工作所吸引。
(6) 在完成我认为是困难的任务时,我担心失败。
(7) 我喜欢尽了最大努力能完成的工作。
(8) 一想到要去做那些新奇的、有困难的工作,我就感到不安。
(9) 我喜欢对我没有把握解决的问题坚持不懈地努力。
(10) 我不喜欢那些测量我能力的场面。
(11) 对于困难的任务,即使没有什么意义,我也很容易卷进去。
(12) 我对那些没有把握能胜任的工作感到忧虑。
(13) 面对能测量我能力的机会,我感到是一种鞭策和挑战。
(14) 我不喜欢做我不知道能否完成的事。
(15) 我会被有困难的任务所吸引。
(16) 在那些测量我能力的情境中,我感到不安。
(17) 那些我不能确定是否能成功的工作,最能吸引我。
(18) 对需要有特定机会才能解决的事,我会害怕失败。
(19) 给我的任务即使有充裕的时间,我也喜欢立即开始工作。
(20) 那些看起来相当困难的事,我做时很担心。
(21) 能够测量我能力的机会,对我是有吸引力的。

续表

> （22）我不喜欢在不熟悉的环境下工作,即使无人知道也一样。
> （23）面临我没有把握克服的难题时,我会非常兴奋、快乐。
> （24）如果有困难的工作要做,我希望不要分配给我。
> （25）如果有些事不能立刻解决,我会很快对它产生兴趣。
> （26）我不希望做那些要发挥我能力的工作。
> （27）对我来说,重要的是做有困难的事,即使无人知道也无关紧要。
> （28）我不喜欢做那些我不知道我能否胜任的事。
> （29）我希望把有困难的工作分配给我。
> （30）当我遇到我不能立即弄懂的问题,我会焦虑不安。

第二节 驾驭欲望：权力动机

一、权力动机的定义

什么是权力动机？心理学家认为：个体存在于组织的目的包括经济目的、权力目的及对外目的三种,具体是指试图影响他人和改变环境的驱动力。温特（D. G. Winter,1973）认为存在两种权力动机：积极的权力动机和消极的权力动机。前者常常表现为竭力去谋求领导职位或在组织社会中的权力；后者则通常表现为害怕失去权力,为自己的声望忧虑。个体可能通过酗酒、斗殴和展示已有的权力等行为来满足这方面的需求。其中,权力动机是个体存在于组织中的首要目的,是驱动个体组织行为的主要原因,同时也是影响个体行为结果和产出的重要因素。权力动机能够潜在的影响个体的行为,乃至动机、态度、信念、情绪、价值观、期望等内在心理特征。权力动机即组织中的个体为了达到自由支配有限资源、支配其他个体、避免受到其他个体的影响和支配的目的,从而产生的主观强烈的对于权力、地位或身份的渴望和追求。

归结起来,权力动机应该有四个特征。其一,权力动机的主观内在属性。权力动机是主观的心理效应,是潜藏在个体内心的主观内驱力。其二,权力动机的外在行为属性。权力动机必须是驱动个体完成一系列行为来实现对权力和更高支配地位的追求。其三,权力动机的作用对象必须是稀缺资源或组织中的其他个体。稀缺资源的支配是实现权力目标的必要条件,而对于其他个体的支配或抗拒其他个体的支配,是权力动机实现的主要表现。由此,权力动机的对象既可以是某些条件下的稀缺资源,也可以是组织内部的其他个体。其四,权力动机除了包括对支配他人和资源的需要外,还包括对免于受到他人支配和影响的需要。

权力动机和成就动机是截然不同的两种动机属性。成就动机的作用更多地体现在个体对于自身发展和提高的内在要求,而权力动机的作用方向是对外的,希望通过控制资源和其他个体来实现自身的支配需要。此外,权力动机可以分为个人利益取向的权力动机和社会利益取向的权力动机两种(McClelland,1982)。

组织管理者或有志于成为组织管理者的个体,可能在测量权力动机的 TAT 测验中获得更高的得分。实验发现,在学生会工作的男性大学生比之普通男性大学生在 TAT 测验中更多地表现出对于自己懦弱表现及害怕失去权力的焦虑(Joseph Veroff,1958)。

权力动机较高者的行为表现包括:①通过选举获得职位;②在组织中有自己的小团体,并据此发挥自己的影响力;③拥有相当的财富,获得声望;④愿意冒风险以赢得公众的注目;⑤积极参加组织活动,参与争论;⑥更愿意从事可以支配和指挥他人的工作和职业,比如部门主管、教师、心理咨询师等;⑦为自己编撰以控制和胜利为主题的故事,善于控制自己的情绪,特别是愤怒和兴奋;⑧表现出冲动和攻击的行为(Jenkins,1994;McAdams,1985)。

二、高权力动机者的组织行为

高权力动机者是通过哪些方式来发挥其影响以实现其权力需要的呢?一项研究结果指出了高成就动机者在团体和组织中影响他人决策的方法和途径(McAdams,Rothman,Lichter,1982)。该研究将 200 名普通大学生被试分为 40 组,给每组指定一名领导者,其中 20 组领导者是 TAT 权力动机测验高分者,另 20 组领导者为测验的低分者。所有小组的大学生被要求讨论一个关于某公司是否应该销售某种微波炉的商业案例。针对每组大学生讨论的过程和结果,研究者发现,比之低权力动机者,高权力动机者在团体讨论中较少提出建设性意见,较少提供或留意备选方案,较少考虑公司商业活动中的道德问题。由此研究者认为,高权力动机倾向于"团体思维"的决策方式,更有大局观,宁愿从组织的角度考虑事件的影响。

另一项研究的结果也支持上述结论。研究的内容是安排一批企业管理专业的学生作为监督者指挥工人工作(Fodor 和 Farrow,1979)。研究发现,较高权力动机的监督者将会向总是迎合和讨好他们的工人示好。同时,高权力动机者认为较之那些不太重要的、较少发挥影响和提供效能的下属而言,自己对于团队有着更强的影响力,并发挥了更大的作用,此外,高权力动机的男性大学生更愿意与那些不受欢迎或不太出名的人交往,也许他们认为这样的朋友才不会威胁到自己的威信和支配地位。

研究权力动机的性别差异有一些很有意思的结果。实际上,从总体水平上而言,男性个体和女性个体的权力动机水平差异不显著。但是,高权力动机的男性和女性却有着截然不同的恋爱婚姻模式。其中,高权力动机的男性对婚姻存在许多不满,有更多的性伴侣和更高的离婚率。女性中高权力动机者和低权力动机者却没有在恋爱和婚姻方面表现出明显差异。一些研究者认为,性别差异是因为女性通常受到更多责任感的教导,诸如保护幼小的弟妹等,由此在生活中扮演一些保护者和领导者的角色,在成年后表现得更富责任感和支配地位,较多地从组织和小团体的角度考虑问题,而非个人自己。

三、权力动机与个体身心健康

研究表明,较高的权力动机可以预测个体身心疾病的发生。权力动机可能成为感染某些疾病的因素(Jemmott,1987)。有证据表明,高权力动机者在追求强大和影响力的过程中,如果遇到困难或挫折,其交感神经系统的活动性往往会增强(Fodder,1984,1985),而交感神经活动长时间的增强很可能给身体的平衡状态带来超常的压力。McClelland(1979)指出,当个人对权力的需求受到限制、挑战和阻碍时,强烈的权力动机很可能会降低其对各种疾病的免疫力。

为证实这一观点,McClelland 和 Jemmott(1980)对 95 名学生进行了 TAT 测试,并得到他们健康问题和生活压力的自我报告。结果表明有高权力动机、强自控倾向、成就压力较大的被试报告在近 6 个月里有比其他人更多的身体疾病,而且他们所报告的疾病往往非常严重。

有很强自控能力和很强权力动机的人很可能以某种方式抑制其挫折感,从而严重破坏了其内在的心理平衡。由此在面对生活事件时,高权力动机者更多选择否认、逃避等消极应对方式,较难摆脱生活事件的负面影响,导致一般甚至严重的心理问题。

权力动机小测验

权力动机是指试图影响他人和改变环境的驱动力。具有权力动机的人希望自己对组织有所影响,并且愿意为此承担风险。一旦得到这一权力,他们可能会建设性或破坏性地使用它。请根据你的实际情况完成下列选择,可以帮助你测量你的权力动机水平。

1. 我很在意能否得到别人的尊敬(　　　)。
A 是的;B 有时候是;C 不是的
2. 在单位中,你希望扮演的角色是(　　　)。
A 做出决策的人;B 出谋划策的人;C 无所谓
3. 为了成为单位的主管,你愿意付出很大的代价吗?(　　　)
A 是的;B 依实际情况而定;C 不是
4. 当同事工作时,你是否对他进行指导?(　　　)
A 喜欢主动对他进行指导;B 介于 A 和 C 之间;C 当他向我请教时,才指导他
5. 下面几种工作类型,你更喜欢(　　　)。
A 带领他人的工作;B 独立性的工作;C 依情况而定

结果解释和说明

评分标准为 A 为 3 分,B 为 2 分,C 为 1 分。总分 5~7 分为较低,您的权力欲望并不强烈;总分 8~12 分为一般,您有进取心,但权力欲望并不强烈;总分 13~15 分为较高,您控制和影响他人的权力欲望强烈,喜欢担任管理一类的职务,而且通常比低权力欲望的人做得更好,但如果您的权力动机过于强烈,您就需要寻找一个合适

的途径满足您的愿望。

第三节　情感需求：亲密动机

一、亲密动机的界定

成就动机和权力动机推动个体采用更为有效和有影响力的方式来表现自己，试图控制乃至操纵周围环境和组织中的其他个体。与此同时，对于亲密和谐的人际关系的向往却常常驱使个体朝着一个完全不同的方向努力，从而实现有亲密人际交往的生活(Bakenm,1966)。亲密动机被认为是：试图建立、维持与一个人或一群人积极情感关系的动机。高亲密动机的个体会通过电话、书信和探望的方式拉近和维持与其他个体的距离，同时对组织活动保持强烈的兴趣，他们更为在乎组织中他人对于自己的评价和情感距离，喜欢组织生活和通过团队合作来完成工作。

个体体验到的对于亲密人际交往活动的动力趋向，也被称为归属的需求(Baumeister 和 Lear,1995)。亲密动机的产生可以追溯到个体的婴儿时期：3～5个月大的婴儿与其看护者愉悦的面对面游戏，以及1岁半婴儿与其看护者建立的依恋关系，都预示了亲密动机的发生和存在(Bowlby,1969)。上述与看护者的互动游戏及依恋关系的建立，可以视作个体早期为确保与看护人建立稳固关系的本能行为。所以个体对于亲近、温馨和支持性人际关系的需求可能是人类进化而来的适应性特征(Hogan,1987)。早期人类是以狩猎和采集食物的方式生活在群体中，具有亲密动机的个体才能够较好地依附于群体，获得食物，抵御攻击。亲密动机驱使下的合作关系，是形成和维持早期人类群居生活的重要基础。在 TAT 测验中，高、低亲密动机者表现出显著的个体差异。

二、亲密动机的行为特征

亲密动机被描述为这样的一种个体内部驱力：使个体乐于建立与他人的稳固亲密关系，追求亲近、温馨、相互信任、交流互动的人际关系体验。也就是说，高亲密动机者在生活中对于人际关系的亲密感体验的追逐，将体现出显著的与低亲密动机者不同的行为特征。归纳下来，高亲密动机者的主要行为特征包括：①总是愿意花很多时间来思考自己与他人的关系；②积极参加朋友间的聚会和聊天；③有他人陪伴的时候，情绪更加积极和正面；④与人交谈时情绪高涨，保持笑容，有更多的眼神接触；⑤交谈的内容多涉及爱与友谊，并夸大自己从中获取的快乐的情绪体验[①]。

另外，高亲密动机者的生活状态并非总是被集会、游戏等组织生活所充斥，他们

[①] McAdams,1983,1989；McAdams & Constantian,1983；McAdams,Jackson & Kirshnit,1984；Woike,1994.

并没有更多的户外活动,一般也很少是善于交际、性格外向的人。他们更喜欢近距离、一对一的交流和情感沟通,而非喧闹的群体活动。同时,当他们身处于那些大型的社交群体活动时,他们愿意挺身而出来促成和维持群体的和谐与一致。他们认为群体活动的意义在于每一个人参与的机会,而非总是由固定的某一两个人来当主角(McAdams 和 Power,1981)。所以,高亲密动机者常常被熟识的人冠以真诚、热忱、天真、仁爱、温和、有礼貌、不霸道、不以自我为中心等标签。

权力动机和亲密动机都与个体积极参与的组织生活有关。但是个体受到上述两种不同的驱动,在组织生活中,是否表现出迥异的行为特征呢？McAdams 的一系列调查,探究了亲密动机和权力动机分别对于个体在群体生活中的友谊模式的影响。其中一项研究,105 名学生被要求写出 TAT 故事,并详细描述近两周内发生的 10 件友谊佚事。友谊佚事被定义为至少持续 15~20 分钟的与朋友的任何形式的沟通和互动。结果发现:高亲密动机的学生倾向于报告与某个人一对一的交流互动,而非大型的群体互动,并且讲述的都是与该事件中参与者自身有关的私人信息。因此,高亲密动机者与低亲密动机者相比,与朋友在一起时,更倾向于谈论和倾听他们的恐惧、希望、感受、想象和其他非常亲密的话题。而高权力动机者却更倾向于大型的群体互动及有权利意义的活动(如制订计划、交谈、帮助他人)。通常,亲密动机与更重视和他人在一起相处、分享秘密,相互之间有更多共同之处的友谊模式有关;而权力动机则与强调事情的结果、帮助、功利性的友谊模式相关。

三、亲密动机与心理健康

关于亲密动机与心理健康的关系,一般认为高亲密动机者能够获得较高的心理健康水平。一项对 30 岁左右成年男性的调查发现,他们中较高亲密动机者,在 47 岁时将获得较好的心理适应状况。也就是说,在成年早期就具有高亲密动机的男性,在进入成年晚期时,将获得更高的婚姻满意度、工作满意度及由此带来的较高收入。还有研究[①]发现,在医学院中,高亲密动机的学生(低权力动机者)将表现出最好的健康状况。McAdams 等人 1987 所做的一项研究,在美国全国范围内抽样选取了 2000 名成年人进行了 TAT 测试和一个有计划的访谈。结果发现,高亲密动机的女性个体将获得更高水平的的幸福感和生活角色(工人、母亲、妻子)满足感;对于男性个体而言,高亲密动机则预示着更少的生活压力和不确定性。

第四节 动机理论和动机研究方法

一、动机理论

动机为个体提供了人生的动力和目标指向,同时也直接影响着个体的认知、情

---

① Aeldow,Daugherty & McAdams,1988

绪情感和行为表现。动机的研究有着深远的历史渊源,但是心理学家在20世纪初才开始关注动机的研究。

在当时甚嚣尘上的达尔文进化论的影响下,出现了以 McDougall、Freud、Lorenz 为代表的动机本能论。他们试图用人的类动物行为和潜意识行为来解释人类所有的行为,认为人与动物本质上无甚区别。动机本能论者将所有个体行为驱动的原因都归结为本能,有循环论证的嫌疑,对种类繁多,各具特征的动机缺乏具体的解释和演绎能力。

动机驱力论是继动机本能论之后出现的另一动机理论,动机驱力论坚信个体的行为源于驱力,如果某一行为或该行为的结果能够降低此前产生的驱动力,那么同样的驱动力将导致此后更多的同样的行为反应,以此降低该驱力。他们还重新定义了习惯的概念,认为使驱力得以降低的刺激物、行为及行为结果与驱力本身的多次联结会导致习惯的养成。同时习惯也将成为新的驱力来影响个体行为。

Hull 的动机驱力论在 20 世纪 30 至 50 年代掀起了动机研究的第一次高潮。关于个体行为动机的解释和原因探析众说纷纭,仅靠驱力来解释个体行为的原因捉襟见肘。把驱力作为人类行为的解释显得过于消极和狭隘。

此时,动机需要理论应运而生。动机需要理论的解释力度相对而言更大。该理论从需要的角度具体阐明人类行为的源泉和动力,包括 Murray 的需要-压力理论和 Maslow 的需求层次理论。Murray 认为,人格是个体需要与环境限制相互作用的产物。需要作为一种力量能组织和驱动个体的知觉、智力和动作等,以使现有的低水平的环境和条件朝向一定的方向发生改变。Maslow 则强调从整体上来构建动机理论,认为需要并不是某个器官的需要,而是一个人整体的需要,因此,动机研究不仅应该关注生理器官主导的生理需要,而且更应该重视人特有的高层次需要。Maslow 的理论使动机研究的范围囊括了个体更高意义的行为和需要,强调了传统心理学所忽视的问题,并对管理和教育等实践领域产生了深刻的影响。

20世纪50年代之后,随着认知心理学的兴起,动机研究又发生了重要的转折,心理学家开始关注动机过程中的认知因素。认知动机论成了动机研究的主流,如 Festinger 的认知失调论认为,人有保持认知一致性的要求,如果不一致就会使人的行为有所改变从而达成一致;Weiner 的归因论则认为,我们对行为的归因会影响以后动机的形成和新需要的产生;当代的目标理论则是认知取向的动机心理学的新发展。

目标理论把动机概念提升到人格研究领域的中心地位。也就是说,要理解人类行为,特别是要理解其模式化的、组织化的、带有指向性的性质,就必须考察动机。目标理论以其独特的视角,将导致行为的情感因素、动机力量与认知过程有机结合起来。该理论关注的是目的性的、目标指向的行为,认为个体的行为是围绕着目标追求而组织起来的,人是一个组织化的目标系统。目标概念的出现是令人欣喜的,因为目标具有将认知、情感、动机和行为联系起来的功能,具有整合人格并使行为组织化、模式化的功能。目标理论更明确地突显出动机的意志功能,使得人格心理学中的动机研究被视为对人格的意志功能的研究。如此,当代的人格心理学体系又与传统心理学的知、情、意三分法不谋而合。

对动机的探索是心理学为人性研究所作的重要贡献之一。不同的动机理论从不同的层面加深了人们对人性的了解。然而,当前已有的成果不能满足人文学科和社会科学对心理学为人性研究奠定基础的期望。现阶段动机研究呈现出观点纷呈、各持己见的局面,缺乏共同认可的具有整合性的理论。

二、动机的研究方法

由于研究者对动机的理解不同,研究动机的取向和角度不同,因而所采用的研究方法也各不相同。对于动机研究,最常用的研究方法有:访谈法、投射法和实验法等。

(一)访谈法

访谈法通过访谈来获取个体行为的内在原因,可以分为两种形式:直接询问和深度访问。直接询问的特点在于开门见山,直接获取某一具体行为背后的驱动因素。就好像小时候老师问我们:"你为什么欺负女同学?""你为什么在课本上乱写乱画?"通过直接询问获得的材料真假难以确定。原因在于:首先,个体只愿意讲述对自己有利或被社会称许的动机,而隐瞒对自己不利或被社会负面评价的动机;其次,用直接询问探究被试的动机,被试报告的是对于过去行为动机的回忆,而回忆的准确性得不到保证;最后,个体的行为动机具有不同的意识水平,并非所有行为的动机都能够进入个体意识。

采用深度访问可以一定程度上减少上述问题的影响。深度访问的访谈时间较长、避免照本宣科地问问题,根据进程自由地提出与行为动机有关的各种问题,被试可以天南地北无所不谈。通过多次的深度访问,观察记录被试的非言语行为,与言语回答相对照,就可以对个体的行为动机有较准确的了解和把握。

(二)投射法

个体的行为动机更多情况下是无意识或被有意压抑的。投射法试图通过特定的工作任务和条件设计让个体不知不觉地把内心的动机泄露出来。Murray 与 McClelland 共同编制的主题统觉测验(TAT),就是用投射法研究动机的主要工具。以下是用主题统觉测验(TAT)研究成就动机的例子,测验提供四张图片(如果用于团体可改为幻灯片)。图片内容分别为:①工作情境(两人在机器旁);②读书情境(一男孩在书桌前看书);③父子情境(父子俩相对立着);④幻想情境(一男孩独坐做沉思状)。被试看完每张图片后,根据自己的想象编出一个故事。故事的内容应包含以下四个问题:①图中所示的是什么人?他或他们正在做什么事?②这件事是怎样演变成的?③他或他们接下来的行动是什么?④这件事将来会有怎样的演变?最后研究者根据被试编出的故事内容,分析推测其成就动机状况。

除了主题统觉测验之外,还可以用完成句子法来研究人的行为动机。该方法是由研究者说出一些句子的上半句,要求被试将它们补充成一个完整的句子。例如,可以用下列一些句子来探索人们的交友动机:"友谊是……";"我最好的朋友……"等。分析被试完成句子的内容就可以研究其行为动机。

投射法的好处在于避免向被试直接提问,隐藏了研究者所要考察的问题,从被试在行为表现中自然流露的内在的思想情感及行为倾向来推测其行为动机,避免了访谈法固有的缺点。但是,要使用好这种方法,研究者必须要经过专门的训练、有较高的心理学知识和修养,才能尽量避免解释的主观性和刻板性。关于投射法的应用我们将在第十三章中具体介绍。

(三)实验法

实验法也是研究个体动机的有效工具。根据课题性质,选择实验室实验法或自然实验法,采用科学合理的实验范式,可以考察个体及其行为的动机性质和强度水平。

沙赫特(Schachter,1959)曾用实验法研究亲密动机。在实验开始前,将被试集中在一间放有许多电器设备的实验室里,并告知被试将要进行的实验内容是考察电击对于人类行为的影响。此外,两个被试组的实验指导语内容不同:其中一组(高恐惧组)被告知电击很痛,但不会造成永久性伤害;另一组(低恐惧组)被告知电击不会带来明显的痛感,也不存在任何的后遗症伤害。此后,主试告诉两组所有被试:在等候实验正式开始前的一段时间,被试可以一个人等候,也可以找其他人来一起等候。实验结果发现,更多的高恐惧组被试表示想与别人一起等候电击实验的开始。由此说明恐惧感越高,个体亲密动机水平越高。

实验法研究个体行为动机也存在其局限性。实验法通常以被试的客观行为来推论其行为动机。然而,行为与动机之间的关系并非一一对应:不同的动机可以驱动相同的行为,也会驱动不同的行为;一种行为可以同时由一种或几种动机驱使。所以,当前动机的各种研究方法都有一定的适用性,也都有其局限性。只有根据研究的实际情况,选用一种研究方法,或者几种研究方法结合起来,才能较准确地考察个体的行为动机。

温故知新

麦克利兰注重研究人的高层次需要与社会性动机,强调采用系统的、客观的、有效的方法进行研究,提出了个体在工作情境中的成就动机、权力动机和亲密动机。

成就动机是人们在完成任务过程中力求获得成功的内部动因,亦即个体对自己认为重要的、有价值的事情乐意去做,努力达到完美地步的一种内部推动力量。高成就动机者的行为表现有三个特征:趋向于较高难度的任务和工作;喜欢那些需要个人承担结果的任务,而不愿意责任的分散;趋向于那些能够得到反馈的工作和任务,无论反馈结果的好坏。成就动机水平对于个体的学习绩效存在重要影响。成就动机有内在和外在之分,包括三个部分:认知驱力,自我增强驱力,附属驱力。成就动机还有积极与消极之分。不同强度的成就动机会对个体的学习绩效产生不同影响。成就动机处于中等水平时,学习效果最好。各种活动都存在一个最佳的动机水平,动机不足或过分强烈都会使工作效率下降。成就动机高的人喜欢挑战性工作,回避冒险性强的工作,倾向选择自己有信心取得成功的工作,愿意为取得事业上的成功持之以恒地付出艰辛的努力。

权力动机是组织中的个体为了达到自由支配有限资源、支配其他个体、避免受到其他个体的影响和支配的目的,从而产生的主观强烈的对于权力、地位或身份的渴望和追求。从总体水平上而言,男性个体和女性个体的权力动机水平差异不大。但是,高权力动机的男性对于婚姻和恋爱有更高的需求,存在许多不满,有更多的性伴侣和更高的离婚率。较高的权力动机可以预测个体身心疾病的发生。

亲密动机被认为是试图建立、维持与一个人或一群人积极情感关系的动机。亲密动机的产生可以追溯到个体的婴儿时期。它使个体乐于建立与他人的稳固亲密关系,追求亲近、温馨、相互信任、交流互动的人际关系体验。高亲密动机者的主要行为特征包括:愿意花很多时间来思考自己与他人的关系;积极参加朋友间的聚会和聊天;有他人陪伴的时候,情绪更加积极和正面;与人交谈时情绪高涨,保持笑容,有更多的眼神接触;交谈的内容多涉及爱与友谊,并夸大自己从中获取的快乐的情绪体验。高亲密动机者常常被熟识的人冠以真诚、热忱、天真、仁爱、温和、有礼貌、不霸道、不以自我为中心等标签。

Maslow强调从整体上来构建动机理论,认为需要并不是某个器官的需要,而是一个人整体的需要,因此,动机研究不仅应该关注器官主导的生理需要,而且更应该重视人特有的高层次需要。Maslow将个体的需要从低到高排列为:生理需要,安全需要,归属与爱的需要,尊重需要,自我实现需要。

动机研究最常用的研究方法包括访谈法、投射法和实验法等。

本章练习

1. 名词解释

动机　访谈法　实验法　投射法

2. 什么是成就动机、权力动机、亲密动机,三者有怎样的联系与区别?
3. 简述成就动机、权力动机的测量方法。
4. 怎样的成就动机、权力动机、亲密动机才能促进个体的健康发展?

本章参考文献

[1] McGraw K. O., Fiala J. Undermining the Zeigarnik Effect: Another Hidden Cost of Reward[J]. Journal of Personality, 1982, 50:58-66.

[2] Brunel P. C.: Relationship between Achievement Goal Orientation and

Perceived Motivational Climate on Intrinsic Motivation[J]. Medicine Science in Sports,1999,9:365-374.

[3] McClelland D. C. The Achieving Society[M]. Princeton:Van Nostr,1961.

[4] Ausubel D. P.. A Cognitive View:Educational Psychology[M]. New York:Holt,Rinebart and Winston,1968.

[5] Mohone. Manual for the Career Decision Scale. Odessa:Psychological Assessment Resources,1987.

[6] Singh R.,Greenhaus J. H.. The Relation Making Strategies and Person 2 job fit:A Study of Vocational Behavior,2004,64(1):198-221.

[7] 郭永玉.人格心理学　人性及其差异研究[M].北京:中国社会科学出版社,2005.

[8] 兰迪·拉森,戴维·巴斯.人格心理学——人性的科学探索[M].2版.郭永玉,译.北京:人民邮电出版社,2011.

[9] 郑雪.人格心理学[M].广州:暨南大学出版社,2007.

[10] 弗里德曼,舒斯塔克.人格心理学　经典理论和当代研究[M].4版.许燕,译.北京:机械工业出版社,2011.

[11] 黄希庭.人格心理学[M].杭州:浙江教育出版社,2002.

[12] 伯格.人格心理学[M].7版.陈会昌,译.北京:中国轻工业出版社,2002.

[13] 许燕.人格心理学[M].北京:北京师范大学出版社,2009.

[14] 凯罗林·默夫,奥泽拉姆·阿杜克.人格心理学新进展[M].北京:北京师范大学出版社,2007.

[15] 马利文.阿特金森的成就动机实验[J].人民教育.2000,6:53-54.

第十章 幸福和积极心理学

内容概要

幸福和积极心理学
什么是积极
积极心理学的研究对象和内容
什么是幸福感
幸福感的相关研究
气质型乐观与乐观的解释风格
乐观的相关研究
在困境中学习乐观
感恩的经典理论
感恩的相关研究

第一节 面向多数人：积极心理学的兴起

问题引入

20世纪下半叶以来，西方心理学重点研究的是抑郁、焦虑、妄想、种族歧视、暴力等主题，注重研究如何消除人们的消极心态，却很少研究如何让人们拥有积极、快乐、幸福等积极心态。比如弗洛伊德的精神分析心理学，其人性假设是性恶论，其研究对象是"被魔鬼驱使的奴隶"。也许，这些研究可以使我们的痛苦从10分减至0分，但无法使我们的快乐从0分升至10分。那么，究竟有没有倡导积极生活的心理学呢？它和幸福有什么关系呢？带着这些问题，我们一起进入本章的学习。

一、积极的概念

"积极（positive）"一词来源于拉丁语"positum"，原意是实际的、潜在的。现在，一般将"积极"理解为建设性的、正向的。因此，积极既包括外部的、显露的积极，也包括内部的、潜在的积极。

·第十章 幸福和积极心理学·

积极这一概念最早在心理学界被系统提出始于1958年美国著名心理学家玛丽·贾赫德(Maria Jahoda)在其著作《当代积极心理健康观》中提出的新概念——积极心理健康。1997年,马丁·塞利格曼(Martin E. P. Seligman)担任美国心理学学会主席一职。在他的大力倡导下,西方心理学界掀起了一场声势浩大的积极心理学的运动。

 视野拓展

积极心理健康

美国心理学家玛丽·贾赫德(1958)提出,积极心理健康包括以下六个方面的含义。

(1) 对自我的态度。包括自我认识、自我悦纳、角色认同等。

(2) 成长、发展与自我实现。能坚定不移地朝向自我的目标迈进,尽全力采取积极的行动以完成自我实现。

(3) 整合的人格。人格是由三个层面整合而成的。第一是心力的平衡,即本我、自我与超我三者处于平衡状态的人格结构。第二是对人生的统一性态度,即理想自我与现实自我之间的一致性。第三是对压迫的抗衡,即对挫折的忍受程度或自我强度。

(4) 自律性。能独立于其所处的环境,能自我作决定。

(5) 对外界环境知觉的精确程度。它是指个体对于周围的外在世界了解到何种程度或能否使自己认知的误差缩小到最低的限度。

(6) 支配环境。它是指人不仅要适应环境,还要能主动地向其所处的环境挑战,改变自己的生存环境。

(转引自:吴增强,1998)

目前,积极心理学中的"积极"主要包括三个方面的含义:其一,强调积极是对集中于心理问题研究的病理学式心理学的反动;其二,倡导心理学研究人类心理的积极方面;其三,强调用积极的方式来对心理问题做出适当的解释,并从中获得积极的意义。

二、积极心理学的渊源和兴起

积极心理学(positive psychology)是20世纪末在西方心理学界兴起的利用心理学目前已比较完善和有效的实验方法与测量手段来研究人类的力量和美德等积极方面的一个心理学思潮(Sheldon和King,2001)。积极心理学将其矛头直接对准消极心理学,向统治西方心理学界近一个世纪的消极心理学模式提出了质疑与挑战。积极心理学的创始人和主要代表人物是美国当代著名的心理学家马丁·塞利格曼。

人物介绍

美国积极心理学创始人——马丁·塞利格曼

图 10-1　马丁·塞利格曼
(Martin E. P. Seligman, 1942—)

马丁·塞利格曼(见图 10-1),美国积极心理学创始人和主要代表人物。目前,他在美国宾夕法尼亚大学心理系担任首席教授,同时他也是美国积极心理学中心的主管。

塞利格曼出生于美国纽约州奥尔巴尼。在家乡读书时,他喜好篮球运动,后因未能入选篮球队而开始钻研学问。13岁那年,他开始专心读书,弗洛伊德的《精神分析引论》给他留下了深刻的印象。1964年,塞利格曼毕业于普林斯顿大学,随后进入宾夕法尼亚大学师从 R. 所罗门学习实验心理学。1967年,塞利格曼获得哲学博士学位,执教于科内尔大学。1970年他回到宾夕法尼亚大学,在该校的精神病学系接受了为期一年的临床培训后,于1971年重返心理学系。1976年他晋升为教授,在此期间出版了《消沉、发展和死亡过程中的失助现象》一书。1978年,他与 L. 艾布拉姆森和 J. 蒂斯代尔一起,重新系统地阐述了失助型式,提出有机体的品质决定了失助的表达方式。

积极心理学的研究渊源最早可以追溯至20世纪30年代心理学家推孟(Terman)关于天才和婚姻幸福感的研究及荣格关于生活意义的研究。其后,人本主义思潮所倡导的人类潜能运动对积极心理学运动产生了深远的影响。

20世纪中后期,全球科学技术突飞猛进,经济快速发展。人们的物质水平极大提高,但与此同时,人们的生活质量、精神追求及幸福体验却相对落后,抑郁、焦虑、妄想等病态心理越来越突出。传统心理学似乎已经无力把人们指向幸福之路。因此,在人本主义思潮的影响、客观社会环境的呼唤及传统心理学研究陷入困境等因素的作用下,积极心理学应运而生。

 视野拓展

消极心理学

消极心理学主要是以人类心理问题、心理疾病诊断与治疗为中心。在20世纪的心理学研究中,病态、幻觉、焦虑、狂躁等备受关注,而健康、勇气、爱和幸福等很少涉及。

对《心理学摘要》(Psychological Abstracts)电子版的搜索结果表明,1887—2000年,关于焦虑的文章有 57 800 篇,关于抑郁的有 70 856 篇,而提及欢乐的仅有 851

篇,关于幸福的有 2 958 篇。(Myers D,2000)这些数据显示,一个多世纪以来,似乎大多数心理学家的任务是理解和解释人类的消极情绪和行为。

"积极心理学(positive psychology)"这个词最早于 1954 年出现在马斯洛的著作《动机与人格》中,当时该书最后一章的标题为《走向积极心理学》(toward to positive psychology)(王晓鲜,2009)。

然而,1954 年积极心理学的首次亮相并没有引起世人的注意。直到 1998 年塞利格曼在美国心理学会(American psychological association,简称 APA)年度大会上明确提出把建立积极心理学作为自己任职 APA 主席的一大任务时,积极心理学才开始正式受到世人的关注。

 视野拓展

心理学的三项使命

塞利格曼在其文章《构建人类的优点:被心理学遗忘的使命》中指出,心理学应担负起三项使命:

(1) 研究消极心理,治疗人的精神或心理疾患;
(2) 致力于使人类生活得更加丰富充实,有意义;
(3) 鉴别和培养有天赋的人。

(Seligman,1998)

1998 年 1 月,第一次积极心理学会议在墨西哥的艾库玛尔(Akumal)召开。这次具有历史意义的会议确定了积极心理学研究的三大支柱(积极情感体验、积极人格及积极的社会组织系统)和研究方法(主要借助过去心理学已形成的研究方法和技术)。1999 年,为了鼓励研究者投入到对积极心理学的研究之中,美国 Templeton 基金会专门设立了"Templeton 积极心理学奖",奖金总额高达 20 万美元。其中,第一名的奖金额就高达 10 万美元。

1999 年 11 月,积极心理学在美国内布拉斯加州林肯市召开了积极心理学第一次高峰会议。会议进一步明确了积极心理学的发展方向——成为世界性的心理运动。美国著名期刊《美国心理学家》和《人本主义心理学》分别于 2000 年和 2001 年刊出了积极心理学专辑。2002 年,由斯奈德(Snyder,C. R.)和洛佩兹(Lopez,Shane J)主编的《积极心理学手册》(Handbook of Positive Psychology)的出版正式宣告了积极心理学的形成。2002 年,第一届国际积极心理学学术会议在美国召开。2003 年,欧洲第一次积极心理学会议举行。

在 2004 年初出版的《现代心理学史》第八版中,美国心理学史家杜·舒尔兹(D. Schultz)把积极心理学称为当代心理学的最新进展之一。

目前,积极心理学已从美国扩展到加拿大、日本、欧洲和澳大利亚等地,成为一种世界性潮流,受到越来越多人的关注。

三、积极心理学的研究对象和内容

积极心理学面向多数人,将普通人作为其研究对象。这就要求心理学家在研究人类的能力、潜能、动机等时必须持有一种更加开放的、宽容的、欣赏性的眼光。积极心理学倡导用积极的心态来解读人的各种心理现象和心理问题,赋予其积极的意义,并以此激发个体潜在的积极品质和积极力量。它强调,心理学不仅要帮助有心理问题的或心理不健康的人应对心理问题、恢复心理健康,更要帮助那些处于正常境况下的大多数人学会如何保持积极的心态、如何创造高质量的生活,从而使每一个人都能获得幸福。

| 心语感悟 |

非常遗憾,心理学家对如何促进人类的繁荣与发展知之甚少。一方面是对此关注不够,更重要的另一方面是他们戴着有色眼镜妨碍了对这个问题的价值的认识,实际上,关注人性积极层面更有助于深刻理解人性。

——Kennon M. Sheldon 和 Laura King

积极心理学是致力于研究人的发展潜力和美德等积极品质的一门科学。(Kennno M. Sheldon 和 Laura King,2001)它倡导研究爱、感激、智慧、宽恕、控制和乐观等人类的美德。许多传统的心理学研究分支如临床心理、咨询心理、社会心理、人格心理和健康心理学等,都可以在积极心理学的范式中将注意力转向对于人性积极面的研究。(Snyder 和 Michael,2000)

具体来说,积极心理学的研究内容主要集中在以下三个方面。

(1) 主观层面:积极情绪体验的研究。在这个层面,积极心理学主要研究个体对待过去、现在和将来的积极主观体验。在对待过去方面,主要是骄傲、安宁、满足、满意、成就感等积极体验。在对待现在方面,主要是高兴、幸福、身体愉悦等积极体验。在对待将来方面,主要是乐观、希望、充满信心等积极体验。积极心理学把增进个体的积极体验作为培养个体积极人格的最主要途径。B. L. Fredrick(2001)提出了拓展-建构(broaden-and-build)理论(the broaden-and-build theory of positive emotions)。该理论认为,包括高兴、满足、自豪、兴趣等在内的积极情绪都可以拓展人们瞬间的知行能力,并能构建和增强包括体力、智力、社会协调性等在内的个人资源,进而使人的心理幸福感不断提升,并实现个人的成长(见图10-2)。

(2) 个体层面:积极人格特质的研究。每一个人都蕴藏着积极的人格特质。这个观点是积极心理学建立的基础。基于此,积极心理学主要研究人格中关于积极力量和美德的人格特质。这些人格特质为个体提供了稳定的内在动力,成为个体产生幸福感的重要源泉。个体只有不断培养这些积极的人格特质,生活才会更充实,才能收获幸福。

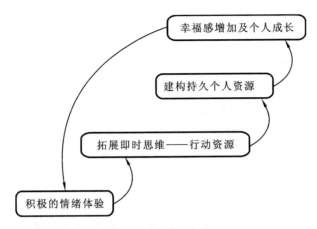

图 10-2　积极情绪的拓展-建构理论（Alan Carr，2008）

 视野拓展

6 种美德和 24 种人格特质

Peterson 和 Seligman 在 40 个不同的国家选取研究对象,对研究所得来的数据进行行为评价,从东西方历史、文化及宗教中找到共通的观点,归纳出普遍重视的 6 种美德,并以此作为品质优势分类基准,采用特质论的观点,确认了 24 种一般被辨识的、存在于个体内的品质优势。

① 智慧与知识（wisdom and knowledge）:创造性（creativity）、好奇心（curiosity）、开放胸襟（open mindedness）、好学（love of learning）、观点见解（perspective）;

② 勇气（courage）:真诚（authenticity）、勇敢（bravery）、坚持（persistence）、热心（zest）;

③ 人道（humanity）:仁慈（kindness）、爱（love）、社交智慧（social intelligence）;

④ 正义（justice）:公平（fairness）、领导能力（leadership）、合作（teamwork）;

⑤ 节制（temperance）:宽恕（forgiveness）、谦虚（modesty）、谨慎（prudence）、自我控制（self- regulation）;

⑥ 超越（transcendence）:对美与卓越的欣赏（appreciation of beauty and excellence）、感戴（gratitude）、希望（hope）、幽默（humor）、笃信（religiousness）。

（转引自:吴沙,赵玉芳,2009）

（3）群体和社会层面:积极的组织系统的研究。积极心理学认为,家庭、学校和社会等组织系统的建立以人的主观幸福感为出发点和归宿。对于这个领域,积极心理学主要研究怎样建立积极的家庭、学校和社会等组织系统,从而使个体在最充分发挥潜能的同时感受到最充分的幸福。

总的来看,积极心理学为自己设定的这三个研究领域包含着一个共同的预设——心理学致力于研究人的积极品质。这个预设既体现了积极心理学的一贯立场和原则,也体现了积极心理学对其理论应用性和实践性的强调。

 视野拓展

积极品质已成为人类本性的组成部分

拉瑞·P.纳希(2003)实验发现,刚出生一天的婴儿在听到别的婴儿的哭声后,会立即哭起来,而且哭得很厉害,但他对自己哭声的录音却不做出任何反应。这一现象已在多个相关的实验研究中得到验证。这证明了同情、关心等积极品质在人类进化过程中已成为人类本性的组成部分。

积极心理学相信,每一个人的内心深处都有两股相互对立、相互抗争的力量。一股代表压抑、侵犯、恐惧、愤怒等消极力量,另一股代表快乐、高兴、和平、幸福等积极力量。这两股力量谁能战胜对方取决于个体给哪一股力量注入了新的能量,取决于个体为哪股力量创造了适宜它生存的心理环境。

 心语感悟

如果一个人只潜心研究精神错乱者、神经病患者、心理变态者、罪犯、越轨者和精神脆弱者,那么他对人类的信心势必越来越小……因此对畸形的、发育不全的、不成熟和不健康的人进行研究,就只能产生畸形的心理学和哲学。

——亚伯拉罕·马斯洛

目前,积极心理学有四个主要的、新的发展领域。第一个新领域是积极教育。积极教育被定义为传统技能和幸福教育。第二个新领域是积极健康。这是研究是否存在一种积极健康的状态,而不仅仅是不生病的状态。第三个新领域是积极神经学。这是研究当人处于积极情绪及积极人际关系状态时,大脑机制是什么?也就是说,传统上研究疾病的神经科学和积极心理学的关系是什么?第四个新领域是关于美国陆军的。这是研究那些将上战场的即将面临艰难和危险的人,是否能够防止创伤后的应激障碍(PTSD)和其他多种创伤后果、是否可以教给士兵关于感受幸福的技巧,从而建设一支在心理上、心灵上、社会中和家庭里更健康的军队。(赵昱鲲,2010)

四、积极心理学的研究方法

虽然积极心理学对传统心理学进行了批评和反思,但积极心理学并没有全盘否定传统心理学的研究方法,而是继承西方主流心理学的实证主义方法论取向,吸收并借助了主流心理学在其发展过程中所积累的实验法、量表法、问卷法和访谈法等方法。C.R. Snyder 和 Shane J. Lopez(2002)认为,实验设计及复杂的统计学分析在病理学模式范围内所取得的所有进展都可以为积极心理学所用。一种切实可行又持久发展的积极心理学不是建立在哲学沉思的基础上,而是建立在可用经验来验证,用最新的统计学程序来分析的基础之上的假设。

与此同时,积极心理学还借鉴了人文心理学的研究方法,学习和继承了人文心理学质化研究的优势,吸收了经验性、过程定向(process-oriented)研究方法的优点,并在此基础上不断创新。从中不难发现,在方法论上,积极心理学比传统主流心理学更为灵活、多样和宽容。

2004年,积极心理学以世界心理诊断标准《精神诊断与统计手册》(第四版)(《Character Strengths and Virtues: A Hand book and Classification》,4th ed)为模型建立了CSV标准。因此,积极心理学不仅仅是对消极心理学研究对象和内容的超越,同时也包括了对研究方法的超越和创新。正因为如此,积极心理学没有成为狭隘的心理学,而是更好地促进了心理学的发展和繁荣,并为超越心理学研究中长期存在的科学主义和人文主义两种文化取向的分裂和对峙提供了整合的可能。

尽管目前积极心理学的理论体系还不够完善,操作模式还不够成熟,研究领域还有待拓展和深化,但它顺应了时代发展和心理学学科发展的潮流,取得了丰硕的成果,极大地充实了心理学知识体系,拥有很大的发展空间和发展前景。

第二节 完满人生:幸福与人格

问题引入

"当人们做不到一些事情的时候,他们就会对你说你也同样不能。""如果你有梦想的话,就要去捍卫它。""那些自己没有成材的人会说你也不能成材。""有了目标就要全力以赴。"对于这些话,你是否觉得熟悉?没错,它们都出自于美国电影《当幸福来敲门》(The Pursuit of Happiness,2006)。电影讲述了一个濒临破产、老婆出走的落魄业务员是如何担负起父亲的责任及如何通过不懈努力成为股市交易员而后成为知名金融投资家的励志故事。可以说,故事主人公最终收获了幸福。那么,究竟什么是幸福呢?幸福离我们远吗?

一、生活中的人们幸福吗

在现实生活中,许多人常常觉得压力大,紧张、烦躁、焦虑、郁闷等情绪总是笼罩心头,挥之不去,幸福感更是无从谈起。

积极心理学致力于研究如何获得幸福,并在世界范围内掀起了一场声势浩大的"幸福革命"。积极心理学倡导人文主义与科学主义的统一,倡导通过心理学的力量指导人们追求幸福生活、获得幸福体验,使心理学的价值取向和研究目标转入促进人类良好发展的轨道上来。

心语感悟

任何时候都为幸福做好准备。

——(德)摩里兹·石里克(Moritz Schlick,1882—1936年)

巴斯(Buss,2000)认为,幸福既是人类追求的目标,又是人类进化过程中形成的一种心理机制。人类只有对其充分关注,才能真正改善人类自身的生活质量。

对幸福感和主观良好状态的研究是塞利格曼积极心理学研究的核心目标。为了更好地研究幸福、探究幸福之源,他提出了一个著名的"幸福公式",即"总幸福指数=先天的遗传素质+后天的环境+你能主动控制的心理力量"($H=S+C+V$)。

也就是说,在塞利格曼看来,人的幸福感取决于三个因素:一是先天的遗传素质;二是个体所处的环境(包括家庭环境、学校环境、社会环境等);三是个体主动控制的心理力量,这种力量越强大,越能积极调配心理资源、维护心理健康,个体就能感到越来越幸福。

 心讯前沿

幸福的基准点理论

积极心理学提出了幸福的基准点理论。该理论认为每个人都有一个幸福的基准点。人生中的大喜大悲可能短暂地改变人们的情感体验,但人们会很快地回到由遗传所决定的幸福基准点。

有研究者追踪研究22位彩票大奖的获奖者,将他们的幸福水平与22位匹配者对照研究,结果发现在短暂的幸福体验高潮后,他们又回到了与对照组同样的幸福水平。还有研究发现在灾难中受到创伤的人仍然有能力回复到最初的幸福基准点,如在地震灾难过后,孩子们满脸笑容地重返校园的情境印证了这种回复幸福的基准点的惊人力量。

(陈浩彬,苗元江,2008)

二、幸福就在身边

虽然不同地区、不同宗教信仰、不同历史文化背景下的人们对幸福的理解各有不同,但是追求幸福生活一直是人们普遍关注的问题。

幸福感是积极的心理状态,指感觉良好,它包括三个方面(刘翔平,曾新美,2008)。

其一,正性情绪状态。它包括兴趣、快乐及满意感。兴趣使人主动探索世界、追求新经验,快乐使人乐在其中、乐此不疲,满意感使人享受过去与现在。

其二,积极的心理机能。①自我接纳。对自我持肯定的态度,能够接纳自我的不同方面,对过去感觉积极。②个人成长。有持续发展和潜能实现的感觉,对新经验持开放的态度,能不断地感觉到知识和效率;③生活目标。生活有确定的目标、信念及方向感,认为现在和过去的生活都是有意义的。④环境控制。能够感觉到个人有能力管理复杂的环境,能够选择或创造适合个人的环境,善于承担生活责任。⑤自主。能独立地、内在地调节个人行为,能自觉抵制社会压力对思维和行动的影响,用个人的标准来评价自我。

其三,社会安宁。①社会接纳。以积极的态度对待他人,相信他人是善良的。②社会实现。相信社会是积极的,积极、主动地关心社会,相信社会具有积极成长的潜能。③社会归因。相信奉献社会是有价值的,认为团体活动有意义。④社会凝聚。将社会看成理智的、有逻辑的、可预测的。⑤社会整合。能将个人归属于某一社会团体,与团体分享生活,将团体看成是幸福的来源。

心语感悟

幸福的家庭都是相似的,不幸的家庭各有各的不幸。

——列夫·托尔斯泰

从哲学传统看,关于幸福的概念模型与理论框架可以归结为两种基本类型,即快乐主义(hedonic)与实现主义(eudemonia)。前者认为,幸福感由愉快与快乐构成。凡是快乐的就是幸福的,不快乐的就是不幸的。后者认为,幸福不仅仅是快乐,而且是人的潜能的实现,人需求的本质是对生命的需求。

从心理学研究来看,存在两种研究模型或范式。一种是从快乐主义发展过来的主观幸福感(subjective well-being,简称 SWB)的研究范式,以迪纳(Diener)等为代表。迪纳(2000)认为主观幸福感有三个特点。第一,它存在于个体的体验之中,具有主观性。个体是否幸福主要依赖个体自己定的标准,而不是依赖他人或外界的标准,每个人都可能具有同等程度的幸福,但它们的实际标准却不一样。第二,主观幸福感不仅指个体没有消极的情绪体验,更指个体能体验到积极的情绪。第三,主观幸福感不是个体对某一个单独的生活领域评价后的体验,而是个体对整个生活评价后的总的体验。积极心理学认为,主观幸福感是一个人积极体验的核心,同时也是其生活的最高目标。

另一种研究模型是由实现主义演化过来的心理幸福感(psychology well-being,简称 PWB),主要以沃特缦(Waterman)为代表。沃特缦(1993)认为,幸福发生在人们从事与深层次价值匹配的活动并全身心投入的时候。只有在这样的情况下,人们才能感受到强烈的活力,才能展现真实的自我,才能体验到幸福。

三、幸福感的相关研究

幸福感是一种复杂的情感体验。个体在成长过程中能够感受到的幸福受着各种各样因素的影响。目前,国内外研究探讨了个体身心健康、年龄、收入、社会关系、生活事件、认知机制、人格等与幸福感的关系。

(1) 身心健康与幸福感。健康是革命的本钱,是个体获得幸福并体验幸福的前提条件。个体的身心健康直接影响着幸福感,在老年人中尤为明显。

(2) 年龄与幸福感。早期研究认为,年龄可以作为预测幸福感的一种重要指标。随着年龄的增长,个体的幸福感呈下降趋势。然而近年来更多的研究表明,随着年龄的增长,人们的生活满意度不但不会下降,反而有升高的趋势,至少会保持稳定。

(3) 收入与幸福感。对于经济状况与主观幸福感的关系,目前国内外研究者一直存在争论。很多研究发现,收入与主观幸福感正相关。但也有研究表明,收入与主观幸福感无相关关系。可见,经济状况对幸福感的影响是相对的。

(4) 社会关系与幸福感。家庭关系、婚姻关系、朋友关系等是影响个体幸福感的主要因素。不同类型的社会关系为个体提供了满足不同需要的社会支持。而社会支持可以提高个体的自尊水平、减轻抑郁程度、增强自我控制的能力等。

(5) 生活事件与幸福感。目前,人们对生活事件是否会影响主观幸福感还没有完全一致的看法。有许多研究者认为,每个人都有一套平衡的生活事件水平和主观幸福感水平。当生活事件处于平衡水平时,主观幸福感不变。一旦生活事件偏离正常水平,主观幸福感也会随之升高或降低。

(6) 认知机制与幸福感。许多研究对自尊、应对方式等认知机制对幸福感的影响进行了探讨。跨文化研究结果表明:自尊和幸福感的高相关关系并不具有普遍性;应对方式与主观幸福感各维度中等程度相关;消极应对方式与主观幸福感负相关;积极应对方式与主观幸福感正相关。

(7) 人格特质与幸福感。作为影响幸福感的一个重要因素,对人格与幸福感关系的探讨一直受到研究者的关注。目前,对人格与幸福感的研究都围绕在"大三"人格或"大五"人格这两个方面展开。而且,人格与幸福感关系的研究也不可避免地涉及文化因素。人格对幸福感的影响以文化为中介。

  心讯前沿

有种基因让你更幸福

据澳大利亚《悉尼先驱晨报》网站 2011 年 5 月 7 日报道,英国研究人员日前发现,人类幸福感的强弱主要是由 5-HTT 基因(即 5-羟色胺转运体基因或血清基转运基因)决定的。

科学家们早就发现,每个人都携带两个 5-HTT 基因副本,它们分别来自于父体和母体,这种基因副本又有长短之分,在不同人体内会分别以三种方式进行组合:两个长副本、两个短副本或长短副本各一个。

而这项由英国伦敦政治经济学院行为经济学家让·埃马纽埃尔·德内夫领衔的最新研究发现,携带两个长基因副本的人比携带其他基因副本组合的人更容易知足和幸福,感觉最不幸福的人是携带两个短基因副本的人。

上述结论是研究人员针对美国 2 500 多名参试者的基因数据进行分析后得出

的,他们首先让参试者回答一些有关生活满意度的问题,然后对参试者给出的答案和他的基因类型进行对比。

结果显示,与携带两个短 5-HTT 基因副本的人相比,携带两个长 5-HTT 基因副本的参试者对生活感到非常满意的几率高 17%;携带一个长基因副本的人对生活感到非常满意的几率比不携带任何长 5-HTT 基因副本的人高 8.5%。

德内夫表示,最新的研究解释了为什么有些人总是比其他人更容易感到幸福和满足。他告诉英国《独立报》记者:"5 年至 10 年后,人们能够读取自身基因组。如果发现自己看见半杯水时容易情绪低落,可以想想'可能是我的生物学特性愚弄我,让我觉得现状没那么美好'。"不过,他强调其他很多因素尤其是生活阅历对一个人的感受也非常重要,"快乐极其复杂,你在整个人生旅途中的经历也将对快乐与否起支配作用"。

(今日早报(杭州),2011)

四、幸福不会从天而降

幸福不会从天而降,幸福需要努力争取。可以说,幸福是一种能力,也是一种智慧。人们可以通过主动和有意义的活动创造幸福。Sheldon 和 King(2001)认为,通往幸福生活的道路有三条:积极情感(positive feelings)、积极投入(active engagement)及寻求意义(seeking meaning)。只有通过这三种途径,才能收获幸福,实现幸福生活。

迈尔斯(Myers,2000)从人类怎样是幸福的及谁是幸福的人着手,用实证的方法证明了年龄、性别和收入等不是幸福的来源,只有社会性支持、对未来充满希望、有明确的生活目标等集体层面和个体层面的积极品质才是幸福的真正来源(见图 10-3)。

图 10-3　幸福从哪来

 人格测验

你的幸福是什么样的

指导语:下面的这些问题反映了人们的一些想法,请如实选择能够描述你真实生活状态的选项。直接在"□"中打"√"即可。

1. 我的生活有崇高的目的。
□非常像我　　　□大多数时候像我　　　□有些像我
□只有一点像我　□一点也不像我

2. 生命如此短暂,要懂得享受生活中的快乐。
□非常像我 □大多数时候像我 □有些像我
□只有一点像我 □一点也不像我

3. 我寻找能够挑战自己的技术和能力的机会。
□非常像我 □大多数时候像我 □有些像我
□只有一点像我 □一点也不像我

4. 生活中,我保持着出色的表现。
□非常像我 □大多数时候像我 □有些像我
□只有一点像我 □一点也不像我

5. 无论是在工作的时候还是玩的时候,我都很忘我地投入。
□非常像我 □大多数时候像我 □有些像我
□只有一点像我 □一点也不像我

6. 我经常全神贯注于我所做的事情。
□非常像我 □大多数时候像我 □有些像我
□只有一点像我 □一点也不像我

7. 我很少被周围发生的事情所干扰。
□非常像我 □大多数时候像我 □有些像我
□只有一点像我 □一点也不像我

8. 我有责任让世界变得更美好。
□非常像我 □大多数时候像我 □有些像我
□只有一点像我 □一点也不像我

9. 我的生活有长久的意义和价值。
□非常像我 □大多数时候像我 □有些像我
□只有一点像我 □一点也不像我

10. 无论我在做什么,赢对我而言都是很重要的。
□非常像我 □大多数时候像我 □有些像我
□只有一点像我 □一点也不像我

11. 在选择要做什么的时候,我常常考虑这件事是否令人愉悦。
□非常像我 □大多数时候像我 □有些像我
□只有一点像我 □一点也不像我

12. 我所做的事情对社会很重要。
□非常像我 □大多数时候像我 □有些像我
□只有一点像我 □一点也不像我

13. 我希望比别人更有成就。
□非常像我 □大多数时候像我 □有些像我
□只有一点像我 □一点也不像我

14. 我同意这样一句话:"生命是短暂的——想吃什么就吃什么!"

☐非常像我 ☐大多数时候像我 ☐有些像我
☐只有一点像我 ☐一点也不像我

15. 我喜欢做充满刺激的事。
☐非常像我 ☐大多数时候像我 ☐有些像我
☐只有一点像我 ☐一点也不像我

16. 我喜欢竞争。
☐非常像我 ☐大多数时候像我 ☐有些像我
☐只有一点像我 ☐一点也不像我

计分方法 "非常像我"为5分;"大多数时候像我"为4分;"有些像我"为3分;"只有一点像我"为2分;"一点也不像我"为1分。追求快乐维度的得分是第2、11、14、15题的得分之和;投入维度的得分是3、5、6、7题的得分之和;追求意义维度的得分是1、8、9、12题的得分之和;胜利维度的得分是4、10、13、16题的得分之和。

测试结果 在追求快乐、投入、追求意义、胜利这四个维度中,得分最高的维度就是你通往幸福的主要途径。如果四个维度的得分都高于15分,说明你正拥有一个非常充实的生活,并且对自己的生活感到高度满意。如果四个维度的得分都低于9分,说明你目前的生活比较空虚,而且对这种状态非常不满意,你应该为此做点改变。如果你在某一两个维度上得分较高,说明你可能拥有满意的生活,尽管你可能正在寻求机会使生活更加幸福。

五、幸福是可以测量的

幸福需要用心体验和感受。每一个人对幸福的体验都不相同。不同的人对同一种生活会产生明显不同的主观幸福感,同一个人在不同的生活中又会产生同样的主观幸福感;而不同的生活对于不同的人既会产生不同的主观幸福感也会产生同样的主观幸福感(任俊,2006)。

在对幸福的研究中,国内外出现了很多测量和评价幸福的技术。例如,幸福感指数量表(WBIS)、纽芬兰主观幸福度量表(MUNSH)、总体主观幸福感量表(GWB)等。

在众多测量幸福的方法中,最受欢迎的测量方法就是生活满意度量表。(Christopher Peterson,2010)该量表中一共包括5个条目,每个条目分为7个级别,从1(强烈不同意)到7(强烈同意)。结果从最低分5分到最高分35分。

(1) 在大部分方面生活与我的理想状态很接近。
(2) 我的生活条件非常优越。
(3) 我对生活感到很满意。
(4) 目前为止,我已经得到了对我的生活来说非常重要的东西。
(5) 如果再活一次的话,我不会试图改变任何东西。

被测试者在如实回答了这些问题之后算出自己的总分,然后参照对总分的解释,就可以对个人在最近一段时间内的满意度或幸福状况有一个大致的了解。

生活满意度量表的总分如果在 5～9 分之间,表示极不满意;10～14 分表示很不满意;15～19 分表示不太满意;20 分表示中性;21～25 分表示基本满意;26～30 分表示很满意;31～35 分表示非常满意。

除了运用量表测量和评估幸福之外,还有行为记录法、他人评价法、访谈法、随机情绪取样法等测量和评估技术。

第三节 乐观、感恩:积极心理学领域的其他研究专题

问题引入

有这样一则故事,说的是甲、乙两人头顶炎炎烈日,行走在一片广袤无垠的沙漠上。脚下是滚烫的沙子,眼前是一望无尽的路程。

甲在喝水的时候,不小心把水壶给打翻了,手忙脚乱之后,还是把水洒了一半。随即,甲陷入深深的自责:"我怎么会这么倒霉,水已经空了一半,这可怎么办?我还能不能走出沙漠?我会不会渴死呢?"在甲看来,一场大难即将临头。

恰巧,乙也遇到了同样的问题。面对洒去一半的水,乙却感到很庆幸:"我的运气还不错!水没有全部漏光,瓶子里还有一半水呢,我仍然有希望走出沙漠。"

面对同样一件糟糕的事情,甲、乙之间的区别在哪?谁是乐观的?谁是悲观的?这其中的原因是什么呢?带着这些问题,我们一起进入本节的学习。

一、积极面对生活

近年来,乐观逐渐成为西方积极心理学的研究热点。积极心理学认为,乐观是一个具有高度收益的心理特征。目前的研究趋势从聚焦如何理解并减轻事件的负面影响转移到了如何增强事件的积极因素和主观幸福感,从考究悲观抑郁的原因转移到了探明如何培养和保持乐观上(Evangelos C. Karademas,2006)。

心语感悟

当评价者把某种社会性的或物质性的未来期望视为社会上所需要的、是对他有利的或能为他带来快乐时,与这种期望相关联的心境或态度就是乐观。

——泰格(L. Tiger)

(一)乐观研究的起源

人类对乐观的阐述最早可以追溯到德国哲学家戈特弗里德·威廉·莱布尼茨(Gottfried Wilhelm Leibniz,1646—1716)。他当时把乐观界定为一种天然的理性范畴的认知方式。他认为,美好、善良有时也会伴随着一定的痛苦,但最终必定会战

第十章 幸福和积极心理学

胜邪恶。

悲观概念的出现要比乐观概念的出现晚近一个世纪。这个概念最早由德国哲学家亚瑟·叔本华(Arthur Schopenhauer,1788—1860)和英国诗人塞缪尔·泰勒·柯勒律治(Samuel Taylor Coleridge,1772—1834)系统提出。叔本华的悲观人生理论对悲观做了深刻的诠释。叔本华否认人具有理性的本质,认为人的意志和欲望是人的本质。他把悲观看成是人类固有的实体,是一种痛苦必然战胜幸福的实在物,而乐观只是悲观的暂时中断。

所以,从乐观和悲观这两个概念的产生来看,它们最初并不是一一对应的。前者是指以思维为核心的一种认知方式,而后者则是指情感、意志的一种指代物。

(二)乐观和积极人格

乐观是一种重要的积极情绪,是个体面向未来的一种积极体验。积极心理学人格的研究着眼个体水平,主张人格研究不仅要研究心理问题的人格特质和影响人格形成的消极因素,更要致力于研究人的良好人格特质及影响人格形成的积极因素,我们把这种人格研究倾向称为积极人格研究。(任俊,叶浩生,2005)积极心理学的积极人格理论来源于塞利格曼早期的习得性无助研究。1967年,塞利格曼通过对狗在遭遇多次不可躲避的电击后放弃努力的现象进行实验研究,提出了习得性无助(learned helplessness)理论。

依据这个研究,塞利格曼把习得性无助行为推广到了人类。他认为,在许多人身上存在的抑郁、自卑、自闭等心理问题的主要原因很可能是形成了习得性无助,即形成了一种对现实和情境无可奈何的看法。正是这种看法使个体不能产生进一步行动的动机。于是,塞利格曼以人为对象来进行相关的研究。在实验中,他让一些儿童做一项非常困难的活动(有时甚至可以说是不可能完成的活动,如让儿童走一个根本不能走出的迷宫等)。实验结果表明,一些儿童在经历了多次失败之后,对与先前相类似的活动产生了习得性无助。

 心灵钥匙

乐观是抵抗疾病的第一道防线

悲观的人比乐观的人更早开始生病和健康退化,乐观者比悲观者更长寿。塞利格曼曾经测试了70个心脏病人。在17个被测试为最悲观的病人中,有16个没有经受住第二次心脏病发作而去世了;而19个被测试为最乐观的人中,只有1个人被第二次心脏病的发作夺去了生命。

(三)气质型乐观与乐观的解释风格

目前,积极心理学对乐观的研究存在两种截然不同的理论及其测量方法。一种认为乐观是人格特质,以普遍的乐观期待为特征;另一种认为乐观是一种解释风格。

气质性乐观(dispositional optimism)最早由 Scheier 和 Carver 提出。它是指对

未来事件结果的一种积极的总体期待。这种期待具有跨时间和跨情境的一致性,是个体在社会化过程中发展起来的一种类化的期望,并成为了一种稳定的人格特质。(王延松,2010)

 心语感悟

在你发现自己的解释形态是悲观的以后,有两种方法改变它。一是想办法转移自己的注意力;二是去反驳它。长期来说,反驳比较有效,因为有效的反驳后,以前那个念头就比较不会再出现,遇到同样的情境不会再沮丧。

——塞利格曼

在塞利格曼看来,乐观是一种解释风格。一个人选择乐观还是悲观,取决于其解释问题与对待挫折的方式是采取乐观的归因方式,还是悲观的归因方式。塞利格曼用归因方式来区分乐观和悲观,将乐观风格归纳为三个简单的要素(3P)——持久性(permanence)、普遍性(pervasiveness)及个性化(personalization)。

如表 10-1 所示,乐观型解释风格在对已发生的事件进行解释时,对正面事件作长期的、普遍的和内部的归因,而对负面事情作暂时的、具体的和外在的归因,而悲观型解释风格恰恰相反。

表 10-1 乐观型解释风格和悲观型解释风格

解释风格	对失败和挫折的解释	对成功和成就的解释
乐观型	暂时的,具体的,归于外部原因,影响限于此时此地	长期的,普遍性,归于内部原因,影响到做其他事情
悲观型	长期的,普遍性,归于内部原因,影响到做其他事情	暂时的,具体的,归于外部原因,影响限于此时此地

(四)乐观的相关研究

1. 乐观与身心健康

乐观有助于产生积极情绪,有助于增强人的免疫系统,可以在人感到迷茫的时候提供精神力量的支持,从而维护个体的身心健康。

2. 乐观与生活满意度

乐观主义者往往具有较高的生活满意度和职业成就感。乐观主义者的生活满意度显著高于悲观主义者,而抑郁水平显著低于悲观主义者。

3. 乐观与幸福

乐观可以明显地预测主观幸福感。乐观能直接或间接成为调节人们幸福水平的中介。乐观主义者更多采用以问题为中心的策略和情绪调控方法,有助于提升幸福感。

4. 乐观与人格

乐观是一种稳定的人格特质。个人乐观是传统人格结构模型中的一部分,而社会乐观反映了个人对社会和环境的看法,自我效能乐观则处于中间的位置。而且,"大五"人格可以预测个人的乐观水平。

5. 乐观与未来预测

气质性乐观能够很好地预测个人的未来,能够改善心境,避免或降低精神疾病的出现,提高个体对现实环境的适应能力。对未来发生的事件,乐观主义者往往倾向于积极的、正向的预测,相信未来有好结果产生,而悲观主义者恰恰相反。

 视野拓展

正常人的积极错觉

在积极心理学看来,正常人都有一种认知上的自我欺骗倾向,即"积极错觉"。适度的积极错觉具有自我保护功能,它对于保持心理健康是有好处的。积极错觉主要有三个表现:①自我提升,不切实际地将积极特征归于自己身上;②控制幻想,倾向于高估自己对于环境及结果的控制能力;③不现实的乐观,对于自我及未来抱有脱离现实的积极期待。

(五)在困境中学习乐观

乐观是对抗生活中各种挫折的缓冲剂,越是身处困境之中,越应该努力学习乐观。塞利格曼曾将归因风格理论融入 ABCDE 认知疗法中。他认为,学会乐观最根本的途径就是了解自己的 ABC,即识别和评估不幸(A)、信念(B)和结果(C),然后通过与自己的悲观思想进行争辩(D),从而激发(E)成功的动力和行为。他强调,用 ABCDE 认知疗法可以有针对性地改变悲观的思想,并且通过自我对话可使个人态度转向并保持乐观。成功学大师拿破仑·希尔(见图 10-4)曾经用了整整 20 年的时间走访了包括罗斯福、福特、卡耐基、爱迪生等在内的 504 位美国成功人士。他发现,积极人格是一个人取得成功的关键。为此,他提出了培养积极人格的 36 条建议。

(1)切断与你过去失败经验的所有关系,消除脑海中那些与积极心态背道而驰的所有不良因素。

(2)找出你一生中最希望得到的东西,并立即着手计划去得到它,借着帮助他人得到同样好处的方法,去追寻你的目标。

(3)确定你需要的资源之后,便制订如何得到这些资源的计划,计划不要过度,也不要不足。别以为自己要求的太少,记住,贪婪是使野心家失败的最主要因素。

图 10-4 拿破仑·希尔

(Napoleon Hill,1883—1969),全世界最早的现代成功学大师和励志书籍作家,曾经影响美国总统及其百万读者的成功学大师。

(4) 培养每天说（或做）一些使他人感到舒服的话（事），你可以利用电话、明信片或一些简单的善意动作来达到此目的。例如给他人一本励志书，就是为他带来一些使他生命充满奇迹的东西。日行一善，可永远保持无忧无虑的心情。

(5) 使自己了解，打倒你的不是挫折，而是你面对挫折时所抱的心态，训练自己在每一次不如意的处境中都能发现与挫折等值的积极的一面。

(6) 务必使自己养成精益求精的习惯，并以你的爱心和热情发挥你的这项习惯，如果能使这项习惯变成一种嗜好，那是最好不过了。如果不能的话，至少你应该记住：懒散的心态，很快就会变成消极的心态。

(7) 当你找不到解决问题的答案时，不妨帮助他人解决问题，并从中寻找你需要的答案。在你帮助他人解决问题的同时，你也正在洞察解决自己问题的方法。

(8) 每周阅读一次爱默生的《报酬随笔》，直到你能领悟其中的道理为止。这本著作可使你确信，能从积极心态中获得好处。

(9) 彻底"盘点"一次你的财富，你会发现你拥有的最有价值的财富就是健全的思想，有了它你就可以自己决定自己的命运。

(10) 与你曾经以不合理态度冒犯过的人联络，并向他致以最诚挚的歉意，这项任务越困难，你就越能在完成时摆脱掉内心的消极心态。

(11) 我们在这个世界上到底能占有多少空间，与我们为他人利益提供服务的质与量及提供服务时的心态成正比。

(12) 改掉你的坏习惯，连续一个月每天减少一项恶习，并在一周结束时反省一下自己的成果。如果你需要顾问或帮助，切勿让你的自尊心使你却步。

(13) 要知道自我可怜是独立精神的毁灭者，请相信你自己才是唯一可以随时依靠的人。

(14) 把你一生中发生的所有事件都看做是为了激励你上进而发生的事件，相信只要你能给时间减少你烦恼的机会的话，即使是最悲伤的经验，也会为你带来财富。

(15) 放弃想要控制别人的念头，在这个念头摧毁你之前，你要先摧毁它，把你的精力转而用来控制你自己。

(16) 将你全部的思想用来做你想做的事，而不要留有余地给那些胡思乱想的念头。

(17) 向每天的生活索要合理的回报，而不要光等着回报跑到你的手中，你会因为得到许多你希望的东西而感到惊讶——虽然有可能一直都没有察觉到。

(18) 以适合你生理和心理的方式生活，别浪费时间以免落后于他人。

(19) 除非有人有足够的证据证明他的建议具有一定的可靠性，否则别接受任何人的建议，你的谨慎将会使你避免被误导或被当成傻瓜。

(20) 务必了解人的力量并非全然来自物质，甘地领导他的人民争取自由所依靠的并不是物质财富。

(21) 使自己多多参加各种运动以保持自己身体的健康状态，生理上的疾病很容易造成心理的失调，你的身体和你的思想一样要保持活动，以维持积极的行动。

第十章 幸福和积极心理学

（22）增加自己的耐性，并以开阔的心胸包容所有的一切，同时要与不同种族、不同信仰的人多接触，学习接受他人的本性，不要一味地要求他人总是照着你的意见办事。

（23）你应承认爱是你心理和生理疾病的最佳良药，爱会改变和调适你体内的化学元素，以使它们有助于你表现出积极的心态；爱也会扩展你的包容力，接受爱的最好方式就是付出你自己的爱。

（24）以相同或更多的价值回报那些给你好处的人。"报酬增加定律"最后会给你带来好处，而且可能会为你带来所有你应得到的东西的能力。

（25）记住：当你付出之后，必然会得到等价或更高价值的东西，抱着这种念头，可使你驱除对年老的恐惧。

（26）你要相信你可以为所有的问题寻找适当的解决方法，但也要注意你找到的解决方法未必都是你想要的方法。

（27）参考别人的例子提醒自己，任何不利情况都是可以克服的，爱迪生只接受过3个月的正规教育，但他却成了最伟大的发明家；海伦失去了视觉、听觉和说话的能力，但她却成了生活的强者而鼓舞了数以万计的人。

（28）对于善意的批评应采取接受的态度，而不应采取消极的反应。接受学习他人如何看待你的机会，利用这种机会做一番自我反省，并找出应该改善的地方。别害怕批评，你应勇敢地面对它。

（29）与其他有志于成功的人组成智囊团，共同讨论你们的进程，并从更宽广的经验中获取好处，务必以积极面作为基础进行讨论。

（30）分清楚愿望、希望和欲望，只有强烈的欲望才会给你驱动力，而只有积极心态才能供给产生驱动力所需要的燃料。

（31）避免任何具有负面意义的说话形态，尤其应扫除吹毛求疵、闲言碎语或中伤他人名誉的行为，这些行为会使你的思想朝消极面发展。

（32）锻炼你的思想，使它能够引导你的命运朝着你希望的方向发展，把握住"报酬信封"里的每项利益，并将它们据为己有。

（33）无论何时何地都应表现出真实的自我，没有人会相信骗子。

（34）相信无穷智慧的存在，它会使你产生为掌握思想而奋斗所需要的所有力量。

（35）信任与你共事的人，并承认如果与你共事的人不值得你信任，就表示你选错了人。

（36）连续6个月每周读本建议一次，6个月后你一定会有所变化。当你学会所要求的良好习惯，并调适好你的思想之后，你的心态便会随时都是积极的。

（拿破仑·希尔，N.V.皮尔，2000）

 心语感悟

只有人自身的积极品质和积极力量（如爱心、胜任、爱美性、乐观、勇气、工作热情、对未来充满希望等),才是预防问题产生的最好工具。

——塞利格曼

(六)国外测量乐观的量表

目前,国外对气质性乐观和解释风格取向的乐观采用的测量量表是不相同的。对于气质性乐观,通常采用单维模型及生活取向测验(LOT)、二维模型及扩展的生活取向测验(ELOT)以及个人和社会乐观评定问卷扩展版(Questionnaire for The Assessment of Personal and Social Optimism-Extended,POSO-E)来进行测量。而对于解释风格取向的乐观主义,通常采用归因风格问卷(The Attributional Style Questionnaire,ASQ)和言语解释的内容分析(The Content Analysis of Verbal Explanations,CAVE)来测量。CAVE要求被试报告对事件正性或负性的解释,然后从集中性、稳定性和一般化三个维度上进行确定性数值评定(Lench 和 Ditto, 2008)。

二、拥有感恩的心

(一)关于感恩的含义

"感恩"源于拉丁语中的"gratia",意为优雅、高尚及感激,后引申为好心、慷慨、礼物、获得与赠予之美及从无到有等意思。

图10-5 乌鸦尚知反哺,我们呢

感恩(见图10-5)是一个多学科交叉研究的领域。哲学、教育学、心理学、社会学、伦理学等很多学科都从各自的学科研究视角对其进行过深入探讨。不过,对于现代心理学来说,感恩还是一个比较新的研究领域。不同领域的心理学家对感恩的认识并不一样。认知心理学家认为感恩是一种认知,它来自个体对积极结果的认知及对所获得恩惠的积极认知。情绪心理学家认为感恩是一种情绪,它是个体在获得恩惠之后产生的一种愉快情绪。

 视野拓展

解释感恩的三个维度

亚当·斯密(Adam Smith,1723—1790)在其著作《道德情操论》中提出了解释感恩的三个维度:

(1)在何种情况下个体能够体验到感恩;

(2)感恩在什么时候是合适的,什么时候是不合适的;

(3)个体的感恩是如何朝着有益于社会的方向发展的。

(二)感恩的经典理论

(1)感恩的社会认知理论。个体感恩的形成和发展有赖于个体的移情能力。如果受惠者意识到施惠者对自己的帮助是有意的,则会对施惠者感恩。如果受惠者认识到施惠者是无意中帮助了自己,受惠者倾向于将其归结为受内部动机的影响。

(2)感恩的情感体验理论。当感恩作为一种情绪和情感体验时,它将表现为敏锐的、强烈的、短暂的且富有典型意义的身心变化。并且,这些变化通常是个体对有意义的生活情境的反应。

(3)感恩的拓展-建构理论。感恩有助于个体间亲社会行为的发生,同时亲社会行为也进一步拓宽了个体的人际交往层面,强化了个体之间友好的社会关系。也就是说,感恩可以促进个体为了所得到的恩惠而做出互惠行为。

(4)感恩的道德情感理论。感恩是一种道德情感。它可以激发个体道德行为的产生,并采取亲社会行为获得更多的积极道德情感。

 视野拓展

感恩的三种功能

Mccullougy 等人(2001)认为,感恩具有三种功能。其一,感恩是道德的"晴雨表"。感恩的产生表明受惠者意识到施惠者对其提供的帮助。其二,感恩是道德的原动力。感恩可以激发受惠者做出针对施惠者或其他人的利他行为。其三,感恩是道德的强化物。受惠者表达的感激之情增强了施惠者的积极体验,鼓励施惠者继续做出亲社会行为。

(三)感恩的相关研究

目前,国内外对感恩与宗教信仰、身心健康、幸福感、亲社会行为及人格等因素间的关系研究比较多。

1. 感恩与宗教信仰

目前的研究尚不能表明感恩需要某种宗教背景作为支撑。也就是说,感恩和宗教信仰之间并不存在显著的相关。

2. 感恩与身心健康

感恩可以与各种负性情绪和病理状态相抵触,能够预防精神障碍和疾病的发生。与较少感恩倾向的人相比,具有感恩倾向的人对生活更满意,更乐于帮助他人。

 视野拓展

感恩可以促进睡眠

A. M. Wood,S. Joseph 和 J. Maltby (2009)的研究表明,感恩可以促进睡眠,

从而增进身体健康。具体的做法是通过积极睡前认知(如好人有好报等)提升个体睡眠质量,减少睡眠潜伏期,从而促进精力恢复增进身体健康。同时,身体健康是幸福感的重要指标。因此,感恩能够有效提升人们的幸福感。

3. 感恩与幸福感

感恩和主观幸福感之间存在显著的相关。感恩可以较好地预测个体的主观幸福感。感恩可以促使个体建立良好的社会关系、获得更多的社会支持,从而提高幸福感水平。

4. 感恩与亲社会行为

感恩具有一种社会性本质。目前关于感恩与亲社会行为关系的研究基本都能支持感恩能促使个体做出亲社会行为的假设。

5. 感恩与人格

感恩与亲社会性密切的人格特征之间存在较紧密的关系。感恩倾向与"大五"人格中的宜人性、神经性存在高度相关,即感恩倾向高的人,其宜人性和神经性都比较高。

(四)国外测量感恩的量表

研究感恩的方法大多延续了心理学传统的研究方法,如访谈法、行为观察法及问卷测量法。目前,国外对感恩进行测量并使用广泛的量表并不多,主要有三个。第一个是麦卡洛(Mccullough)等人于2002年编制的单维感恩量表(the unidimensional,GQ6),其中包括6道题目。该量表的内部一致性信度为0.82。量表为七点计分,从1分(明显不符合)到7分(明显符合)。第二个是由韦特(Watkins)等人在2003年编制的多维感恩量表(the multidimensional,GRAT)。该量表的内部一致性信度为0.92。量表共有44道题目,包括对他人的感激、简单感激及富足感等因子。第三个是艾德勒(Adier)等人于2005年编制的多维感激测量量表(the appreciation scale)。该量表的内部一致性信度为0.94。量表共有57道题目,包括拥有、敬畏、仪式或惯例、现有时光、自我/社会比较、感恩、丧失(不幸)、相互关系等因子。

温故知新

20世纪末兴起的积极心理学现已成为一股世界性思潮。它将普通人作为其研究对象。它倡导用积极的心态来解读人的各种心理现象和心理问题,赋予其积极的意义,并以此激发个体潜在的积极品质和积极力量。

积极心理学的预设是心理学致力于研究人的积极品质。其研究内容主要集中在主观层面(积极情绪体验的研究)、个体层面(积极人格特质的研究)及群体和社会层面(积极的组织系统的研究)。在方法论上,积极心理学比传统主流心理学更为灵活、多样和宽容。它不仅继承了西方主流心理学的实证主义方法论取向,还借鉴了人文心理学的研究方法。

积极心理学在世界范围内掀起了一场声势浩大的"幸福革命"。幸福感是积极的心理状态。从哲学传统看,关于幸福的概念模型与理论框架可以归结为快乐主义与实现主义。从心理学研究来看,存在主观幸福感和心理幸福感等研究范式。目前,国内外探讨了个体身心健康、年龄、收入、社会关系、生活事件、认知机制、人格等与幸福感的关系。在对幸福的研究中,出现了幸福感指数量表、纽芬兰主观幸福度量表、总体主观幸福感量表等测量和评价幸福的量表。

乐观和感恩是西方积极心理学的研究热点。目前,积极心理学对乐观的研究存在两种截然不同的理论及其测量方法。一种认为乐观是人格特质,以普遍的乐观期待为特征;另一种认为乐观是一种解释风格。国内外研究者探讨了乐观与身心健康、生活满意度、幸福、人格、未来预测等的关系。目前,对气质性乐观和解释风格取向的乐观所采用的测量表各不相同。感恩是一个多学科交叉研究的领域。在感恩的经典理论中,有社会认知理论、情感体验理论、拓展-建构理论及道德情感理论等。研究者对感恩与宗教信仰、身心健康、幸福感、亲社会行为及人格等因素间的关系研究比较多。研究感恩的方法大多延续了访谈法、行为观察法及问卷测量法等心理学传统的研究方法。

目前,积极心理学有积极教育、积极健康、积极神经学及关于美国陆军等四个主要的、新的发展领域。尽管目前积极心理学的理论体系还不够完善,操作模式还不够成熟,研究领域还有待拓展和深化,但它顺应了时代发展和心理学学科发展的潮流,取得了丰硕的成果,极大地充实了心理学知识体系,拥有很大的发展空间和发展前景。

本章练习

1. 名词解释

   积极　幸福　乐观　感恩　主观幸福感　心理幸福感　习得性无助

2. 举例说明积极情绪的拓展-建构理论。
3. 根据已有研究谈谈幸福和人格之间的关系。
4. 简评感恩的几种经典理论。
5. 谈谈在生活、学习和工作中如何创造幸福。
6. 谈谈在生活、学习和工作中如何保持积极、乐观的心态。

本章参考文献

[1] Buss D. M.. The Evolution of Happiness[J]. American Psychologist, 2000, 55(1): 15-23.

[2] Diener, E.. Subject Well-being: The Science of Happiness and a Proposal for a National Index[J]. American Psychologist, 2000, 55(1): 34-43.

[3] Evangelos C. Karademas. Self-efficacy, Social Support and Well-being: The Mediating Role of Optimism[J]. Personality and Individual Differences, 2006, 40(6): 1281-1290.

[4] Fredrick, B. L.. The Role of Positive Emotions in Positive Psychology: The Broaden-build Theory of Positive Emotions[J]. American Psychologist, 2001, 56(3): 218-226.

[5] Karl S., Wolfgang K.. The Assessment of Components of Optimism by POSO-E[J]. Personality and Individual Difference, 2001, 31(4): 563-574.

[6] Lench H. C., Ditto P. H.. Attributional Style and Athletic Performance: Strategic Optimism and Defensive Pessimism[J]. Journal of Experimental Social Psychology, 2008, 44: 631-639.

[7] Mccullough M. E., Kilpatrick S. D., Emmons R. A., et al. Is Gratitude a Moral Affect?[J]. Psychological Bulletin, 2001, 127: 249-266.

[8] Myers, D.. The Funds, Friends, and Faith of Happy People[J]. American Psychologist, 2000, (3): 56-57.

[9] Seligman E. P.. Building Human Strength: Psychology's Forgotten Mission[J]. APA Monitor, 1998, 29(1): 12-19.

[10] Sheldon M., King L.. Why Positive Psychology is Necessary[J]. American Psychologist, 2001, 56(3): 216-217.

[11] Snyder C. D., Michael M.. A Positive Psychology Field of Dreams: "If You Build It, They Will Come"[J]. Journal of Social and Clinical Psychology, 2000, 19(1): 151-160.

[12] Waterman Alan S.. Two Conceptions of Happiness: Contrasts of Personal Expressiveness (Eudaimonia) and Hedonic Enjoyment[J]. Journal of Personality and Social Psychology, 1993, 64(4): 678-691.

[13] Wood A. M., Joseph, S. Maltby, J.. Gratitude Predicts Psychological Well-being above the Big Five Facets[J]. Personality and Individual Differences, 2009, 46(4): 443-447.

[14] Alan Carr. 积极心理学：关于人类幸福和力量的科学[M]. 郑雪，译. 北京：中国轻工业出版社，2008.

[15] Christopher Peterson. 打开积极心理学之门[M]. 侯玉波，王非，译. 北京：机械工业出版社，2010.

[16] 拿破仑·希尔，N. V. 皮尔. 积极心态的力量[M]. 刘津，译. 成都：四川人民出版社，2000.

[17] 任俊. 积极心理学[M]. 上海：上海教育出版社，2006.

[18] 吴增强. 现代学校心理辅导[M]. 上海：上海科学技术文献出版社，1998.

[19] 陈浩彬，苗元江. 积极心理学为幸福人生奠基[J]. 教育导刊，2008，(11)：

14-16.

[20] 刘翔平,曾新美.给心理健康教育注入积极心理学因素[J].教育研究,2008,(2):90-94.

[21] 任俊,叶浩生.积极人格:人格心理学研究的新取向[J].华中师范大学学报:人文社会科学版,2005,44(4):120-126.

[22] 吴沙,赵玉芳.积极心理学分类体系的整合观[J].社会心理科学,2009,24(3):3-9.

[23] 王晓鲜.积极人格研究——积极心理学背景下的人格研究简评[J].沙洋师范高等专科学校学报,2009,10(6):22-24.

[24] 王延松.心理学视野中乐观主义研究的新进展[J].西北师大学报:社会科学版,2010,47(4):101-104.

[25] 赵昱鲲.与大师面对面——访"积极心理学之父"马丁·塞利格曼教授[J].中小学心理健康教育,2010,(8):8-11.

[26] 周涛.美国积极心理学的基本特征[J].湖南师范大学教育科学学报,2008,7(6):125-128.

第十一章 健 康

内容概要

压力及其来源
压力与健康:人格的可能作用
压力适应与缓解
A 型人格及其测量
A 型人格与冠心病
人格障碍及其分类
人格障碍的成因

案例 11-1

为啥是我得癌症?——于娟和她的生命日记

于娟(1978—2011),女,祖籍山东济宁,海归,博士,复旦大学优秀青年教师,一个 2 岁孩子的母亲,乳腺癌晚期患者。2009 年 12 月被确诊患上了乳腺癌,2010 年 1 月 2 日于娟被进一步确诊乳腺癌晚期,2011 年 4 月 19 日凌晨三时许,于娟辞世。

在确诊患上癌症之后,她一直在思考自己为何会得癌症? 她从来没有想到这个名词会和她自己联系在一起,在她自己看来,她得乳腺癌的概率是如此之小:"第一,我没有遗传;第二,我的体质很好;第三,我刚生完孩子喂了一年的母乳;第四,乳腺癌患者都是 45 岁以上人群,我只有 31 岁。"但是现实就是这么残酷,医生确诊她是乳腺癌晚期,最多只有一年半载的生命。

在生命垂危之际,她痛定思痛,开始反思自己究竟哪些做得不好,最后,发现习惯问题和环境问题等对她的健康产生了重大影响。首先是她的饮食习惯,她是个从来不会在餐桌上拒绝尝鲜的人,而有很多食物是对健康有害的。她喜欢暴饮暴食,讲究大碗喝酒大口吃肉,嗜荤如命。其次就是睡眠习惯,她这样写道:回想十年来,自从没有了本科宿舍的熄灯管束(其实那个时候我也经常晚睡),我基本上没有 12 点之前睡过。学习、考 GT 之类现在看来毫无价值的证书、考研,与此同时,聊天、网聊、BBS 灌水、蹦迪、吃饭、K 歌、保龄球、吃饭、一个人发呆(号称思考),厉害的时候通宵熬夜,平时的早睡也基本上在夜里 1 点前。然后就是突击作业,各类大考小考,各类从业考试,各类资格考试(除了高考,考研和 GT),可能她准备时间都不会长于两个星期。为了求一个连聪明人都要日日努力才能期盼到的好结果好成绩,每当她埋头苦学的时候,她会下死本地折腾自己,从来不去考虑身体、健康之类的词,最高纪录一天看21个小时的书,看了两天半去考试。对于环境问题,空气的污染、甲醛超标的家具等对她的健康也埋下危险的种子。

在病房里,她像个社调人员一样,以专业且缜密的思维开始旁敲侧击问癌症患者一些问题。她发现乳腺癌患者并不一定是历经过长期抑郁的,相反,太多的人都有重控制、重权欲、争强好胜、急躁、外向的性格倾向。她生病后开始反省自己的性格:太过争强好胜,太过喜欢凡事做到最好,太过喜欢统领大局,太过喜欢操心,太过不甘心碌碌无为。

于娟在住院期间,写下了警示后人的《生命日记》,其中有这样一篇:在生死临界点的时候,你会发现,任何的加班,给自己太多的压力,买房买车的需求,这些都是浮云,如果有时间,好好陪陪你的孩子,把买车的钱给父母亲买双鞋子,不要拼命去换什么大房子,和相爱的人在一起,蜗居也温暖。癌症是我人生的分水岭。别人看来我人生尽毁,其实,我很奇怪为什么反而癌症这半年,除却病痛,自己居然如此容易快乐。我不是高僧,若不是这病患,自然放不下尘世。这场癌症却让我不得不放下一切。如此一来,一切反而简单了,反而容易快乐了。名利权情,没有一样不辛苦,却没有一样可以带去。

(引自《活着就是王道》,于娟,网易博客,有改动)

第一节 压力与健康

一、什么是压力

生活中并不都是我们所期望的鲜花、掌声和笑脸,很多时候我们也会感到沉重,体会到忧郁,会一个人伤心地蹲在墙角,会无力地趴在办公桌上,甚至面对可口的饭菜都没有胃口。我们作为社会的一员,都有各自的角色期盼和压力,如学生为了考试,老师为了教学科研任务,企业家为了商业利润……当一切并不如我们所期望的顺利,我们会感觉到有压力,就会遭受压力的困扰。

什么是压力?对于这个问题的回答基于不同的视角就会有多种不同回答。我们可以把压力定义为客观存在的刺激情境,如地震、暴乱、失业、考试失利、交通意外、离婚和亲人亡故等,这些刺激情境可使大多数人感到不同程度的压力,而且超过个人承受的阈限就会引起永久性的损害。

压力也可以定义为个体主观认识到的威胁,只有当个体认识到情境或压力源具有威胁时,情境或压力源才会产生动力。如地震是一种威胁,因为我们认识到它威胁着我们的生命财产安全。正是由于这种个人与情境间的互动,曾使 Lazarus 和 Folkman 把压力界定为个人与环境之间的一种特殊关系,这种关系被个人评价为疲劳的,或超越了他的心理资源,并危及他的健康(Lazarus 和 Folkman,1984)。

压力还可看做是某种情境下的机体反应。Hans Sely(1974)曾定义压力为：身体对于任何加诸它的要求时所产生的非特异性反应。面对压力，一个有机体必须寻回他的平衡或稳定，从而维持或恢复其完整和安宁，这通常包括三个阶段：报警阶段、抵抗阶段和疲惫阶段。报警阶段（alarm）：在一个短暂的生理唤醒期中，躯体能够有效行动并做好准备。如果应激源仍然保持，机体就会进入抵抗阶段。抵抗阶段（resistance）：机体可以忍耐并抵抗长时间的应激源带来的衰弱效应。疲惫阶段（exhaustion）：若应激源持续时间长或持续强度大，机体则因资源消耗而进入疲惫阶段。为了顺应社会环境的要求或当感受到威胁性的生活事件时，个体就会体验到心理压力，其整体的平衡状态被打破，并且伴随有生理、心理和行为的相应变化，这种变化可能是自主的，也可能是无意识的。

Walt Schafer(2009)把视角既着眼于身体又着眼于心理，将压力定义为个体生理和心理上的唤醒，这种唤醒是由施加于它们的需求所导致的。这个定义是一个中性的定义，唤醒仅是一种生活事件，从本质上说无所谓好坏。

综上所述，基于不同的视角，我们可以总结为压力既是生理上的唤醒，也是心理上的唤醒，是心理压力源和心理压力反应共同构成的一种认知和行为体验过程。

二、压力的来源

压力源就是制造或引发压力的东西，是被认为有威胁的情境、环境或刺激。通常压力源可分为三类：生物生态层面压力源、心理层面压力源和社会层面压力源。这三种压力源都对人们产生一定的影响。

（一）生物生态层面压力源

许多生物生态层面的因素可能引发不同程度的压力反应，一些因素甚至不为我们所觉察，比如阳光、重力和电磁场等会影响到我们的生物节律。生物生态影响的一个典型例子是季节性情绪障碍，这是一种居住在北极圈及其附近的许多人患上的疾病，这些人每年都有很长一段时间见不到阳光，因此变得抑郁。

（二）心理层面压力源

人们对于自我的思想、信念、态度、观点、知觉及价值观会有本能的防御心理，由于心理对刺激的知觉，那些防御会受到挑战、违背，甚至改变，自我就会感觉到威胁，继而产生压力反应，这种压力源反映了我们人格的独特架构，最可能引发压力。

（三）社会层面压力源

心理学家发现过度拥挤、重大生活变故、搬家、科技进步、违反人权的行为和社会经济地位低下等会使人感到挫败、沮丧、不适应，使人们产生压力。Thomas Holmes 和 Richard Rahe 对生活变故与压力、疾病之间的关系进行了系统研究，尝试确认生活中的哪些事件是最具压力的（T. Holmes 和 R. Rahe，1967），他们编制的生活改变与压力感量表如表11-1所示。

表 11-1　生活事件与压力感

序号	生活事件	压力感	序号	生活事件	压力感
1	丧偶	100	23	儿女长大离家	29
2	离婚	73	24	触犯刑法	29
3	夫妻分居	65	25	取得杰出成就	28
4	坐牢	63	26	妻子开始或停止工作	26
5	直系亲属死亡	63	27	开始或结束学校教育	26
6	受伤或生病	53	28	生活条件的改变	25
7	结婚	50	29	改变个人的习惯	24
8	失业	47	30	与上司闹矛盾	23
9	复婚	45	31	工作时间或条件改变	20
10	退休	45	32	迁居	20
11	家庭成员生病	44	33	转学	20
12	怀孕	40	34	娱乐方式的改变	19
13	性生活不协调	39	35	宗教活动的改变	19
14	新家庭成员诞生	39	36	社会活动的改变	18
15	调整工作	39	37	少量抵押和贷款	17
16	经济地位变化	38	38	改变睡眠习惯	16
17	其他亲友去世	37	39	家庭成员居住条件改变	15
18	改变工作行业	36	40	饮食习惯改变	15
19	一般家庭纠纷	35	41	休假	13
20	借贷大笔款项	31	42	过重大节日	12
21	取消抵押或贷款	30	43	轻度违法	11
22	工作责任改变	29			

三、压力与健康的关系

(一)发展的健康观

"健康"这两个字,在每一个人的心目中都居于至关重要的位置,也是众人企盼的天使。日常生活中,天气寒暖变化,我们会注意增减衣服;身体感到不适,我们会主动寻医问药;为防病强身,我们会进行各种体育锻炼,甚至平时闲谈聊天也触及养身之道和保健方法。什么是"健康"？人们对于"健康"的认知是不断发展、深入的。

传统的健康观是"无病即健康",认为机体处于正常运作状态,没有疾病就是健康。然而,面对一个躯体健康却整天满面愁容无法入睡的人,能说他健康吗？

现代的健康观是"整体健康",《世界卫生组织宪章》中就指出"健康不仅是没有病和不虚弱,而且是身体、心理、社会功能三方面的完满状态。"1990年,WHO(世界卫生组织)又对健康进一步阐述如下:在躯体健康、心理健康、社会适应良好和道德健康四个方面皆健全。由此可知,健康不仅仅是指躯体健康,还包括心理健康、社会适应良好、道德品质健康。只有当人们在这几个方面同时健全时,才算得上真正的健康。

躯体健康是指人的身体能够抵抗一般性感冒和传染病,体重适中,体形匀称,眼睛明亮,头发有光泽,肌肉皮肤有弹性,睡眠良好等。

心理健康是指人的精神、情绪和意识方面的良好状态,是指个体在本身及环境条件许可范围内,心理所能达到的最佳状态,它并非绝对的十全十美,通常包括智力发育正常、情绪稳定乐观、意志坚强、行为规范协调、精力充沛、应变能力较强、能适应环境、能从容不迫地应付日常生活和工作压力、经常保持充沛的精力等。生活实践中,能够正确认识自我,自觉控制自己,正确对待外界影响,使心理保持平衡协调。心理健康同生理健康同样重要。据医学家测定,良好的心态,能促进人体分泌出更多有益的激素,能增强机体的抗病能力,促进人体健康长寿。

良好的社会适应能力是心理健康的表现和发展,心理健康是良好的社会适应能力的基础和条件。

道德品质健康主要指能够按照社会道德行为规范、准则约束自己,并支配自己的思想和行为,有辨别真与伪、善与恶、美与丑、荣与辱的是非观念和能力。品行端正,心态淡泊,为人正直,心地善良,心胸坦荡,则会心理平衡,有助于身心健康。相反,有违于社会道德准则,胡作非为,则会导致心情紧张、恐惧等不良心态,有损健康。

早在100多年前,人们开始争论特定的致病原因。法国化学家路易·巴斯德(Louis Pasteur)的细菌学说认为疾病是由细菌引起的。这一学说几十年后被称为"特殊病原论",认为每一种疾病都由某种特定的微生物引起。然而,Claude Bernard认为,并不是细菌在搞破坏,而是身体的健康状态能够消灭细菌,认为包括心态和合理的营养在内的良好的生活习惯,对身体维持在最佳的健康状态至关重要,健康的身体也就成为细菌种子生长发育的贫瘠土壤。

传统智慧

我国唐代的著名禅师、寿星石希迁,曾以处方的形式告诫世人健康长寿的秘诀。他写道:好肚肠一条,慈悲心一片,温柔半两,道理三分,信行要紧,中直一块,孝顺十分,老实一个,阴鹭全用,方便不拘多少。服用方法为:此药用开心锅内炒,不要焦、不要躁,去火性三分,于平等盆内研碎,三思为末,六菠萝蜜为丸,如菩提子大,每进三服,不拘时候,用和气汤送下。果能依此服之,无病不瘥。切忌言清浊,利己损人,肚中毒,笑里刀,两头蛇,平地起风波——以上六件,速须戒之。

(二)压力对健康的影响

压力一定是有害的吗,一定会导致疾病吗?事实上,许多人相信人体必须经受一定程度的压力才能保持健康。一定程度的压力驱使人们产生一定的生理唤醒,从而保证许多器官处于最佳功能状态。那么,什么程度的压力才是对人体好的呢?

从广义的角度讲,压力可以分为正性压力、中性压力和负性压力。正性压力是好的压力,它一般产生于令人愉快的情境,在这种情境下,个体被激发和鼓舞,例如与好友团聚。中性压力是一些不会引发后继效应的感官刺激,它们无所谓好坏,例如听到同事的亲友去世。负性压力便是我们常提到的压力,即不好的压力。它分为急性压力和慢性压力。急性压力通常毫无预警,由突然出现的压力源所致,出现迅速、强烈且消退快,对人的影响是短暂的一刻。如在过马路时突然发现有一辆车急速驶向你,你立马停住脚步,同时冒出冷汗,但过后马上就恢复正常。压力也有慢性的,慢性压力源出现时不强烈,但旷日持久,它们可能会给出一些先兆,对身体的影响会更持久和显著,如面对长期繁忙的工作,与室友处于不十分友好的关系中等。慢性压力会使人长期处于低落状态,身体被危险不断唤起。常见的与压力有关的疾病有心血管疾病、免疫系统疾病、头痛症、胃肠道疾病和失眠症等。

从定量的角度看,Brian Luke Seaward(2008)认为正性压力和负性压力与健康间的关系可以利用耶克斯-多德森定律来解释,以横轴表示压力对人的唤醒水平,纵轴表示疾病的高低和工作绩效的好坏。最高绩效的左边被认为是正性压力,最高绩效的右边则是负性压力,随着压力的增大,会对工作绩效和健康有损害。然而,每个人的最佳水平是不一样的,巨大的压力会破坏一些人的心理,导致疾病,但对有些人却能更激发其摧不毁的精神力量。个体差异在压力与健康间的关系中成为一个重要的中间变量。

 问题宝盒

关于压力和疾病关系的假设

以下假设说明了压力怎样导致组织和器官的病变。

(1)强烈的机体反应本身就有可能产生破坏,特别是在已受损的器官参与该应激反应时。

(2)强烈的应激反应可能会对组织造成短时的破坏,但是如果压力反复出现,可能就会导致永久性组织损坏。

(3)如果压力由一个类似于压力源的良性刺激引起,那么这种强烈的生理反应可能会变成慢性的,这些良性刺激也许是个体环境中的一个较普通的部分,并会刺激出一种不必要的反对反应。

(4)当挑战解决之后,就可以成功地使用一个对应策略,但机体生理的变化却不能终止。一个反射回路的建立将给身体带来异常的紧张感。

(5)微弱压力刺激缓解了一个不能适应的剧烈机体反应,而调节机制的缺乏使机体根据威胁的性质做出不同程度的反应。当机体把所有的压力都当做重大的打击而做出反应时,机体就可能出现不正常的反应。

(6) 当机体对某种威胁性刺激做出恰当且足够的反应时,却有可能对身体其他部分造成伤害。这种伤害是通过破坏一个良性且不可或缺的生理程序,或者诱发一个使身体感到不适的反应来进行的。

(7) 当行为的成分被抑制,生理成分被显现时(挑战行为被抑制,而不是其生理成分),应对策略就不能奏效。由于没有接受到恰当临界点或信号,受阻行为的生理成分将不断重复。

(资料来源 This summary of Zegans's work appears in Genest and Genest,1987;转引自 Walt Schafer《压力管理心理学》,中国人民大学出版社,2009:9)

(三) 压力与健康中的人格变量

1. 人格变量的可能影响

压力和疾病之间存在着一定的关联,但是,我们可以发现,不同的人面临相似的压力时,他们的表现不同,对个人所产生的后继影响也不同。随着对压力的研究,个体对压力的反应中的个体差异成为一个重要的变量。个体差异这一变量包含人格特质与暂时的心理状态。Scheier 与 Bridges 在对影响健康的个体变量的研究中发现,在压力-健康关系中起重要作用的变量主要有四种,即愤怒/敌意、抑郁、悲观/宿命论和情感压抑(Scheier 和 Bridges,1955)。

压力、人格与健康间的关系可以用压力中介模型来描述。这种模型产生的基础是 20 世纪 60 年代的心理压力理论。在最初的模型中,人格因素只是作为一种单纯的中介变量而存在,并影响压力的产生继而影响人的健康的。因而,这种最初的模型也被称作交互作用的压力中介模型(interactional stress-moderation model)。随着研究的发展,这种模型逐渐显现出了它的缺陷,Lazarus 对此模型进行了修正,提出了相互作用的压力中介模型(transactional stress-moderation model)(Lazarus,1990),如图 11-1 所示。

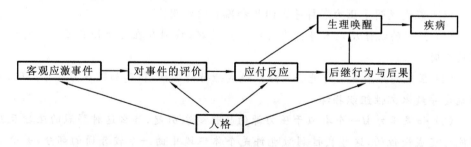

图 11-1 相互作用的压力中介模型

在这个模型中,人格除了会对个体对压力源的评价及后继行为产生影响外,还会对压力源本身及应付行为的后果产生影响,而且,这种影响是相互的。一些持相互作用观点的人格理论认为,人格倾向可以通过外界情境事件得以保持或加强,这也证实了在此模型中相互作用的本质。

2. 积极的人格变量

美国的行为科学者 Kobasa(1979)从寻找压力情境下对个体保持健康有积极意义的人格变量入手,通过对一家大公司161名男性中层管理人员近三年的研究,指出坚强这一人格特质在压力-健康关系中起到了缓冲作用。Kobasa 认为,坚强属于个体抵抗压力的资源,是一种能够保护个体免受应激损害的人格特质,具有三个属性,即承诺(commitment)、控制(control)和挑战(challenge)。承诺是指个体相信自身行为的真实性、重要性和价值感的能力,可使个体对各种生活应激事件的威胁的感知最小化;控制是个体面对生活中的各种事件,相信自己可改变这些事件,并在这种信念指导下采取行动;挑战是指个体相信变化是生活的一种常态,能促进其进一步发展。以上三个维度各自与另一种人格特征相对应,即承诺—放弃、控制—失控、挑战—逃避。

Kobasa 对坚强进行详细解释后,有学者进一步提出了健康相关性坚强(health-related hardiness,HRH)的概念,即个体在疾病、意外损伤情况下抵抗压力的资源,是通过特殊的作用缓解与长期患病有关的负性应激效应的一种个性特征。

通常坚强的人应表现以下四方面的特质:忍耐力——能忍受生理和(或)心理上的磨难;坚韧性——抵抗压力、应激和艰难的能力;勇敢——充满勇气、敢于冒险的特质;控制力——实施权力和影响的能力。还有人认为,认知和行为的灵活性,成功实施计划的动机,应激下的忍受力等都是具有坚强个性的人所具有的特征。另有一些研究者进一步扩展了坚强的定义,增加了自信、满足感、真实性、自我效能、内在动力源、个人取向等特征。

随着坚强的特征越来越宽泛,在赋予"坚强"更多内涵的同时,也导致了对此概念认识上的不一致,即当其他研究者使用"坚强"这一概念时很难列出它的确切含义。心理学家认为当一个概念可以表示任何意义时,那它就有可能毫无意义,因此在行为科学和心理学领域又开始用质性研究的方法进一步认识和理解"坚强"的概念。

与坚强类似,乐观也被认为是一种对健康有积极的意义的人格变量。随着积极心理学的兴起和发展,研究者们展开了大量对乐观心理的研究,也提出了对"乐观"概念的不同定义。Scheier 和 Carver(1985)认为乐观是人本身所具有的稳定的人格特质,这种特质总是倾向于认为好事情会比坏事情更容易发生,面对挫折与困难时会不断调整自己,尽可能去实现目标,提出了气质性乐观的概念。然而,其他心理学家则认为乐观并不是人人普遍具有的人格特质,而是个体对事件发生后归因分析时呈现出的不同倾向,是一种解释风格,他们将乐观定义为个体对成功或失败进行归因追溯时所表现出来的稳定倾向。综观目前关于乐观的应用研究理论基础,大部分研究者采用的是气质性乐观的定义,也是以此作为基础开展乐观心理结构的研究。

国内外大量的研究结果都证实了乐观与个体的身体和心理健康之间密切相关。Karl 等人的研究结果表明,乐观是心理健康最重要的预测变量,因为个人乐观与生活满意度成显著正相关,和抑郁成显著负相关,生活满意度和抑郁是心理健康的最基本的组成部分(S. Karl 和 K. Wolfgang,2001)。Gregory 等人研究人们在压力工作情境下的表现时发现,在压力工作情境下,乐观主义者比悲观主义者工作会表现出更强的工作热情和工作积极性,这是因为乐观主义者和悲观主义者采用了不同的应对方式来应对他们所面临的问题,乐观主义者使用求助和升华等积极的应对策略,而悲观者则更多可能采用分心和否认的策略(Gregory,Hatchett 和 Heather,2004)。Julian 和 Wing 对香港下岗妇女的调查研究也表明,乐观是一种应对失业危机的重要个人资源,相对悲观主义的妇女而言,乐观的妇女能更好地把自己与失业问题分离开来(Julian 和 Wing,1998)。乐观不仅可以促进心理健康,而且也有利于生理健康。

四、在应对压力中健康生活

过度的压力会对我们的健康有损害,出现不同程度的疾病。然而面对复杂的生活,我们不可能完全逃离压力,如何正确应对压力,成为一个重要的课题,也是我们日常生活必备的知识。一般来说应对的途径有两条。一种为问题指向性的应对,这种方式的重要特点是有的放矢、直面问题,对拥有的应对资源进行评估,然后用各种方法来解决问题。当对你造成压力的事件本身被解决了,压力自然也会消失。这种方法对于那些可控的事件通常是有效的。然而,对于那些不可控的事件就要使用情绪指向的应对方法,也就是说当你没有办法改变当前的状况时,你就需要通过改变自己本身对这件事的感觉和想法来应对压力。

在现实生活中,我们可以积累一些实用的应对压力的技巧。

（一）识别你生活中的压力源

识别压力源是压力管理的起点,说起来容易做起来难。真正的压力源不会总是显而易见的,我们也总是特别容易忽视引起自己压力的想法、情绪和行为。例如,你可能时常为要完成的工作到了最后期限而烦恼。但是,导致这一压力的可能不是实际工作要求,而是你自己的拖延习惯。

（二）避免不必要的压力

学会说"不",无论在工作还是生活中,都应了解你的责任范围。婉拒超出你责任范围且超出能力范围的事情;回避给你造成极大压力的人,如果某个人一直给你带来压力,且你不能使这种情况好转,就少跟他打交道或完全断绝关系;控制你的环境,如果晚间新闻让你忧虑,就关掉电视;如果交通状况使你紧张,就绕道走不太塞车的线路;避免热门话题,如果某些话题让你心烦,尽量不要谈及,或者在他人谈及时走开;尽量减少待办事项,分析你的日程安排、职责和日常任务,如果待办事项太多,重新按轻重缓急排序,将确实不必做的事情删除。暂时离开给你带来压力的环境,如休息一会,休假等。

（三）改变环境

表达你的感受而不是隐藏。如果某人或某事正在烦扰你,以坦率和有礼貌的方式沟通。如果不讲出你的感受,不仅会产生怨恨,情况也不能得到改善。同时要乐于妥协,退一步海阔天空。当你要求别人改变其行为时,你也要愿意这样做。当然,我们要更加进取,不要甘于落后。要正面处理问题,尽最大努力预见和预防问题。更好地管理时间,时间管理不善可能引起很大压力。当你把自己绷得很紧并且工作落后时,很难保持平静和集中注意力。但是,如果你提前计划,且把工作安排得不是很紧,你就可以改变自己承受的压力量。当工作任务繁重时,寻求他人帮助,把你的工作任务委托给他人,或者让他人分担。对自己不熟悉或不擅长的任务,寻求他人帮助。可以适时转移注意力,从事体育活动、干别的事情或者家务。

（四）适应压力源

转变视角,从更加积极的角度看待有压力的环境。例如,将有挑战性的工作看成锻炼自己的机会。从全局和长远看问题,面对压力,问自己:从全局看这事重要吗？从长远看这事值得吗？重要的是调整标准,追求完美是可避免的压力来源之一。如果达不到完美,退而求其次。为自己和他人确立合理的标准,只要足够好就可以。保持自信,面对压力时,保持积极乐观的态度,回忆自己做过的漂亮事情,想想自己积极向上的品质和才能,相信自己能做好现在的事情,相信自己能渡过难关,相信自己能成功。鼓励自己:你能行！你是好样的！你一定能迈过这个坎！

此外,我们还需要接受自己不能改变的事,可以抽空娱乐、放松,采取健康生活方式等,这些都将有利于我们顺利度过压力的侵蚀。

然而,适量的压力对人的健康也是有好处的,它能带给人们平衡。压力可增进健康,增进心智,加强抵抗力和免疫力,加强面对压力的耐力。压力可令人专心致志,建立目标,思考人生和保持客观的判断。压力让人静心思考,保持运动,学会放松自我,自我检讨,多做休息,接受新事物,关心别人,保持良好的人际关系,且会为自我的成长而高兴。能适当控制压力的人,勇于接受挑战,能自我控制,肯定个人价值,并认识自我能力。我们要勇于接受压力,挑战压力,在应对压力中健康生活。

第二节 A型人格与冠心病

一、A型人格

（一）A型人格与B型人格

A型行为模式是由美国两位临床医生 Friedman 和 Rosenman(1974)首先提出,他们发现冠心病(coronary heart disease)的传统危险因素,如高脂肪摄入、高血脂、吸烟等不能完全解释冠心病的发病率。通过临床观察,他们发现冠心病病人的行为特征与正常健康人有很大差异,即冠心病患者多有强烈的成就动机、好竞争、说话元气旺盛,有易动癖及有时间紧迫感等行为特征。这些行为特征统称为A型行为模式

(type A behavior pattern,简称 TABP)或 A 型人格(或 A 型性格)(A-type personality),而未发现这些相关行为特征者被称为 B 型行为模式(type B behavior pattern)或 B 型人格(或 B 型性格)(B-type personality),其典型行为特征是悠闲自得,不爱紧张,一般无时间紧迫感,不喜争强,有耐心,能容忍等。

学者们对 A 型行为模式的描述并不一致。例如,Glass(1977)认为,A 型人格的人具有下列一些特征:①觉得时间过得相当快;②在需要延宕反应的作业上表现不佳;③近乎最大极限地工作,即使无期限规定也是如此;④赴约会提前到达;⑤受到挫折会变得有攻击性和敌意;⑥较少报告疲劳,较少躯体症状;⑦想主宰自己的身体和社会环境的欲望强烈,并维护控制权。

Wright(1988)对心脏病患者做了稍微不同的描述。他认为 A 型行为模式的基本成分是:①时间紧迫感——做事快,感到时间不够;②长期亢奋状态——每天大部分时间处于紧张状态;③多面出击——总想同时做一项以上的事。

Price(1982)认为,A 型行为模式具有三个核心信念。①必须不断地证实自己——A 型人格者的自我价值是不稳定的,甚至担心自我的价值,因而必须通过实质性的成就不断加以证明,从而激发起频繁的成就动机。②没有全人类的道德原则——错误的道德行为必将偿还,而正确的道德行为则不要偿还,因而易激起敌意行为。③所有的资源都是不足的——争分夺秒,一切从零开始,因而激起竞争行为。

A 型行为模式到底是一组外显行为还是一种稳定的人格特征,抑或是人格类型或认知动机,目前仍缺乏明确统一的认识,不过一般都用 A 型人格或 A 型行为模式概括上述所描述的这一类人。

通常 A 型人格者比 B 型人格者更觉得时间过得快,因而以近乎最快的速度从事工作,甚至在并无特定期限的情况下也是如此。A 型人格者比 B 型人格者更能专注于一项任务,当他们同时做一项次要而分心的任务时,A 型人格者比 B 型人格者更注重反馈信息,他们对没有成功希望的解题任务的反馈是加倍努力,但当失败反馈十分明显且长久时,容易导致"竞争的崩溃",或称"学习绝望"。A 型人格者比 B 型人格者更能引发生理机能的变化。用带有紧张的心理指示器进行研究发现,在休息水平上,A 型人格者和 B 型人格者两者之间并无差别,但当他们面对困难或竞赛任务时,A 型人格者的心率和血压增加,具有超过 B 型人格者的趋向。有关肾上腺的研究也表明,即使在低刺激作用下,A 型人格者也可能比 B 型人格者紧张。

关于性别差异的研究指出,女性中的 A 型人格者较男性中的 A 型人格者少见,与冠心病关联也较弱,A 型人格较多发生在男性身上,与冠心病的关联也较强。但在固定雇用的女性中,A 型人格与冠心病的关联似乎较为密切。

(二) A 型人格的测量

一般来说,识别 A 型人格的方法有两种。一种是 Friedman 和 Rosenman 发展出来的结构式访谈,它由 25～27 个问题组成,持续 20～30 分钟。访谈者可能提出"你对排长队时的等待如何做出反应?"或"你对只可能有一个优胜者的游戏如何做出反应?"等问题。在最后将被访谈者分为"充分发展的"(非 A 型人格)或"不完全发展的"(A 型人格)。

另一种为 Jenkins 所开创的纸笔测验法,又称詹金斯活动调查表(Jenkins Activity Survey,简称 JAS)(Jenkins 和 Rosenman,1979),是一种由 50 个项目构成的四级评分自陈量表,是对结构式访谈既费时又不能完全标准化的补充。它由 50～57 个问题组成,视实施的人数而定。例如,一个问题是:"你妻子(或亲密的朋友)会怎样评价你?"4 个附于其后的回答的范围从"肯定进取心十足又竞争"到"肯定悠闲又随和"。这种方法可以使用两种打分程序。①用事先把项目回答并成一个总分的、统计上定好值的"最佳"回答来评定受调查者对每个项目的回答。例如,就上述这个问题来说,"肯定进取心十足又竞争"评 9 分,而"肯定悠闲又随和"评 1 分。结果的分布标准化:以 0 为平均值,以 10 为标准差。得+10 或更高分数的人是充分发展的 A 型人格,而得-10 或更低分数的人是充分发展的 B 型人格。Jenkins 的研究发现,用这种打分程序分类,73% 的病例与用上述结构式访谈技术的分类相同。因素分析表明了 A 型人格分数的三个独立成分:"速度和忍耐性"(S 量表)、"工作投入"(J 量表)、"精力旺盛与竞争"(H 量表)及其他 A 型行为模式特征(A 量表)。詹金斯等人报道说:H 因素是冠心病患者和非冠心病控制者之间最明显区分的一个因素。②单元打分程序,它是由较为复杂的程序慎重评定的 21 个项目组成。根据受调查者对这些项目的回答,把他们分为 A 型人格或 B 型人格。从大学生中抽取的样本表明,中间分在 8.0 上下。通常,高于 8.0 分者被定为 A 型人格,低于 8.0 分者被定为 B 型人格。下面是詹金斯活动调查表的一些题目示范。

(1)你曾为理发或修发型而苦恼吗?
(2)你的配偶或朋友曾告诫过你吃饭过快吗?
(3)在听演讲时花了很长时间而演出者没有讲到要点上,你有希望他应尽快讲的感觉吗?

在我国测量 A 型行为模式的主要工具是张伯源(1985)编制的 A 型人格问卷(Questionnaire of Type A Behaviors)。该问卷包括三部分内容共 60 题。第一部分反映时间匆忙感、时间紧迫感和做事快等特征的题目 25 个。第二部分表示争强好胜、怀有戒心或敌意及缺乏耐心等特征的题目 25 个。第三部分测谎题 10 个。以下为施测时所用的 A 型人格问卷。

 人格测验

A 型人格问卷

1. 我觉得自己是一个无忧无虑、悠闲自在的人。　　　　　　　　是/否

2. 即使没有什么要紧的事,我走路也快。 是/否
3. 我经常感到应该做的事情太多,有压力。 是/否
4. 我自己决定的事,别人很难让我改变主意。 是/否
5. 有些人和事情常常使我十分恼火。 是/否
6. 我急需买东西但又要排长队时,我宁愿不买。 是/否
7. 有些工作我根本安排不过来,只能临时挤时间去做。 是/否
8. 上班或赴约会时,我从来不迟到。 是/否
9. 当我正在做事时,谁要是打扰我,不管是有意无意,我总是感到恼火。 是/否
10. 我总看不惯那些慢条斯理、不紧不慢的人。 是/否
11. 我常常忙得透不过气来,因为该做的事情太多了。 是/否
12. 即使跟别人合作,我也总想单独完成一些更重要的部分。 是/否
13. 有时我真想骂人。 是/否
14. 我做事总是喜欢慢慢来,而且思前想后,拿不定主意。 是/否
15. 排队买东西,要是有人插队,我就忍不住要指责他或出来干涉。 是/否
16. 我总是力图说服别人同意我的观点。 是/否
17. 有时连我自己都觉得,我所操心的事远远超过我应该操心的范围。 是/否
18. 无论做什么事,即使比别人差,我也无所谓。 是/否
19. 做什么事我也不着急,着急也没有用,不着急也误不了事。 是/否
20. 我从来没有想过要按自己的想法办事。 是/否
21. 每天的事情都使我的精神十分紧张。 是/否
22. 就是去玩,如逛公园等,我也总是先逛完,等着同来的人。 是/否
23. 我常常不能宽容别人的缺点和毛病。 是/否
24. 我认识的人,个个我都喜欢。 是/否
25. 听到别人发表不正确的见解,我总想立即就去纠正他。 是/否
26. 无论做什么事,我都比别人快一些。 是/否
27. 人们认为我是一个干脆、利落、高效率的人。 是/否
28. 我总觉得我有能力把一切事情办好。 是/否
29. 聊天时,我总是急于说出自己的想法,甚至打断别人的话。 是/否
30. 人们认为我是个安静、沉着、有耐性的人。 是/否
31. 我觉得在我认识的人之中值得我信任和佩服的人实在不多。 是/否
32. 对未来我有许多想法和打算,并且总想都能尽快实现。 是/否
33. 有时我也会说人家的闲话。 是/否
34. 尽管时间很宽裕,我吃饭也快。 是/否
35. 听人讲话或报告如感到讲得不好,我就非常着急,总想还不如我来讲。 是/否
36. 即使有人欺侮了我,我也不在乎。 是/否
37. 我有时会把今天该做的事拖到明天去做。 是/否

38. 当别人对我无礼时,我对他也不客气。 是/否
39. 有人对我或对我的工作吹毛求疵时,很容易挫伤我的积极性。 是/否
40. 我常常感到时间已经晚了,可一看表还早呢。 是/否
41. 我觉得我是一个对人对事都非常敏感的人。 是/否
42. 我做事总是匆匆忙忙的,力图用最少的时间办尽量多的事情。 是/否
43. 如果犯错误,不管大小,我全都主动承认。 是/否
44. 坐公共汽车时,尽管车开得快我也常常感到车开得太慢。 是/否
45. 无论是做什么事,即使看着别人做不好,我也不想拿来替他做。 是/否
46. 我常常为工作没有做完,一天又过去了而感到忧虑。 是/否
47. 很多事情如果由我来负责,情况要比现在好得多。 是/否
48. 有时我会想到一些说不出口的坏念头。 是/否
49. 即使领导我的人能力很差,水平低,不怎么样,我也能服从和合作。 是/否
50. 必须等待什么的时候,我总是心急如焚,缺乏耐心。 是/否
51. 我常常感到自己能力不够,所以在做事遇到不顺利时就想放弃不干了。
 是/否
52. 我每天都看电视,同时也看电影,不然心里就不舒服。 是/否
53. 别人托我办的事,只要答应了,我从不拖延。 是/否
54. 人们都说我很有耐心,干什么事都不着急。 是/否
55. 外出乘车、船或跟人约定时间办事时,我很少迟到,如对方耽误我就恼火。
 是/否
56. 偶尔我也会说一两句假话。 是/否
57. 许多事本来可以大家分担,可我喜欢一个人去干。 是/否
58. 我觉得别人对我的话理解太慢,甚至理解不了我的意思。 是/否
59. 我是一个性子暴躁的人。 是/否
60. 我常常容易看到别人的短处而忽视别人的长处。 是/否

计分方法

1、14、18、19、30、36、45、49、51、54 题反向计分,即答"否"计 1 分,答"是"计 0 分,其余题目正向计分,即答"是"计 1 分,答"否"计 0 分,全部项目得分汇总即该问卷的总分。

结果解释

50~37 分属于典型的 A 型人格。

36~29 分属于中间偏 A 型人格(简称 A-);

28~27 分属于中间型(M 型人格);

26~19 分属于中间偏 B 型人格(简称 B-);

18~1 分属于典型的 B 型人格。

二、冠心病

（一）含义

案例 11-2

2011年11月19日，朝中社报道称朝鲜最高领导人金正日于2011年11月17日逝世，报道称金正日于当地时间17日上午在列车上出现急性心肌梗死并发心源性休克症状，尽管采取了所有急救措施，但抢救无效，于当地时间17日8时30分去世。

作为金正日病逝"肇事凶手"的"心梗"再次成为人们关注的焦点。心肌梗死发作2~6小时内死亡率最高。据统计，约有半数的急性心肌梗死的患者在送至医院之前已经死亡。而心肌梗死救治越早，生存机会就越大。

上述新闻中报道的"心梗"就是人们在日常生活中常听到的冠心病。

冠心病是冠状动脉性心脏病的简称。由于脂质代谢不正常，血液中的脂质沉着在原本光滑的动脉内膜上，在动脉内膜一些类似粥样的脂类物质堆积而成白色斑块，称为冠状动脉粥样硬化病变。这些斑块渐渐增多造成动脉腔狭窄，使血流受阻，导致心脏缺血，产生心绞痛，病情严重者很容易猝死。

冠心病是老年人最常见的疾病之一，是影响人民健康和长寿的主要疾病。据调查，我国人民疾病死亡的原因，肿瘤病症不是最主要的，占首位的是冠心病等心血管疾病。

随着人民生活水平的提高，冠心病的发病率和死亡率还有逐年上升趋势，这是值得注意的严重问题。例如根据统计，北京1973年每十万人中因冠心病死亡的为21.7人，到了1986年上升为62人；上海1974年每十万人中因冠心病死亡的为15.7人，到了1984年则上升为37.4人；就全国来说，冠心病等心血管疾病的死亡率，1957年为12.07%，占疾病死因的第五位，而1985年则上升为44.4%，上升到首位。

（二）影响因素

防控冠心病的关键是预防和治疗。而预防首先要了解的是冠心病的影响因素，这些因素也就是主要引发冠心病的因素。所以，了解了这些因素，并且积极做好预防工作就能有效预防冠心病。那么，冠心病的影响因素有哪些呢？

1. 生理性因素

（1）饮食因素：经常进食高热量的饮食及较多的动物脂肪、高胆固醇者易患本病；食量过大也易患本病。一份来自高校教师生活方式与健康状况的调查研究（孙雪梅，2009）表明，高脂饮食组高校教师与非高脂饮食组高校教师比较，发生高血糖、高血压、血脂异常、脂肪肝、冠心病的危险增加，差异均有统计学意义（$p<0.01$）。

（2）遗传因素：是主要的冠心病的影响因素。家族中有在年轻时罹患冠心病的成员，其近亲患冠心病的几率会5倍于无这种情况的家族，需要引起注意。

（3）性别因素：在我国，男女冠心病的发病率和死亡率比例为2:1，但女性在绝经期后冠心病的发病率显著上升,60岁以后,女性发病率明显大于男性。

(4) 肥胖因素:是常见的冠心病的影响因素。有研究表明,超过标准体重20%时,冠心病发病的危险性增加1倍,体重迅速增加者尤其如此。

(5) 糖尿病:糖尿病可引起血管损害,导致冠状动脉粥样硬化,糖尿病人的冠心病发病率是非糖尿病人的2倍。

(6) 高血脂:血脂异常,血中总胆固醇、低密度脂蛋白升高,高密度脂蛋白降低,易导致冠状动脉粥样硬化,从而导致冠心病的发生。

(7) 高血压:这是冠心病的影响因素中较危险的,高血压会损害动脉内壁,引起并加快冠状动脉粥样硬化过程,导致冠心病。

此外,年龄因素、吸烟、运动减少也可能导致冠心病的发生,需要引起关注。

2. 心理性因素

传统的心理学研究表明,愤怒和敌意、临床和亚临床抑郁、A型人格跟冠心病有显著相关;而最新的研究表明,存在D型人格,跟冠心病也显著相关(黄彦科、姚树桥、黄任之,2008)。

三、A型人格与冠心病

(一) A型人格与冠心病的相关研究

西部合作团体研究(western collaborative group study,简称WCGS)对3 000多名男性进行8年追踪,结果显示A型人格的人群罹患冠心病的几率是对照组的两倍,心肌梗死的复发率比对照组高出5倍。但是多危险因素介入试验(multiple risk factor intervention trial,简称MRFIT)对近3 000名男性追踪7年,结果显示A型人格和冠心病发作没有明显的联系。A型行为模式受到挑战,有解释认为这与各种研究采用的筛查方法不同有关,但更多的研究认为组成A型行为模式的60个因子中,只有少数几个具有病理意义。因此研究者转向对A型人格内部的具体行为方式的特点及其所形成的维度进行研究,其中和冠心病关系最明确的是愤怒和敌意。

1. 愤怒和敌意

愤怒和敌意(anger and hostility)是A型行为模式中的主要成分,许多研究结果显示,它们和冠心病关系密切。一项对WCGS早期的数据再分析的研究显示,潜在的敌对、蛮横而高声的讲话方式、经常地生气及易激惹是冠心病最强有力的预测因子。同样,虽然MRFIT的研究中不支持A型行为模式对冠心病的预测作用,但敌对和冠心病风险却存在相关。

2. 抑郁

将近有1/5的心血管病人具有或诊断为临床抑郁(depression),"心梗"后伴发的抑郁症状(不仅仅限于重症抑郁)可以将心血管死亡率增加3~4倍,这些发现让医疗及社区把抑郁当成最普遍且最有流行病学特点的冠心病社会心理危险因素。美国有学者在1993年对222名心肌梗死后病人的前瞻性研究显示重症抑郁的诊断和出院后半年内的死亡率有强相关。更新的两项资料表明,开始是健康的人群如果抑郁发作或抑郁症病人病情加重更容易在以后出现心血管事件。有研究证明疲乏、耗竭这两种抑郁症状可以预测心血管事件,或者作为症状恶化的预测因子。并且这种预测价值不能认为是疾病对情绪的作用和精力水平的影响。

然而抑郁和冠心病关系的研究存在着局限性:①抑郁的严重程度和冠心病的预测没有关系,即使是轻度抑郁也可以出现很严重的心血管事件;②抑郁情绪和冠心病的相关比躯体化症状和冠心病的相关更大;③抑郁的症状更多地表现为一种人格特质而不是精神病学的标准;④和冠心病联系更密切的应该是负性情绪而不仅限于抑郁这一单一症状;⑤治疗冠心病人的抑郁症状和治疗其他负性情绪的症状结果差不多。

从以上论述可以看出,任何单一的心理因素都无法完全解释对冠心病的影响,敌对、愤怒、抑郁及社会孤立都对疾病的发生发展产生作用。所以越来越多的研究者开始注意对已有的研究理论进行分析整合,研究多种心理因素相互作用对冠心病病程的影响(黄彦科,2008)。

(二) A型人格的矫正

A型人格是在一定的物质和社会基础上形成的,既有意识的决定因素,也有潜意识的决定因素,矫正需要经历较长时间。一般情况下,使用单一的某种心理治疗技术难以奏效,故常采用多种方法进行综合的矫正治疗,包括如下一些方法。

1. 冠心病知识教育和A型行为模式知识教育

这类方法的目的是促使被治疗者建立牢固的行为改造动机。对尚未发生冠心病的A型人格者,由于他们的行为特点有较直接的社会经济效益,例如易受人们的赞赏,易得到较多的物质利益等,结果反过来对A型行为模式产生社会强化作用。加之A型人格者对发病的危险性存在侥幸心理,故改变行为的动机不强烈。研究发现,一旦心肌梗死出现,侥幸心理消失,会促使病人对改造行为产生紧迫感。可见帮助患者确立治疗动机,是A型行为模式治疗中不可缺少的一步。具体做法是:采用集中讲课或发小册子的方式,向患者进行有关冠心病危险因素的教育,强调A型行为模式是各种因素中的一项重要的心理因素。接着,向患者解释A型行为的各种表现,解释为什么将A型人格称为冠心病倾向人格,其中的机理如何等。这种教育干预方法需因势利导,循序渐进。开始可每周集中一次,时间约90分钟,以后时间间隔可逐渐延长,并逐渐结合其他方法,每2~3周一次,直至总计达20次左右。

2. 松弛训练

松弛训练一般每天2次,每次15分钟左右,这是矫正A型行为模式的一种有效方法。通过松弛训练,使患者能逐渐学会对交感神经系统的反应有较强的自我控制能力,以便在生活应激中,能自如地使用放松反应或深度放松法,也可用瑜伽或放松气功。初始阶段,应集中进行训练指导,并结合生物反馈程序。当集中训练一段时间,A型人格者已能自动控制训练后,应逐渐将训练活动转移到家里或工作场所。

3. 认知行为治疗

认知行为治疗包括两个方面的内容，即认识重建技术和行为控制技术。认识重建技术是在冠心病知识教育和 A 型行为模式知识教育基础上，进一步帮助 A 型人格者在个人的认识、理想、信念、态度、归因手段、目的等方面做出新的评价和进行自我矫正，以便能从根本上消除产生 A 型行为模式的心理基础。例如，针对 A 型人格者速度和节奏过快（即时间匆忙感）的特点，应通过自我认识的调整使之放慢速度，可要求 A 型人格者把日常生活中过分强调行为目的的行为特点转为强调行为过程的行为特点。行为控制技术包括对环境的控制和对个人行为的调节，帮助 A 型人格者尽可能改变以往的工作和生活环境，例如改变工种以避免与原有的引发 A 型行为模式的情境刺激相接触，不与 A 型人格者过多交往，以减少社会暗示性作用等。

4. 行为矫正技术

一般采用集体治疗，通过角色扮演排练 B 型行为模式技巧。角色表演的内容，主要围绕 A 型人格者的时间紧迫感、竞争性和敌意三方面进行设计。通过一定的表演程序，训练 A 型人格者对情境刺激做出 B 型行为反应。行为矫正技术也应包括奖励和惩罚原则的灵活应用。

5. 社会性支持

社会性支持包括同事、朋友、家庭成员的注意、帮助和监督，这对鼓励和维持 A 型人格者进行 A 型行为矫正有独特意义。这种支持还能够给 A 型人格者提供有关行为矫正成败的反馈信息，有利于矫正程序的顺利进行。

第三节 人格障碍及其成因

一、了解人格障碍

人格决定一个人的命运，这句话虽然并不完全正确，但存在一定合理性。在某种程度上，人格确实影响一个人的身心健康、生活幸福与事业成功。每个人的人格有很大差别，那么怎样才算是人格障碍？

人格障碍一词，是精神病学诊断分类中的名词。在早年的研究中，人格障碍与精神病态（即反社会人格）的术语常常交替使用，曾主要指反社会人格这一种类型。到 20 世纪六七十年代，反社会人格被作为一种特殊的人格障碍类型，而与人格障碍的概念相区别。人格障碍，是一种介于精神病和神经症之间比较严重的心理障碍，有时伴有身体或其他精神性障碍。一般人做人处事都有一定的模式，都要接受社会规范的要求和检验，如果超越了正常的范围便形成了人格障碍，人格障碍是与正常的社会规范准则难以融合的一种心理障碍。

CCMD-3（《中国精神障碍分类与诊断标准》（第三版））对人格障碍的描述为，人格特征显著偏离正常，患者形成了一贯的反映个人生活风格和人际关系的异常行为模式，这种模式显著偏离特定文化背景和一般认知方式（尤其在待人接物方面），明显影响其社会和职业功能,造成对社会环境的适应不良,患者为此感到痛苦,并已具有临床意义。患者虽然无智能障碍,但适应不良的行为模式难以校正,仅少数患者在成年后有一定程度上的改善,通常开始于童年或青少年期,并长期持续发展到成年或终生。如果人格障碍偏离正常是由躯体疾病(如脑病、脑外伤、慢性酒中毒等)所致,或激发各种精神障碍则应称为人格改变。

DSM-IV(《精神疾病的诊断和统计手册》(第四版))中对人格障碍的描述如下。

(1) 明显偏离了患者所在文化所应有的持久的内心体验和行为类型,表现为下述四个方面:①认知(即对自我、他人和事件的感知和解释方式);②情感(即情绪反应的范围、强度、脆弱性和适应性);③人际关系;④冲动控制。

(2) 这种持久的类型是不可变的,并且涉及个人和社交场合的很多方面。

(3) 这种持久的类型导致临床上明显的痛苦和烦恼,或在社交、职业,或其他重要方面的功能缺损。

(4) 这种类型在长时间内是相当稳定不变的,至少可以追溯到青少年或早期成年时期。

(5) 这种行为类型不可能归于其他精神障碍的表现或后果。

(6) 这种行为类型并非是由某种物质(如某种治疗药品等),或一般躯体情况(例如脑外伤)所致的直接生理性效应。

二、人格障碍的分类

案例 11-3

某高校一年级学生,男,因经常要求调换宿舍而被辅导员介绍进行咨询。该生来自农村,是父母最小的孩子,上有三个哥哥,爸爸和三个哥哥的脾气都很暴躁,他从小就经常遭到他们的打骂。高考落榜后到某地区一所学校复读,一位老师经常在课堂上对他冷嘲热讽,他认为老师经常借课堂的内容来影射他,而同学们都跟着嘲笑他,使他心理受到创伤。上大学后刚好与来自该地区的同学分在同一宿舍,让他感到难受,辅导员已几次为他调整宿舍,但他仍与同学相处不好,认为同学都排斥自己,因此常与舍友发生矛盾,晚上不回宿舍而选择睡在宿舍大楼的电梯口。上大学后他很希望能学到真正的知识,但上课时却总认为老师所讲的内容是在讽刺他,和其他同学也相处不好,总觉得同学把他当成怪物,不喜欢自己。

结合上述内容想一想,该来访者可能患有什么人格障碍?

DSM-IV 依据临床表现的描述,将人格障碍分为 A、B、C 三大类群,共 11 种类型。A 类群的主要特点是行为怪癖、奇异,包括偏执型、分裂样和分裂型人格障碍;B 类群的主要特点是情感强烈而不稳定,戏剧化,包括表演型、自恋型、反社会型和边缘型人格障碍;C 类群的主要特点是紧张、焦虑、恐惧和退缩,包括回避型、依赖型、强迫型和被动攻击型人格障碍。

（一）A 类群人格障碍：怪癖和奇异

1. 偏执型人格障碍

偏执型人格障碍是指以固执己见和敏感多疑为典型特征的一类人格障碍，表现为对自己的过分关心，自我评价过高，对他人则特别嫉妒，不信任别人，常将他人无意的或友好的行为误解为敌意或轻蔑，过分警惕与防卫，总认为自己是正确的，往往将自己的挫折或失败归咎于他人。

偏执型人格障碍者固执、敏感、多疑、狭隘、易与周围人发生摩擦、人际交往关系较差。他们情绪冷淡而紧张，公开藐视他人的弱点，在招到拒绝时容易感到委屈，并因此争辩不休。偏执型人格障碍者的人际交往障碍会使其身心受损，心情郁闷，加重其变态人格的表现，而持续遭受的挫折、嘲讽和心理打击，可能使其继续发展成偏执型精神病。在上述案例中的男生总怀疑他人，与他人相处不好，可能患有偏执型人格障碍。

2. 分裂样人格障碍

分裂样人格障碍是一种以奇异的观念、外貌和行为及人际关系有明显缺陷，且情感冷淡为主要特点的人格障碍。分裂样人格障碍者有奇异的观念、外貌或行为，甚至会有不寻常的知觉体验，对人冷淡，缺少温暖体贴，表情淡漠，缺乏深刻或生动的情感体验。

分裂样人格障碍者难以与他人建立深厚的情感联系，因此，他们的人际关系一般很差。他们似乎超脱凡尘，不能享受人间的种种乐趣，如夫妻间的交融、家人团聚的天伦之乐等。同时他们也缺乏表达人类细腻情感的能力，故大多数分裂样人格障碍患者独身，过着一种孤独寂寞的生活。一般说来，这类人对别人的意见也漠不关心，无论是赞扬还是批评，均无动于衷。其中有些人，可能有些业余爱好，但多是阅读、欣赏音乐、思考之类安静、被动的活动，部分人还可能一生沉醉于某种专业，做出较高的成就。这类人的性欲淡漠也颇为突出，内心世界极其广阔，常常想入非非，但常常缺乏相应的情感内容，缺乏进取心。从总体来说，这类人生活平淡、刻板，缺乏创造性和独立性，难以适应多变的现代社会生活。

3. 分裂型人格障碍

分裂型人格障碍是以与社会隔绝、缺乏温情、古怪和多疑为特征的一类人格障碍，他们缺乏亲密的人际关系，缺乏性兴趣，体验不到愉快，情感平淡，沉默寡言，孤单。从某种程度上讲，在分裂样人格障碍中，如果怪癖很突出，那么可称之为分裂型人格障碍。

分裂型人格障碍者会毫无道理地将与己无关的事情联系起来而惴惴不安，出现奇异的观念和想法，或与文化背景不一致的行为，如对透视力、心灵感应和"第六感官"、"别人可以体验我的情感"等奇异功能特别着迷。有的也会产生不寻常的知觉体验，比如产生错觉、幻觉，常看见不存在的人。缺乏温情也是分裂型人格障碍者的典型特征，难以和别人建立起深厚的情感关系，除一般亲属外无亲密朋友和知己。

视野拓展

李惠、陈增堂和唐云翔(2010)对分裂型人格障碍大学生的社会认知功能的研究发现,与正常对照组相比,被确认为分裂型人格障碍的大学生在面孔性别识别和面孔表情识别方面的能力均有下降。他们的面孔性别识别能力受损较轻,只是对低程度男性面孔识别的正确率要低于正常对照组。他们的面孔表情识别能力受损则相对较重,尤其是对中等程度的高兴和厌恶表情面孔的识别正确率明显低于正常对照组。此研究仅研究了三种表情:高兴、厌恶和恐惧,发现分裂型人格障碍者的面孔表情识别障碍可能在对高兴和厌恶表情判断方面更为明显。然而,高兴和厌恶表情的正确判断,对人际关系的良性发展有重要作用。此研究还发现中等程度的面孔表情显示出最明显的组间差异,这可能是因为中等程度的面孔表情最接近现实状态,这一点提示在今后进行神经生物学研究时应该优先考虑应用它们。

(引自李惠,陈增堂,唐云翔. 分裂型人格障碍大学生的社会认知功能[J]. 临床精神病学,2010,24(4):270-274)

(二) B类群人格障碍:情绪化和戏剧化

1. 表演型人格障碍

表演型人格障碍又称为癔症型人格障碍,以过分感情用事或夸张言行以吸引他人注意为特点。表演型人格障碍者为引起他人注意而具有过分的情绪表达,对人情感肤浅,说话装腔作势,有诱惑或挑逗行为却缺乏性欲,易受他人或环境影响,以自我为中心,为满足自己的需要不择手段,不断渴望受到赞赏等。

表演型人格障碍者表情夸张像演戏一样,装腔作势,情感体验肤浅,与他人的关系大部分是表面的和短暂的。寻求被注意和过分情绪化是此类障碍的特点,需要别人经常的注意,为了引起他人的注意,不惜哗众取宠、危言耸听,或者在外貌和行为方面表现得过分吸引他人。他们以自我为中心,强求别人符合他们的需求或意志,不如意就给别人难堪或表示强烈不满。经常渴望表扬和同情,情感反应强烈易变,完全按个人的情感判断好坏,说话夸大其词,掺杂幻想情节,缺乏具体的真实细节,难以核对。表演型人格障碍多发生于青少年期后期阶段,往往与青少年发展的叛逆期相遇,极易阻碍其健康成长。

2. 自恋型人格障碍

自恋型人格障碍是以自我夸大、需要他人表扬及缺乏共情为特点的人格障碍。关于自恋型人格障碍,还有一个古希腊神话故事。有一位叫纳喀索斯的英俊少年,一天他在泉水边休息,看到了水中自己的倒影,便一见倾心,从此对其他的人和事再也没有任何兴趣,终日在水边看着自己的倒影不舍离去,最后憔悴而死,后化为一朵水仙花。后来,心理学家便以纳喀索斯的名字来命名自恋型人格障碍。

自恋型人格障碍者认为自己是最出色的,其他人都比不上他,所以都嫉妒他。认为他人理所应当对他们关注、赞美、关心、帮助,成功、权力、荣誉也理所应该是属于他们的。因此,他们经常对他人指责批评,对待他人给自己的批评的反应则是愤怒、敌意,甚至会采取报复行动。他们缺乏同情心,对人冷漠,因而也会利用或玩弄他人的感情。他们没有责任感,更没有愧疚感,做错事总会寻找借口和替罪羊,因为一旦被迫承认错误就会威胁到他们的自我评价。

3. 反社会型人格障碍

反社会型人格障碍是公认的最难治疗的心理障碍之一。DSM-IV 将反社会型人格障碍界定为一种源自15岁以前的忽视或侵犯他人权利的普遍行为模式,包括说谎、偷窃、斗殴、逃学、反抗权威和不寻常的过早或攻击性性行为,酗酒和使用违法药物等,且这些行为并非发生在精神分裂症和躁狂发作的病程中。

反社会型人格障碍者没有责任感,判断好坏的能力也比较差。他们中大多数人麻木不仁,虚假不诚,对人缺乏爱与依恋的能力和需要。性格暴躁,具有很强的攻击性,对自己的欲望很难控制。他们的症状在童年时期就有所表现,如偷东西、任性、逃学、流浪和对一切权威的反抗;少年时期过早出现性行为或性犯罪;常有酗酒和破坏公物、不遵守规章制度等不良习惯。仅社会型人格障碍者成年后工作表现差,对家庭不负责任,在外欠款不还,常犯规违法。反社会型人格特征都是在青年早期就出现了,最晚不迟于25岁。30岁以后,大约有30%~40%的患者有缓解或明显的改善。然而,反社会型人格障碍者一般外表比较迷人,且初次交往常给人留下较好的印象。

4. 边缘型人格障碍

边缘状态是介于精神分裂症和非精神分裂症之间以及介于神经症和深度紊乱之间的状态。DSM-IV中对边缘型人格障碍定义为:边缘型人格障碍是一种人际关系、自我意象和情感的普遍不稳定形式及显著的行为的冲动性。

边缘型人格障碍者具有情绪不稳定性的特征,患者一方面体验到空虚和不安全感,另一方面又体验到与上述情况对立的充实感和踏实感,让人感觉有时很冷静有时又极易情感爆发。他们的人际关系极不稳定,时而讲述某人的好,时而又对他进行人身攻击。怀有对真正的或想象的被抛弃的恐惧,对外界极度敏感,这点可以说是边缘型人格障碍一切症状的来源。他们易冲动,出现自伤、自残和自杀行为。会出现短暂的应激性的精神病性症状,这种精神病性症状的发作和精神分裂症不同,一般比较轻微,历时短暂,容易被忽略,多发生在频繁的对真正的或想象的被抛弃的恐惧中。

视野拓展

杨新磊(2011)在对边缘型人格障碍的研究中发现,电影对边缘型人格障碍的治疗具有独特价值。临床表明,在私闭的空间,给某些特定类型的精神疾病特别是边缘性人格障碍症患者播放特选的影片,往往能唤起其痛苦回忆,抚慰心灵伤楚,进而促其身心稳定,甚至治愈病情。"大脑智慧情境治疗系统"为电影治疗提供了新的沟通媒体。该系统通过虚拟现实与接受治疗人士的躯体动作产生互动,帮助患者表达自己的思想感情,而让治疗师进入他们的内心世界,协助他们面对及克服负面感觉或自尊受损等情绪创伤。电影治疗是医学与电影学的交叉与融合,是人文科学与自然科学的前沿,通过电影艺术呼唤人性之善,前景无限。

(引自杨新磊(2011),电影对边缘性人格障碍症的抑治及电影治疗的独特价值[J],中国医学伦理学,2011,24(1):48-52)

(三) C 类群人格障碍:焦虑和退缩

1. 回避型人格障碍

回避型人格障碍表现为缺乏自信,怀疑自身价值,认为自己无能,无人格魅力。他们比较敏感,特别是遭到拒绝和反对时,感觉受到了较深的伤害。回避型人格障碍者从一开始就回避人际关系,要不就是无条件地接受他人的意见,因为害怕被他人批评、反对和排斥。值得注意的是,渴望一种有意义的孤独与暂时的回避人世并非一种病态,相反,真正具有回避型人格障碍的人并不敢深入到自己心灵的内部去,他们的回避带有强迫性、盲目性和非理智性等特点。

他们在生活中尽管有交往的需要,但大多数人仍与周围人保持一定距离。患者有很大的社会不安感,在人际交往场合中感到拘束,在那些需要大量接触他人的工作面前常常因羞怯而逃避。在家庭之外他们很少有亲密朋友和知己。患者的典型症状是他们很不愿意出风头,害怕暴露自己的内心感情,表现为羞愧、哭泣或不能回答问题。他们对熟人很亲热,但对生活中习惯常规的任何改变会感到害怕。为了回避引起焦虑的情况,他们常寻找一些借口。有时他们对一些事物表现出恐惧,而且他们经常有抑郁、焦虑和对自己生气的感觉。

2. 依赖型人格障碍

依赖型人格障碍是以极端缺乏自信,过度顺从和依赖为主要特征的一种人格障碍。这种障碍的患者在没有得到他人频繁指导和安慰时,难以做出日常生活中的决定,需要他人对自己生活中大多数重要问题承担责任,经常被遭人遗弃的念头所折磨。由于害怕失去支持和赞许而难以表示与别人不一致,对独自计划和做事感到困难。由于过分害怕不能照顾自己,在独处时感到难受或无助。

依赖型人格障碍者在顺利的情况下,可以平静地生活。虽然有较好的学习或工作能力,但由于缺乏独立能力,遇事没有主见,事事依赖别人,日常生活自理能力差,生活中的大事,比如考研、选择职业等,常需他人来替自己作决策。依赖型人格源于个体成长的早期。幼年时期儿童离开父母就不能生存,在儿童印象中保护他、养育他、满足他一切需要的父母是万能的,他必须依赖他们,总怕失去了这个保护神。

3. 强迫型人格障碍

强迫型人格障碍者最主要的特征是要求严格和完美,容易把冲突理智化,具有强烈的自制心理和自控行为。这类人在平时有不安全感,对自我过分克制,过分注意自己的行为是否正确、举止是否适当,因此表现得特别死板、缺乏灵活性。他们责任感特别强,往往用十全十美的高标准要求自己,同时又墨守成规。在处事方面,过于谨小慎微,常常由于过分认真地重视细节而忽视全局。怕犯错误,遇事优柔寡断,难以做出决定。他们焦虑、紧张、悔恨时多,轻松、愉快、满意时少。不能平易近人,难以热情待人,缺乏幽默感,容易对人对己都感到不满而引发矛盾。

强迫型人格障碍与强迫症都有"强迫"二字,表现也有重复的部分,然而这并不能说明具有强迫型人格障碍的人就肯定是强迫症患者。虽然强迫型人格障碍与强迫症有密切的关系,但具有强迫型人格障碍的人不一定都是强迫症患者。区别二者的一个关键就是看患者社会功能有无受损。在现实生活中,大多数人有过强迫观念,例如不自主地反复想一个问题,或唱一两句歌,但因其不影响正常心理活动和行为,正常社会生活还能维持,在临床上就可以不诊断为强迫症。即使反复出现强迫观念、强迫行为,只要没严重影响正常的生活,也只可能定义为强迫型人格障碍。如果社会功能严重受损,不能正常生活的才很可能是强迫症。

4. 被动攻击型人格障碍

1994年美国《精神障碍诊断与统计手册》(DSM)将此类型列为应进一步研究的障碍。被动攻击型人格障碍是一种以被动方式表现其强烈攻击倾向的人格障碍,被动拒绝那些使其充分发挥他的工作和社交能力的要求,这种拒绝不是直接表达的,而是采取间接的方式如拖延、闲混、执拗、故作无能等来表达的,其结果是社交和工作方面表现严重而持久的效能不足,而实际上他们是有潜力的。

被动攻击型人格障碍者性格固执,仇视情感与攻击倾向十分强烈,内心充满愤怒和不满,但又不直接将负面情绪表现出来,而是表面服从,暗地敷衍和不予以合作,常私下抱怨,却又相当依赖权威。在强烈的依从和敌意冲突中,难以取得平衡。他们可能会故意迟到,故意不回电话或回信,故意拆台使工作无法进行。被动攻击型人格障碍者在人际交往方面具有矛盾心理,这种人多数性格内向、孤僻、心胸狭窄、好记仇、不善于与人交往,常常因无法预示和赌气的行为使交际的一方感到紧张与不安,情感易变,经常闷闷不乐,容易发怒,好争辩,受到挫折时伴有爆发性情绪。

 问题宝盒

人格障碍的五因素模型研究

Wiggins和Pincus(1989)发表了第一篇考察FFM(五因素模型)与APA(美国精神病学会)中定义的人格障碍之间关系的研究性文章。之后类似的研究还有很多,大部分都是采用各类人格障碍的标准样本类型和独立的测评方法来考察二者之间的关系。这些研究努力的基本假设就是:人格障碍可以看做是在一般人格维度上特定的不适应或极端情况。因此,这些研究也就试图证实,五因素模型中的每个维度与各个人格障碍之间可能的特定关系。其中绝大多数研究结果都认为用五因素模型可以较好地反映出各种人格障碍的特点。

Saulsman 和 Page(2004)就对之前 15 项独立的相关性研究结果进行了一项很有意义的元分析回顾。他们用一个 10 行 5 列的表格来表述出了 DSM 中的人格障碍分类与 FFM 两个结构间的关系,结果进一步证实了 FFM 各维度与每一种人格障碍的相关,并且"这些相关都是有意义,有预见效果的"。其中,以情绪苦恼为特点的人格障碍(如分裂样型、边缘型、回避型和依赖型)尤其与神经质成正相关;以社交、群居为特点的人格障碍(如表演型、自恋型)与外向性成正相关,以害羞和退避为特点的人格障碍(如分裂型、分裂样型、回避型)与外向性成负相关;以社交困难为特点的人格障碍(比如分裂样型、反社会型、边缘型、自恋型)与宜人性成负相关;而以强调秩序为特点的人格障碍(如强迫型人格障碍)则与责任感成正相关,以冲动、鲁莽为特点的人格障碍(如反社会型、边缘型)则与责任感成负相关;开放性维度与病态人格特质间的相关不明显。但是,该研究还发现各个人格障碍与五因素模型相关的程度不尽相同。

(引自徐华春,郑涌,国外人格障碍五因素模型研究述评[J],心理科学进展,2006,14(2):249-254)

三、人格障碍的成因

人格障碍的形成有着非常复杂的原因,既与遗传因素有关,也与后天环境有关,既有生理心理方面的原因,也有社会方面的原因。因此,人格障碍是基于某种不健全的先天素质,或在后天不良社会环境因素的影响下形成的,往往是两种情况兼而有之。它一般受制于 4 个因素,即生物遗传因素、生理因素、心理因素,以及环境因素。

(一)生物遗传因素

国外心理学家们对人格障碍的遗传影响进行过有趣的研究:心理学家通过对家谱的研究发现,人格障碍患者的亲属中人格异常的发生率与血缘关系的远近成正比,即血缘关系越近,发生率越高。而对同卵双生子与异卵双生子的研究也表明,前者比后者在人格障碍方面的一致率更高。有关寄养子女的研究也发现,人格障碍患者的子女寄养出去后,人格障碍的发生率也较高。上述研究说明遗传因素是形成人格障碍的原因之一。

我国学者也做过类似的研究。纪文艳和胡永华(2006)在人格障碍遗传度双生子研究中发现依赖型人格障碍、自恋型人格障碍和分裂型人格障碍是所有人格障碍类型中有较高遗传概率的几种类型,同前人的研究结果相似,但遗传度没有国外研究结果那么高。有可能是与研究人群的样本大小、种族和研究工具的不同有关。遗传因素对表演型人格障碍的作用最小,其次是偏执型人格障碍和分裂型人格障碍。对于边缘型人格障碍,此研究提示有主效应基因的存在,反社会型人格障碍的研究结果与其他研究相差较大,在以往的研究中往往发现遗传对反社会型人格障碍的作用很明显。

(二) 生理病变因素

虽然没有发现人格障碍患者神经系统解剖、生理上的病变,但一般认为他们在神经系统的先天素质方面有不健全的地方。心理学家曾针对人格障碍患者往往缺乏焦虑和内疚的情况,进行了非常有价值的研究。结果表明,在经典条件作用实验中,人格障碍患者的皮肤电反应活动程度比非人格障碍患者低。在同一项工作中,发现出错一次就给一次电击,人格障碍患者出错最多,非人格障碍患者最少,从而证明人格障碍患者没有预期的焦虑。哈尔也对原发性和继发性人格障碍患者和正常人的静态反应、紧张反应进行过测量,测量包括心跳、皮肤电反应和呼吸。结果发现,人格障碍患者对静态和紧张刺激的自主反应程度比正常人低,从而进一步证明了人格障碍患者倾向于缺乏焦虑,因而不能从经验中吸取教训。这就表明,人格障碍在某种神经系统功能上是存在障碍的,但是一般没有神经系统形态学的病理变化。

由于大脑边缘系统与情绪和行为有极其密切的关系,于是有人推测人格障碍患者的大脑边缘系统可能发育不够健全或存在某些缺陷。有报道指出,人格障碍患者脑电图异常比率高于正常人群,从而提示生物学因素对人格障碍有一定影响。此外,有研究表明,反社会型人格障碍患者在情绪唤起方面有明显不足的表现,往往难于感受正常人的恐惧、焦虑和悔恨等情绪体验,因而对自身的反社会行为缺乏适当的调节和控制,同时也难以从惩罚中吸取教训,以避免遭受再度的惩罚。这表明,人格障碍在某种神经系统功能上存在障碍,但还没有发现神经系统解剖生理上的病变。

(三) 心理因素

人格障碍除了与遗传和生理因素有关外,还与心理因素有联系。有研究表明,儿童的攻击行为,一是源于角色认同,二是自卑补偿,三是自尊心受挫。男孩进入青春期,往往自以为已经长大成人,出于对男子汉角色的认同和片面理解,崇尚男子汉的力量、刚毅、果断、义气等特征,他们有时在同龄人面前表现出较强的攻击性,女性在场时表现尤为突出,以此来认同男子汉的角色。有的人因自己的家庭出身、工作性质、身体状况、生活条件等产生自卑心理,他们会选择冲动、好斗等攻击行为来作为自卑心理的补偿。自尊心受挫也会用敏感强烈的攻击行为来做出反应,挫折的大小与攻击性强弱成正比。

强烈的精神创伤如家庭破碎、母爱被剥夺等通常会给人格发展带来严重影响。在人格发育过程中,幼儿在3岁以内缺乏与母亲(或起母亲作用的人)接触的机会,或至少3个月完全被隔离,或频繁更换乳母,使其早期母爱被剥夺,可能导致缺乏情感的性格。

此外,儿童人格的发展与父母的养育方式、儿童期的虐待和依恋有很大的关系。陈哲和付丽等人(2011)在父母教养方式、儿童期的虐待和依恋与反社会型人格障碍倾向的关系研究中发现童年期不良的父母教养方式、儿童期的虐待、不安全依恋与青少年期的反社会型人格障碍的形成有密切关联。父母关爱、父母鼓励自主与青少年反社会型人格症状成显著负相关,父母控制与反社会人格倾向成显著正相关。父母关心爱护会促使子女正常健康发展,形成乐观和自信等积极的人格特点;父母鼓励自主给孩子应有的自由,而父母控制在一定程度上剥夺了孩子的自主权,会导致孩子心理上的紧张压抑,引发他们的逆反心理,在行为上表现出来的可能就是不负责任和缺乏理智的行为。研究结果显示,反社会型人格障碍与儿童期的虐待显著正相关,与依恋显著相关。早期依恋经验将转化为个体的内部工作模型,反映个体对自我、他人,以及自我与他人关系的看法和态度,提示我们个体的自我概念及世界观和价值观可能与反社会型人格障碍的形成与发展有更重要的关系。

(四)环境因素

这是形成人格障碍的外因,包括生活环境和社会环境。儿童早期是人格形成的重要时期。这一阶段遭遇不良环境是形成人格障碍很重要的原因。社会学习理论者认为,人格障碍患者的异常情绪反应与行为方式,是在成长过程中习得的。在儿童期间通过单纯的观察、模仿,即可习得许多情绪反应和行为方式,包括一些社会适应不良的行为,并会通过条件反射机理而巩固下来。

一方面,恶劣的生活环境是人格障碍形成的重要原因。童年时期父母死亡、离婚,或有违法犯罪行为,父母对子女溺爱、放纵、虐待、遗弃、专制、忽视等都可能形成儿童的人格障碍。社会底层的弱势群体遭受失业、受歧视、居住拥挤、受教育机会少等,也会对儿童的心理发育造成不良影响。成绩不良的学生在学校和家庭中受到歧视,对升学失去信心,坏人的引诱,不健康的网络游戏、新闻媒体中的负面消息、各种淫秽物品等,都会使人格障碍的发病率上升。成年人遭遇沉重的精神打击,比如下岗,中年丧子或丧偶,在生意上或股市里血本无归,考场失利,名落孙山,长期怀才不遇等,都容易陷入人格障碍。

另一方面,社会环境对人格障碍的形成也有重要影响。某种特殊的社会环境的潜移默化的影响,可能是形成人格障碍的关键因素。在一个社会动乱、世风日下、道德瓦解的时期,人与人之间容易产生不信任感、充满敌意,导致破坏性行为,缺乏对他人的关怀。一个物欲横流、尔虞我诈、竞争激烈的社会,会导致人格障碍,尤其是反社会型人格障碍增多。

人格障碍的形成,通常是以上诸多因素综合地起着作用,只是在某个具体病例中,某一种原因所占地位的主次或比重略有不同。在进行人格障碍的治疗时,应综合上述问题,进行多方面考虑。

温故知新

传统的健康观是"无病即健康",认为机体处于正常运作状态,没有疾病就是健康。现代的健康观是"整体健康",1990年WHO对健康的阐述是:在躯体健康、心理健康、社会适应良好和道德健康四个方面皆健全。现代社会中,我们健康的威胁越来越多地来自压力和我们自身的人格。

第十一章 健康

"只有死人才没有压力",道出了压力弥漫性存在的不争事实,压力源是指被认为有威胁的情境、环境或刺激,也就是制造或引发压力的东西。正性压力是好的压力,它一般产生于令人愉快的情境。中性压力是一些不会引发后继效应的感官刺激,它们无所谓好坏。负性压力便是我们常提到的压力,即不好的压力。它分为急性压力和慢性压力。从定量的角度看,美国学者 Brian Luke Seaward 认为正性压力和负性压力与健康间的关系可以利用耶克斯-多德森定律来解释。个体差异在压力与健康间的关系中成为一个重要的中间变量。Scheier 与 Bridges(1955)在对影响健康的个体变量的研究中发现,在压力-健康关系中起重要作用的变量主要有四种,即愤怒/敌意、抑郁、悲观/宿命论和情感压抑。压力、人格与健康间的关系可以用压力中介模型来描述。坚强和乐观是积极的人格变量。压力对健康也有好处,我们应学会在压力中健康成长,掌握一些应对技巧。

一般来说,识别 A 型人格的方法有两种:一种是由弗里德曼和罗森曼发展出来的结构式访谈,另一种为纸笔测验法,又称詹金斯活动调查表(Jenkins Activity Survey,JAS)。

冠心病是冠状动脉性心脏病的简称。由于脂质代谢不正常,血液中的脂质沉着在原本光滑的动脉内膜上,在动脉内膜上一些类似粥样的脂类物质堆积而成白色斑块,称为冠状动脉粥样硬化病变。冠心病的影响因素有生理性因素和心理性因素。

一些学者进行了 A 型人格与冠心病的相关研究,A 型人格中和冠心病关系最明确的是愤怒和敌意。A 型人格是在一定的物质和社会基础上形成的,既有意识的决定因素,也有潜意识的决定因素,矫正需要经历较长时间。一般情况下,采用多种方法进行综合的矫正治疗。

自弗里德曼和罗森曼的研究之后,A 型人格的研究引起了学者们的广泛兴趣,很多心理学家和生理学家都对 A 型人格做了后续的深入验证和探讨,虽然暂时没有得出完全一致的结论,但这也恰好促进了后来人的继续探索。

人格障碍,是一种介于精神病和神经症之间比较严重的心理障碍,有时伴有身体或其他精神性障碍,是与正常的社会规范准则难以融合的一种心理障碍。

DSM-IV 依据临床表现的描述,将人格障碍分为三大类群,共 11 种类型。A 类群的主要特点是行为怪癖、奇异,包括偏执型、分裂样和分裂型人格障碍;B 类群的主要特点是情绪化、戏剧化,包括表演型、自恋型、反社会型和边缘型人格障碍;C 类群的主要特点是焦虑和退缩,包括回避型、依赖型、强迫型和被动攻击型人格障碍。

人格障碍的形成有着非常复杂的原因,既与遗传因素有关,也与后天环境有关,既有生理心理方面的原因,也有社会方面的原因。因此人格障碍是基于某种不健全的先天素质,或在后天不良社会环境因素的影响下形成的,往往是两种情况兼而有之。它一般受制于四个因素,即生物遗传因素、病理生理因素、心理因素,以及环境因素。

本章练习

1. 名词解释

人格障碍　健康　压力源　道德品质健康

2. 压力对健康有什么影响，压力一定会产生疾病吗？

3. 压力、人格与健康之间有什么关系？在应对压力过程中，有哪些积极的人格变量？

4. 什么是 A 型人格？A 型人格与冠心病的关系是什么？

5. 冠心病的影响因素有哪些？

6. 如何测量 A 型人格？

7. 如何描述人格障碍，人格障碍的成因有哪些？

8. 人格障碍分为哪些类型，各有什么表现？

本章参考文献

[1] Lazarus R. S., Folkman, S.. Stress, Appraisal and Coping[M]. New York: Springer, 1994.

[2] Selye H.. Stress Without Distress[M]. Philadelphia: Lippincott, 1974.

[3] Scheier M. F., Bridges, M. W.. Person Variables and Health: Personality Predispositions and Acute Psychology States as Shared Determinants for Disease[J]. Psychosomatic Medicine, 1955, 57: 255-268.

[4] Lazarus R. S.. Stress, Coping, and Illness//H. S. Friedman (Ed.), Personality and Disease(pp. 97-120). New York: Wiley, 1990.

[5] Kobasa S. C.. Stressful Life Events, Personality and Health: A Prospective Study[J]. Journal of Personality and Social Psychology, 1979, 37: 1-11.

[6] Scheier M. F., Carver C. S.. Optimism, Coping, and Health: Assessment and Implications of Generalized Outcome Experience[J]. Health Psychology, 1985, 4: 219-247.

[7] Karl S., Wolfgang K.. The Assessment of Components of Optimism by POSO-E[J]. Personality and Individual Difference, 2001, 31: 563-574.

[8] Gregory T., Hatchett, Heather L. P.. Relationships among Optimism, Coping Styles Psychopathology, and Counseling Outcome[J]. Personality and Individual Differences, 2004, 36: 1755-1769.

[9] Julian, Wing S. W.. Optimism and Coping with Unemployment among Hong Kong Chinese Women[J]. Journal of Rese arch in Personality, 1998, 32: 454-479.

[10] Friedman M.. Rosenman R. H.. Type A Behavior and Your Heart[J]. Journal of the American Medical Association, 1974, 169: 1286-1296.

[11] Wright L.. The Type A Behavior Pattern and Coronary Artery Disease: Quest for the Active Ingredients and Elusive Mechanism[J]. American Psychologist,1988,43:2-14.

[12] Price V. A.. Type A Behavior Pattern: A Model for Research and Pmetice[M]. New York: Academic Press,1982.

[13] Wiggins J. S.,Pincus A. L.. Conceptions of Personality Disorders and Dimensions of Personality[J]. Psychological Assessment,1989,1(4):305-316.

[14] Saulsman L. M.,Page,A. C.. The Five-factor Model and Personality Disorder Empirical Literature: A Meta-analytic Review[J]. Clinical Psychology Review,2004,23(8):1055-1085.

[15] Brian Luke Seaward.压力管理策略——健康和幸福之道[M].5版.许燕,译.北京:中国轻工业出版社,2008.

[16] Walt Schafer.压力管理心理学[M].4版.方双虎,译.北京:中国人民大学出版社,2009.

[17] 简·奥格登.健康心理学[M].严建雯,陈传锋,金一波,译.北京:人民邮电出版社,2007.

[18] 吕武平.心理门诊 200例各类心理病案详情分析[M].天津:天津人民出版社,1977.

[19] 李凌,蒋柯.健康心理学 人类健康与疾病的心理解读[M].上海:华东师范大学出版社,2008.

[20] 苏珊·诺论-霍克西玛.变态心理学与心理治疗[M].3版.刘川,周冠英,译.北京:世界图书出版公司,2007.

[21] 郭永玉.人格心理学 人性及其差异的研究[M].北京:中国社会科学出版社,2005.

[22] 陈少华.人格心理学[M].广东:暨南大学出版社,2010.

[23] Beck A. T,Freeman A.,Davis D. D.,et al.人格障碍的认知治疗[M].翟书涛,陈进,欧红霞,译.北京:中国轻工业出版社,2004.

[24] 徐远超.国内外乐观主义研究热点探析[J].岳阳职业技术学院学报,2011,26(1):121-124.

[25] 牟冬莲.人格、压力与健康关系的研究综述[J].边疆经济与文化,2009,(1):107-109.

[26] 李晶彤.论乐观应对效能与健康的关系[J].边疆经济与文化,2012,(2):165-166.

[27] 郑雪.健康人格的理论探索[J].华南师范大学学报:社会科学版.2006,(5):141-147.

[28] 孙雪梅.高校教师生活方式与健康状况的调查研究[J].保健医学研究与实践,2009,6(1):46-48.

[29] 黄彦科,姚树桥,黄任之.冠心病的新危险因素——D型人格[J].中国临床心理学杂志,2008,16(3):305-308.

[30] 刘娜.偏执人格障碍的认知理论[J].三峡大学学报:人文社会科学版,2008,30:154-155.

[31] 李惠,陈增堂,唐云翔.分裂型人格障碍大学生的社会认知功能[J].临床精神病学,2010,24(4):270-274.

[32] 郭慧荣,肖泽萍.边缘型人格障碍的概念及临床表现[J].国外医学精神病学分册,2003,30(4):228-231.

[33] 刘文俐,陈哲,蔡蓉,等.青少年边缘型人格障碍倾向的早期家庭相关因素分析[J].中国临床心理学杂志,2010,19(2):218-220.

[34] 杨新磊.电影对边缘性人格障碍症的抑治及电影治疗的独特价值[J].中国医学伦理学,2011,24(1):48-52.

[35] 曾茂春,李辉.精神病态与反社会型人格障碍间的关系[J].社会心理科学,2011,26(8):956-960.

[36] 林晖芸,刘兴华,邱晓雯.一例反社会型人格障碍的认知治疗案例报告[J].中国心理卫生杂志,2008,22(6):461-464.

[37] 席梅红."表演型人格障碍"学生的心理调试[J].基础教育研究,2011,24:48-49.

[38] 邴盛男,石伟.对回避型人格障碍认知发展历程以及诊断标准的综述[J].科教导刊:社会科学学科研究版,2011,5:167-168.

[39] 叶刚,姚方敏,付文青,等.回避型人格障碍大学生的自尊与情感[J].中国心理卫生杂志,2011,25(2):141-145.

[40] 秦玲玲.强迫症与强迫性人格障碍的区别[J].科教导刊:社会科学学科研究版,2010,121-122.

[41] 曹文胜,于宏华,焦志安.强迫障碍与人格障碍共病及其与童年期创伤性经历的关系[J].中国临床心理学杂志,2008,18(4):469-471.

[42] 汤世明.解读人格障碍——依赖型人格障碍[J].中国社区医师,2003,19(4):40.

[43] 袁小丽,张晶,刘寒秋.对依赖型人格障碍的临床分析[J].中国临床心理学杂志,2011,9(28):148.

[44] 聂海洋.自恋型人格障碍的表现、成因及心理治疗[J].中国社区医师,2008,24(4):47-48.

[45] 周玉.人格障碍的成因及表现特征[J].中国组织工程研究与临床康复,2007,11(30):6050-6052.

[46] 纪文艳,胡永华.人格障碍遗传度双生子研究[J].中华流行病学杂志,2006,27(2):137-141.

[47] 陈哲,付丽.父母教养方式、儿童期虐待、依恋与反社会人格障碍倾向的关

系[J].中国临床心理学杂志,2011,19(2):212-214.

[48] 黄上上.人格障碍研究与童年期经历相关研究综述[J].中南林业科技大学学报:社会科学版,2011,5(3):105-106.

第十二章 青少年人格教育

 内容概要

青少年期的含义
青少年人格发展特点
偏常人格类型、表现及成因分析
青少年偏常人格的矫正
学校健全人格教育的途径和方法

案例 12-1

触目惊心的青少年犯罪

有一位 14 岁的男孩子，学习成绩非常优秀，然而他却把自己的弟弟妹妹领到野外活埋了，问他为什么这么做？他却说："我家条件差，只有把弟弟妹妹埋了，父母才有钱供我上大学读博士。"

俗话说"性格决定命运"，"良好的习惯会让孩子终身受益无穷"，生活中一些个体虽天资聪慧却最终难成大器，恰如案例 12-1 中的男孩子，不仅未能成器，反而残害同胞，危害社会。究其原因，大多与未能形成良好的人格有关。正常人格的形成离不开良好的人格教育，本章我们将从介绍青少年时期的界定及青少年人格发展的特点入手，对青少年偏常人格表现及其成因进行深入剖析，对学校人格教育提供一些对策。

第一节 青少年人格发展特点

一、青少年时期的界定及分期

"青少年时期"一词在英文中是"adolescence"，它源自拉丁文"adolescere"，其含义是"成长为成年人（grow up into adulthood）"。可见"青少年时期"一词的核心内涵是从未成年人发展或过渡到成年人的阶段。

我国发展心理学界一般把青少年时期界定为 12～18 岁这一发展阶段，相当于中学教育阶段。其中 12～15 岁这一阶段称为少年期，又称青春期；15～18 岁称为青年初期。心理学家通常将青少年期进一步划分成三个亚阶段:青少年早期(11~14岁),大致相当于初中教育阶段;青少年中期(15~18岁),大致相当于高中教育阶段;青少年晚期(18~21岁),大致相当于大学教育阶段。

综上可知,作为从童年时期到成年时期过渡阶段的青少年时期,大致从11岁开始,到20岁左右为止,大致相当于个体生命历程的第二个10年。处于青少年期的个体被称为青少年,在这里主要指的是中学生和大学生。

二、青少年人格发展的特点

青少年时期生理机能逐渐成熟,特别是大脑高级神经活动水平的提高,为青少年人格的发展奠定了物质基础。通过前面章节我们已经知道,人格是个体在先天遗传的基础上,通过环境、教育和自身主观努力等因素的交互作用,在社会化过程中形成的内在动力组织与外在行为模式整合的统一体。它具体表现为个体适应环境时在能力、情绪、需要、动机、兴趣、态度、价值观、气质、性格和体质等方面的整合(黄希庭,2002)。青少年时期被称为"自我的第二次诞生"、"自我的发现"时期,青少年时期的一切问题既是以自我为核心而展开的,又是以解决好自我这个问题为目的的,这个问题解决不好就无法正确处理自己与他人、自己与客观现实的关系。青少年人格发展有以下几个方面的内涵及特点。

(一)自我意识的含义及结构

自我意识又称自我,是指个体对自己作为客体存在的各方面的意识,如对自己各种心理活动、自己与客观世界的关系和人我关系、对自身机体状态等的认识、评价、感受和调节控制等方面的心理活动。自我意识是人的意识发展的高级阶段,它的内涵极其丰富,表现形式也复杂多样,可以从不同角度加以分析。

从内容上看,自我意识可以分为生理自我、社会自我和心理自我。生理自我是指个体对自己生理属性的意识,如身高、体重、长相等方面的认识、拥有感和支配感等;社会自我是指个人对自己社会属性的意识,如在社会关系、人际关系中的角色、地位、权利和义务等意识;心理自我是指个体对自己心理属性的意识,包括对自己的兴趣、爱好、态度、价值观、智力、气质和性格等的意识。

从形式上看,自我意识表现为认知的、情感的和意志的三种形式,分别称为自我认识、自我体验和自我调控。自我认识是自我意识的认知成分,是主我(I)对客我(me)的认知与评价,涉及的主要问题是"我是一个什么样的人";自我体验是自我意识的情感成分,是主我对客我所持的态度体验,如自尊、自信、自卑等,它涉及的主要问题是"我是否悦纳自己";自我调控是自我意识的意志成分,是主我对客我的制约作用,如自律、自我监督、自我教育等,它涉及的问题主要是"我能否控制自己"。

自我意识深藏于个体内心深处,但个体正是通过自我意识来认识和调控自己的,由此在环境中获得动态平衡,以求独特的发展和自我实现。苏联心理学家科恩指出,青年初期最宝贵的心理成果是发现自己的内心世界,这种发现对于青少年来说,等于一场真正的哥白尼式的革命。随着青少年生理和心理的发育成熟,社会、成人对其态度的改变,他们越来越把注意力指向自身,不仅自我意识的能力和水平提高了,而且自我意识的内容进一步丰富和深刻。

(二)青少年自我意识发展的特点

1. 青少年自我认识的特点

自我认识是指人对自己的认识,以及自己与外界关系的认识。这种认识是个体通过观察、分析外部活动及情境、社会比较等途径获得的,是一个多维度、多层次的心理系统。自我评价和自我概念是自我认识的核心,集中反映了个体自我认识的发展水平,也是自我体验和自我控制的前提。因而,了解青少年自我认识的特点主要应该了解青少年自我评价和自我概念的特点。

(1)青少年自我评价的特点。

自我评价(self-assessment)是指主体对自己思想、愿望、行为和人格特点的判断和评价。它是自我认识中最重要的指标。个体自我评价的能力到高中阶段才渐趋成熟,青少年自我评价的特点有以下几个方面。

自我评价的独立性。儿童开始进行自我评价时是以成人对他们的评价为依据的,具有较大的依赖性。但随着年龄的增长,青少年的自我评价开始出现独立的倾向,并努力摆脱对成人、权威的依赖,表现出某种反叛的对抗和主观上的偏执性,在评价的标准方面则表现出更重视同龄人的意见而忽视成人的意见。

自我评价的概括性。儿童时期自我评价主要集中于外部行为,表现为注重行为结果,而不能从内部动机来评价,且评价具有直观、具体的性质。例如,在评价自己是否达到好学生标准时,小学生常用"上课认真听讲,课后按时做作业,听老师的话,不骂人,不打架"等描述来进行评价。进入青少年期后,由于抽象思维能力的迅速提高,社会化进程加速,使得自我评价由具体向概括化、抽象化发展。例如,中学生在评价"好学生"时常用较概括的评语,如有爱国主义、集体主义精神,有远大的理想抱负,团结友爱,谦虚,自信等。

自我评价的稳定性。儿童的自我评价时常因外部情境和事件而改变,缺乏稳定性。进入青少年时期后,开始阶段的自我评价大多有过高或过低评价自己的倾向。随着年龄的增长、自我意识的成熟,自我评价逐渐趋于稳定。青少年的自我评价已不像童年期时由别人的态度和反应折射到自身而产生,缺乏内在性,而是来自主体自身的分析和判断。青少年逐渐学会了较为全面、客观、辩证地看待自己,分析自己,表现为他们不仅能分析自己一时的思想矛盾和心理状态,能认识到自己个别的心理特点,还能经常对自己整个心理面貌进行估量,能对自己较稳定的个性心理品质有一个大致的把握。青少年进行自我评价不是由于外力的推动,而是由于自我教育的需要,出于实现自我的愿望。

总之,青少年能逐渐地独立评价自己的内在品质、动机、行为和表现,其自我评价水平在一定程度上达到了主客观的辩证统一。

(2) 青少年自我概念的特点。

自我概念(self-concept)是关于自己的能力、外表和社会接受性等方面的态度、情感和知识的自我知觉(Byrne,1986),即个体把自己当成一般的客观事物所做出的知觉和评价。青少年时期是个体自我概念发展的关键期,在这一时期,青少年的自我概念无论在内容上还是在结构上都与个体早期的自我概念有着很大的不同。心理学研究表明,青少年时期自我概念的发展表现出以下特点。

自我概念的分化。与儿童相比,青少年的自我概念在结构上更加分化,在进行自我描述时更倾向于把自己的一些特质与特定的情境相联系。例如,儿童可能会说,"我很开朗",但青少年可能会说,"在我心情好的时候,我是开朗的"、"当我跟熟悉的人在一起时,我很开朗"。认识到自我在不同的情境中会有不同的表现是青少年自我概念分化水平不断提高的一个明显表现。另外,青少年自我概念的分化还表现在青少年在自我描述时考虑到了"谁做描述的问题"(Steinberg,1999),能够将自己和他人的观点区分开来。当青少年对自己的性格进行描述时,他们会说"别人都说我很外向,但我在遇到陌生人的时候,也很腼腆,不知该说什么";"有些人认为我很文静,可我的好朋友都知道我是很活跃的"。

自我概念的差异性。青少年的自我概念存在年龄差异。弗瑞曼(Freeman,1992)的研究发现,一般自我概念的发展曲线是起伏变化的,从小学到初中逐年下降,青少年后期显著上升,大学毕业后又下降。青少年的自我概念还存在较显著的性别差异。由于男性和女性在生理特征上的差异及不同文化背景中社会期望和社会角色的不同,男女自我概念的发展表现出各自不同的特点,这在青少年时期表现得尤为突出。弗莱厄蒂(Flaherty)的研究表明,青少年自我概念存在性别差异的固定模式:男孩在成就和领导方面有高于女孩的自我概念,在意气相投性和社会能力方面的自我概念却较女孩低。

2. 青少年自我体验的特点

自我体验是指伴随自我认识而产生的内心体验,是自我认识在情感上的表现,即主我对客我所持有的一种态度。它反映了主我的需要与客我的现实之间的关系。伴随着自我认识的发展变化,青少年的自我体验同样发生了一系列的变化,其主要特点如下。

(1) 自我体验的丰富性。进入青少年时期,自我体验内容变得更加丰富,肯定体验和否定体验、积极体验和消极体验都同时存在。不过总体来说,该时期自我体验以肯定体验和积极体验为主,如愉快、乐观、热情、憧憬、自信和舒畅等;但也容易产生消极体验,如易怒、苦闷、压抑、抑郁、消沉和冷漠等。

(2) 自我体验的敏感性。凡涉及"我"的事物都会引起他们的兴趣,成为他们关注的事物,而与"我"有关的事物也往往能诱发一些连锁反应。青少年们往往非常关注自己在别人心目中的形象与地位,关心别人对自己的看法和评价,对那些自己认为重要的人物(如自己喜欢的老师、与自己关系密切的同学、自己爱慕的异性等)的评价尤其敏感,这些人的点滴评论往往会在他们心头掀起轩然大波。他们对自己的外貌、仪表也非常在意,喜欢在镜子前仔细端详自己并评价自己,对自己外貌上的缺陷会感到强烈的不满或过分担心。

心理学研究表明,青少年自我体验的敏感性有时还具有直觉性的特点,即在一定的情境下,对自我产生一种想象式的、灵感式的、非逻辑的体验,甚至会一下子陷入一种突然降临的激动中(张文新,2002)。例如,得到教师或家长的表扬,他们感到喜悦、自豪、幸福、充实,遭受批评、委屈或身体疾病时他们感到烦恼、苦闷、伤心。

(3) 自我体验的矛盾性。自尊感是指个体能愉快地接受自己并尊重自己,对自己持肯定态度的情感体验;自卑感是指个体对自己不满意甚至贬损自己,对自己持否定态度的情感体验。自尊感强的人一般比较独立,积极主动;自卑感强的人则往往回避退缩,行为消极,不能很好地适应环境。自尊和自卑是自我体验中相互对立的两种情感,这种两极的自我体验不仅在不同的中学生中经常出现,而且在同一个中学生身上也经常交织出现,使得中学生的自我体验表现出矛盾性。中学生自我体验的矛盾性特点主要是"理想我"与"现实我"的矛盾、"个体我"与"社会我"的矛盾。一般而言,"理想我"总是要高于"现实我"。当中学生发现"现实我"存在许多缺陷与弱点,许多方面不符合"理想我"时,他们通常会陷入极度苦闷与痛苦之中,内心感到不安。中学生在与他人的交往过程中,社会化程度得到较高发展的同时又让他们感受到理解与误解、尊重与不尊重之间的矛盾。例如:做了好事,却被同学误解;自认为很有能力,却不被老师和同学认同;自认为是个大人了,却常被父母看做是孩子……加之中学生对别人对自己的看法和态度又很敏感,这就使得他们出现有时自尊,有时自卑的矛盾心态。

3. 青少年自我调控的特点

自我调控是指个体有意识、有计划地指导和控制自身的行动的方式和过程。主要包括对自己的思维、情感和行为进行监察、评价、控制和调节的过程。青少年自我调控的特点主要有以下几个方面。

(1) 自我调控的自觉性。青少年有强烈的自我设计和自我完善的愿望,他们会经常思考"我应该成为一个什么样的人?"在思考过程中,他们对自己的生活目标、事业理想、个人抱负都有了美好的设想,这些设想就逐渐成为他们的"理想我"。在行动上,他们会有意识地为自己的行动制订目标和计划,并能够根据计划一步一步地付诸实践,不会轻易受外界因素的干扰。

(2) 自我调控的独立性。青少年由于生理、心理和社会成熟水平的提高,产生了强烈的成人感,总是强烈期望摆脱幼稚及对成人的依赖性,充分发展和满足自己的独立性,例如:他们经常向周围成年人表明自己的观点,讨厌被人看成孩子;喜欢独立地观察和判断事物、思考问题和独立行动;讨厌成人的唠叨、管教和指点,不希望成人过多地干预和控制,即在生活中和在心理上都想独立自主。这种独立性极端情况下就会出现我行我素和逆反心理。研究表明该时期易出现逆反心理的情形有:独立意识受阻;自主性被忽视或受到妨碍;个性伸展受到阻碍;成人强迫他们接受某种观点等(林崇德,2009)。

(3)自我调控能力的相对薄弱性。由于生理、心理和社会阅历等多方面的局限性所致,青少年的自我调控能力相对薄弱。这种相对薄弱一方面表现在与青少年自身自我意识的其他结构成分的发展相比,其自我调控能力发展较慢,如有些青少年网络成瘾者明明知道过渡沉迷于网络的危害性后果,但就是管不住自己,离开他人的监督和约束就很难控制自己上网的时间和频率;另一方面也表现在与成人的自我调控能力相比,青少年对外界诱因的抵抗能力要明显地差很多。

总的来说,青少年时期个体将由一个依赖于成人抚养教育,主要按照成人和社会所制定的规范生活的孩子,逐渐转变为能够独立生活、自主从事各种活动的成年人。他们的自我认知、自我体验和自我调控能力这一时期都有了飞速的发展,其理想、信念、世界观、人生观、价值观也开始慢慢地形成和定型,这些都为他们走向社会、步入人生定下了基调。

 | 知识链接 |

埃里克森的人格发展理论

埃里克森(E. H. Erikson,1902—1994)是美国著名精神病医师,新精神分析派的代表人物。他提出了人格发展的八阶段理论,并认为每一个阶段都有一个关键任务,都对个体人格的发展至关重要。其中青少年期人格发展的关键任务是建立自我同一性,这是一种因认为现在的自己与自己的过去有连续性,并和他人的知觉保持一致而自然增长起来的自信心。和发展了同一性的人相反,没有建立起自我同一性的角色混乱的人会感到自己不了解自己,不知道自己心目中的自己是否与别人心目中的自己一致,并且不知道自己是如何发展成这个样子的,也不知道自己未来会走向何处。

(引自黄希庭著《人格心理学》,浙江教育出版社,2002)

第二节 青少年偏常人格典型案例分析

现实生活中,有一些青少年的人格结构发展不协调、不完整,并在一定程度上偏离正常,这种不良倾向发展的直接结果就是形成偏常人格。青少年偏常人格个体由于人格发展偏离正常发展轨道,与其他大多数同龄人的人格发展明显不同而导致其生活和学习难以与周围的环境相适应。处于青少年时期的个体由于其人格发展尚未完全定型,在青少年时期产生的种种偏常人格一般来说是可以通过心理治疗和辅导加以矫正的,但是如果得不到及时矫正,到成人期就可能发展为一种人格障碍,那时再矫正就比较困难,严重的根本无法矫正。因此,对于家长和教师而言能够及早发现并识别偏常人格个体是非常重要的。下面将提供几种最常见的偏常人格,请结合已学习过的理论对下列案例进行分析。

一、回避型偏常人格

（一）来访者基本情况及主诉

来访者是一名高三男孩。他有一位好友，两人从初一至今都在一个班，初中时关系很好，高一后两人关系开始冷淡起来，他的学习成绩也大不如以前。而且在这时他觉得好友总在打击他。比如，当他专心学习时，好友时常和其他同学在旁边议论"专靠勤奋死念书在高中已不顶用了，并不羡慕靠死念书拼出的几分成绩"之类的话。他认为，这些议论是针对他、打击他。之后，他们的关系每况愈下，这种情况一直延续至今。现在他们的座位离得很近，这使他更在乎好友，总觉得在受好友的影响，这个包袱影响着自己的学习。来访者不知该如何扔掉这个包袱。另外，来访者还有一些其他问题，如上台演讲易脸红，声音颤抖；又如晚上迟睡，第二天早晨总在想："糟了，今天的学习效率又低了。"他总在担心失眠会影响健康，但是越想越无法摆脱这种困扰。

（二）分析和诊断

这位男孩是一名回避型偏常人格患者。回避型偏常人格又称逃避型偏常人格，其最大的特点是行为退缩、自卑，面对挑战多采取回避态度或表现出无力应对，主要特征是：①很容易因他人的批评或不赞同而受到伤害；②除了至亲之外，没有好朋友或知心人（或仅有一个）；③行为退缩，对需要人际交往的社会活动或工作总是尽量回避；④自卑，在社交场合总是缄默无语，怕惹人笑话，避不回答问题；⑤敏感羞涩，害怕在别人面前露出窘态；⑥在做那些普通的但不在自己常规之中的事时，总是夸大潜在的困难、危险或可能的冒险。

心理学家认为回避型偏常人格个体主要是由于自卑感引起的。具体有以下几方面的原因。①自我认知不足和过于低估自己。每个人总是以他人为镜子来认识自己，如果他人特别是较有权威的人对自己做了较低的评价就会影响个体对自己的认识，从而低估自己的实际能力。②消极的自我暗示抑制自信心，如个体常常觉得自己没用甚至一无是处，就会导致自信心降低，增加紧张，产生心理负担，工作效果必然不佳。③挫折的影响，有的人由于大脑神经系统的感受性高而耐受性低，轻微的挫折就会给他们以沉重的打击，变得消极悲观而自卑。

（三）治疗与建议

对这位回避型偏常人格的来访者，有如下治疗建议。

（1）以积极正面的态度客观、理性和全面地认识自己，接纳自己。

（2）进行积极的自我暗示、自我鼓励，相信事在人为。当面临某种情况感到自信心不足时，不妨给自己壮胆："我一定会成功！"

（3）克服人际交往障碍，多给自己创造一些在公共场合发言的机会，敢于表达自己的思想，多与周围的人沟通聊天。

（4）多参加一些体育活动，通过体力上的消耗减轻精神压力。

(5)来访者可以尝试改变一下学习方法,以一颗平和的心面对学习。不要跟别人比,只要跟自己以前的学习成绩比,稍有进步就要鼓励自己。

(6)不要过多地把精力集中在好友身上,可以请老师帮助调换一下座位,使自己的精力更多集中在学习上;或者找好友谈一谈,也许一切误会便会消除。

(7)在上台演讲之前要充分地做好准备,多给自己一些心理暗示,多锻炼几次就好了。

(8)要使自己的精神适当放松一下,比如去参加一些体育活动,听听音乐,看看杂志,舒缓一下紧张的情绪,放下学习包袱,失眠的症状将会有所缓解。

二、自恋型偏常人格

(一)来访者基本情况

某师范学校中文大专班学生,男,18岁,自小喜爱文学,作文常常在学校获奖。考入师范学校后,他更加喜爱文学,参加了学校的心泉文学社,后来又当上了心泉诗刊的主编;课余他写了不少诗歌、散文和小说,还有十多篇在《师范生周报》和《金钥匙》上发表。临近毕业前,他费了很大的心血写了一部中篇小说。书稿写成后他自己非常欣赏和得意,自认为是一篇非常优秀的文学作品,将来发表后一定会引起轰动效应,成为畅销作品,自己说不定也能像韩寒一样出名,成为中国文坛上的一颗新星。有一天,他带着自己的作品,叩开了市文联主席李主席的家门。李主席是位著名的儿童文学作家,在省内外都很有影响力。该生希望得到市文联老前辈的赞美之词。可是,当老前辈认真看完了他的作品后,并没有对该作品大加赞赏,而是对该作品提出了一些看法和意见,并忠告他还需要加强文学功底的修养和生活经验的积累。此时,这名师范生完全沉醉在自己的小说之中,一点也听不进老前辈的意见,还认为老前辈观念陈旧,不理解新人新作,甚至认为老前辈嫉贤妒能,诋毁自己的作品。于是,他很失望、非常痛苦,经常失眠,躺在床上翻来覆去睡不着觉,人像丢了魂似的。

(二)分析和诊断

这是一个典型的自恋型偏常人格案例。青少年自恋型偏常人格的典型表现为以自我为中心,其主要表现是:①不能接受批评,对批评的反应是愤怒、羞愧或感到耻辱(尽管不一定当即表露出来);②以自己的需要和兴趣为中心,只关心自己的利害得失,而不考虑别人的兴趣或利益;③观念上和行动上都是无理地要求别人服从自己,在人群中总是以自己的态度作为别人态度的向导,认为别人都应该与自己有一样的态度;④他们不希望或不愿意别人在自己之上,对别人的成绩、成功非常嫉妒,对别人的失败幸灾乐祸,不向别人提供任何有益的信息;⑤交际领域日益缩小,告别了老朋友,也阻挡了新朋友的出现和来临;⑥虚荣,渴望持久的关注与赞美;⑦冷漠,缺乏同情心。

（三）治疗与建议

首先，解除以自我为中心的观点。自恋型偏常人格的最主要特征是以自我为中心，而人生中最为以自我为中心的阶段是婴儿期。由此可见，自恋型偏常人格患者的行为实际上退化到了婴儿期。朱迪斯·维尔斯特在他的《必要的丧失》一书中说到："一个迷恋于摇篮的人不愿丧失童年，也就不能适应成人的世界。"因此，要治疗自恋型偏常人格，必须了解那些婴儿化的行为。让这位来访者把自己认为讨人厌嫌的人格特征和别人对自己的批评罗列下来，看看有多少婴儿期的成分。例如：渴望持久的关注与赞美，一旦不被注意便采用偏激的行为；喜欢指使别人，把自己看成"太上皇"；对别人的好东西垂涎欲滴，对别人的成功无比嫉妒。个体通过回忆自己的童年，可发现以上人格特点在童年便有其原型。例如：总是渴望父母关注与赞美，每当父母忽视这一点时，便要无赖、捣蛋或做些异想天开的动作以吸引父母的注意；童年时衣来伸手，饭来张口，父母是仆人；总想占有一切，别的小朋友有的，自己也想有。明白了自己的行为是童年幼稚行为的翻版后，便要时常告诫自己：我必须努力学习，以取得成绩来吸引别人的关注与赞美；我不再是儿童了，许多事都要自己动手去做；每个人都有属于自己的好东西，我要争取我应得到的，但不嫉妒别人应得的；建议还可以请一位和你关系不错的人作为你的监督者，一旦你出现以自我为中心的行为，便给予警告和提示，督促你及时改正。通过这些努力，以自我为中心的观念是会慢慢消除的。

其次，学会爱别人。对于自恋型的人来说，光抛弃以自我为中心的观念还不够，还必须学会去爱别人，唯有如此才能真正体会到放弃以自我为中心的观念是一种明智的选择，因为你要获得爱首先必须付出爱。弗洛姆在他的《爱的艺术》一书中阐述了这样的观点：幼儿的爱遵循"我爱因为我被爱"的原则；成熟的爱遵循"我被爱因为我爱"的原则；不成熟的爱认为"我爱你因为我需要你"；成熟的爱认为"我需要你因为我爱你"。维尔斯特认为，通过爱，我们可以超越人生。自恋型的爱就像是幼儿的爱，不成熟的爱，因此，要努力加以改正。

生活中最简单的爱的行为便是关心别人，尤其是当别人需要你帮助的时候。当别人生病后及时送上一份问候，病人会真诚地感激你；当别人在经济上有困难时，你力所能及地解囊相助，便自然会得到别人的尊敬。只要你在生活中多一份对他人的爱心，自恋症便会自然减轻。

三、依赖型偏常人格

（一）来访者基本情况及主诉

"咨询师您好，我是一名刚上大学一年级的女孩子，今年19岁，由于从小到大都是爸爸妈妈陪着我过，一切事情都是爸妈帮我照料，甚至衣服鞋袜都是妈妈帮我洗。现在进入大学，生活中缺少了爸妈的帮助，我很多事情都不会做，我经常做梦梦到和爸妈生活在一起的日子，醒来后的现实让我黯然流泪，我不知该怎么办？现在我不能集中注意力学习,眼前经常浮现父母及家乡的身影,您能告诉我该怎么办吗?"

(二)分析和诊断

这是一个典型的依赖型偏常人格案例。其主要表现为毫无主见,缺乏自信心和自主意识,懒惰、脆弱,产生越来越多的压抑感,有可能形成事事依赖他人的习惯,最终丧失独立的自我,成为一个"隐形人"、"透明人"或"玻璃人"。在广大青少年中的表现如下。

(1)在学习上自主学习能力较差,不善于独立思考问题,不能独立完成作业,怀疑自己的学习能力。如有时作业做完后,非得与别人对一下答案不可,当发现别人的答案与自己一致时方才放心,哪怕别人的答案与自己一样是错误的,对别人也深信不疑。

(2)在日常生活中很难单独制订计划或做事,在没有从他人那里得到大量的建议和保证之前,对日常事务不能做出决定。

(3)与人交往时不敢坚持自己的主张,经常被遭人遗弃的念头所折磨,为讨好他人甘愿做低下的或自己不愿做的事。

(4)独处时有不适和无助感。

(5)很容易因为没有得到赞许或遭受批评而受到伤害。

(三)治疗与建议

(1)对自己产生这种行为的原因要充分的了解,入学后要重新认识新环境、适应新生活、确立新目标、塑造新自我。

(2)收集本地有关自然风貌和人文地理的资料,寻找异地、异乡、异校的优势和美感,培养热爱他乡、热爱学校的感情。

(3)充分认识自己的学生角色,认识目前所学的专业,使自己产生紧迫感和责任感。

(4)积极主动地扩大人际交往,融入寝室集体、班级集体中去,寻找新朋友,培养新感情。只要充分认识到自己的弱点,并有意识地进行改造,那么,依赖型偏常人格就会慢慢地走出以自我为中心的泥沼而回归正常发展的轨道。

第三节 学校人格教育

> 学校教育对个体的未来生活起着决定性的作用。学校处于家庭和社会之间,它有可能矫正孩子在家庭教育中受到的不良影响,也有责任使他们为适应社会生活做好准备,并确保他们在社会这个大乐队中和谐地"演奏"。
>
> ——阿德勒

现代社会,健全人格的含义是指每个人在自身所处的社会环境中保持良好的认知水平、平稳的情感、恰当的行为方式和正常的社交与职业功能。学校教育是青少年人格发展的关键,它是除了家庭之外青少年学习生活的另外一个主要场所,也是青少年人格自我成长和完善的土壤。因此,学校要重视青少年的人格教育,利用学校传承文化、传授知识、创造知识、教化心灵之独特功能,架起家庭与社会之间的桥梁,弥补家庭教育的不足,填充社会教育的缺陷,为青少年健全人格的形成与发展营造良好的文化氛围。学校如何科学有效地开展健全人格教育,可以从以下几方面着手。

一、切实转变教师的教育观念

这是学校开展学生健全人格教育的基本前提。学校和教师只有转变教育只是为了升学服务的目标观,树立教育为提高国民素质、为社会主义现代化服务的目标观;转变以考试分数为唯一标准评价学生的质量观,树立提高学生综合素质、充分发展个性特长的质量观;转变只重视少数尖子生而轻视大多数学生、重知识灌输轻能力培养的教学观,树立面向全体学生、因材施教、学习知识与发展智能相统一的教学观,并付诸教育实践,方能营造一种适合培养学生健全人格的氛围。

二、重视加强青春期生理卫生和性健康教育

青少年时期是个体生理发育高峰时期,在这一时期,他(她)们的身高和体重迅速增长,第二性征出现,脑机能及心、肺、肌肉机能等迅速发育,内分泌旺盛,性机能逐渐发育成熟。快速的生理发育与相对缓慢的心理发展出现冲突和矛盾,常常表现出种种冲动和幻想:有时会产生孤独感和莫名的烦恼,有时难以控制自己的情绪等。这些都必然会影响到他们的人格发展和完善,这是不容回避的客观事实。所以学校除了传授学科知识和技能外,还要重视青春期教育,尤其是青春期性知识方面的教育和推广。在学校教育教学中教师可以以生理学为支点,以伦理学为半径,加强对学生的生理卫生教育和适当的性教育,帮助学生认识自己,了解自身,帮助学生正确应对和处理这一时期出现的各种由于生理因素导致的心理困扰或危机,矫正不良的习惯和行为(如手淫),缓解心理压力,最终促进其健全人格的形成和发展。此外,还可以利用专家讲座,观看有关青春期生理心理卫生、性健康教育等教学录像或专题资料片等生动直观的教学形式来进行。值得注意的是,青春期生理卫生和性健康教育的目标不能只停留在单纯的生理卫生知识和性知识的传播上,还要传递给学生正确的性观念,培养健康的生活方式,建立良好的性道德观,如珍爱青春,珍爱生命,学会选择,学会自尊及尊重他人,学会自我保护,使自己的行为符合社会允许的道德规范等。

三、有效开展学校心理健康教育

学校要有效地开展心理健康教育,实现全员、全程、全方位的立体操作,必须建立起一套学校心理健康教育的运行模式,保障和促进青少年学生健全人格的形成和完善。学校要重视学生的健全人格培养,要形成以班主任为基本队伍,以学校心理

健康教育专职教师为指导和中坚力量,广大教师人人参与的全方位、立体式、团队化的心理健康教育教师网络体系。在开展健全人格教育的内容上,要根据学生的不同年龄特点有所侧重。在方法和途径上要灵活多样,要根据学生生理、心理特点有针对性地进行。如在学科教学中要渗透健全人格和心理健康教育,在班集体工作、学校组织、团队活动中要注重融入培养学生的健全人格的相关教学内容。

学校心理健康教育的模式可以是预防为主的模式,但是由于青少年心理发展的多样性和突发性,学校心理健康教育却基本上可以说没有固定的内容,因此,心理健康教育教师的作用不是将预先确定的知识传授给学生,而是要围绕学生中容易出现的一些问题,利用语言、图像、影视、表演等手段创设情境,让学生去体验、领悟、感受、实践,并努力激发起学生对这些问题探讨的热情,让他们在交流、讨论、活动中提高认识、转变态度、澄清是非、培养情感、陶冶性情、养成积极的个性品质。通过一个个的角色体验,培养他们的自信心和承受挫折的能力;培养他们自我保护和应对突发事件的能力;培养他们与人相处、融洽人际关系、协调合作的能力;培养他们宽容和关爱别人的意识,让他们学会谦让他人、理解他人、尊重他人,摆脱以自我为中心的窠臼。总之,心理健康教育课就是要让学生在相互尊重、信任、合作的气氛中,在团体参与过程中受到潜移默化的影响。

四、努力提高教师职业素养

在学校,我们常常可以看到这样的教师,他们的身上仿佛有一种光环,磁石般吸引着学生们。他们的一举一动、一言一行对于学生们都是一种无形的教育力量,使学生就好像花草树木趋向阳光一样趋向于教师。可以断定,这种教师在学校教育中对学生人格的发展具有指导和定向作用。

教师的人格特征、行为模式与思维方式能对学生产生巨大影响。每个教师都有自己独特的风格,这种风格为学生设定了一个"气氛区",在教师的不同气氛区中,学生会有大不相同的行为表现。洛奇(Lodge)在一项教育研究中发现,在性情冷酷、刻板、专横的老师所管辖的班集体中,学生的欺骗行为增多;在友好、民主的教师气氛区中,学生欺骗减少。心理学家勒温等人也研究了不同管教风格的教师对学生人格的影响作用。他们发现在专制型、放任型和民主型的管理风格下,学生表现出不同的人格特点。教师的公平公正性对学生有着至关重要的影响。一项有关教师公平公正性对中学生学业与品德发展的研究结果表明,学生极为看重教师对他们是否公平、公正,教师的不公正表现会导致中学生的学业成绩和道德品质的降低。"皮格马利翁效应"就说明了每个学生都需要老师的关爱,在教师的关注下,他们会朝着老师期望的方向发展。实验研究表明,如果教师把自己的热情与期望投放在学生身上,学生会体察出老师的希望,并努力奋斗。很多学生都有受老师鼓励开始发愤图强、受老师批评而导致学习兴趣变化的经历。教师作为教学实践的主体和学生健康人格教育的辅导员,要不断提高师德素养和专业水平,倡导民主、平等的师生关系,尊重学生,更要改进教学方法,提高教学质量,并积极探索开展学生健全人格教育的工作方法和机制,发挥应有的榜样示范作用。

五、引进或研发人格测评工具和科学评价体系

引进或自主研发适应素质教育需要的人格测评工具和科学评价体系是实施学生健全人格教育的制度保障和基础。在倡导素质教育的背景下,必须尽快改变现行基础教育评价体系的目的、功能、手段过于片面单一的弊端;改变那种事实上仅强调通过考试评定学生的学习情况,并据此判断学生、教师、学校的教育成就的做法,建立一种不仅关心学生考试成绩,而且更关注学生的能力和素质、身心和人格发展的考评机制。这样,才能逐步矫正学校和教师在教学努力方向上的偏差,引导学校和教师把教学工作的重心转到青少年学生健全人格的培养工作上来。

 学以致用

健全人格有如下几项个体特征。
(1) 具有积极健康的主体意识,能自我尊重,且有能力感。
(2) 能正确了解、认识、评估自己,并能承认和接受这种评价。
(3) 具有较强的自主性、独立性、能动性和创造性。
(4) 具有较强的开放性态度,能充分接受大量信息。
(5) 具备较强的适应能力与应变能力。
(6) 具备较强的交际能力和人际关系。
(7) 在关注自我的同时,关注社会生活、自然和他人,有较强的爱心和同情心,对人类怀有一种很深的认同、同情和爱。
(8) 不迷信自我,不迷信权威,有较强的判断能力和鉴别能力,能较理智地分析问题,不感情用事,能接受不同的观点,能接受科学、客观、正确的意见和建议。
(9) 探寻精神生活,不过分看重物质利益。
(10) 思路开阔,关注的空间地域较大,不局限于个人、集团、家国,而是扩大到整个社会生活、自然世界,把地球当作人类共同的家园而加以关爱。
(11) 初步掌握成人所具备的较强的知识面和信息量,掌握有关的工作技能,并且有承担义务的责任心和对工作的献身精神。
(12) 具有面向未来、一往无前的态度,能有所侧重地看待过去、现在与未来,能承继过去、看重现在、放眼未来。

 温故知新

青少年时期是指个体从童年期到成年期的过渡阶段,大致从 11 岁开始到 20 岁为止,是个体生命历程的第二个 10 年。

青少年时期的人格发展的各个方面都是以自我为核心而展开的。其特点主要

包括自我评价具有独立性、概括性和稳定性;自我概念在结构上更加分化且出现较显著的年龄、性别差异;自我体验丰富敏感且矛盾重重;自我调控具有自觉性、独立性和相对薄弱性。

在青少年时期产生的种种偏常人格绝大多数是可以通过心理辅导和行为治疗加以矫正的,但如果此时得不到及时矫正而任其恶化、发展,到成人期就有可能发展为种种人格障碍,到那时再矫正就比较困难,严重的根本无法矫正了。当前广大青少年中典型的偏常人格类型主要有回避型、自恋型和依赖型等,家长教师和学校要以各种偏常人格的主要特征和相应的成因分析及治疗方法为参照系,尽早发现、识别偏常人格个体,并对他们进行及时、有效的心理辅导和行为矫正。

本章练习

1. 名词解释

青少年　偏常人格　学校人格教育

2. 请结合你生活中遇到的某一青少年偏常人格的典型个案分析其人格形成和发展的原因,并提出有效的矫正方法。

本章参考文献

[1] Timmerman, Emmelkamp. Parental Rearing Styles and Personality Disorders in Prisoners and Forensic Patients [J]. Clinical Psychology and Psychotherapy,2005,12(3):191-200.

[2] Bernstein D. P., Stein J., Newcomb M., et al. Development and Validation of Abrief Screen Inversion of the Childhood Trauma Questionnaire[J]. Child Abuse and Neglect,2003,27(2):169-190.

[3] 张文新.青少年发展心理学[M].济南:山东人民出版社,2002.

[4] 黄希庭.人格心理学[M].杭州:浙江教育出版社,2002.

[5] 郭永玉.人格心理学　人性及其差异的研究[M].北京:中国社会科学出版社,2005.

[6] 许燕.人格心理学[M].北京:北京师范大学出版社,2009.

[7] 徐学俊,王文.心理学教程[M].武汉:华中科技大学出版社,2010.

[8] 阿德勒.儿童的人格教育[M].上海:上海人民出版社,2006.

[9] 李百珍.青少年心理健康教育与心理咨询[M].北京:科学普及出版社,2003.

[10] 蒋奖,许燕.反社会人格障碍的心理治疗[J].心理学探新,2004,24(4):52-55.

[11] 陈哲,付丽.父母教养方式、儿童期虐待、依恋与反社会人格障碍倾向的关系[J].中国临床心理学杂志,2011,19(2):212-213.

第十三章 人格的评估与测量

内容概要

人格测量与评估
人格测量方法种类及其发展
人格测量质量评估
人格自陈量表
人格投射测验
人格评定量表
人格测量其他方法

第一节 人格测量与评估的一般问题

问题引入

正如世界上不存在完全相同的两片树叶一样,世界上也不存在完全相同的两个人,除了能力之外,人与人之间的差别在很大程度上体现为人格之间的差异,比如有的人自信、有的人自卑;有的人内向,有的人外向等。对于个体人格间的差异,我们的祖先早就有深刻的认识,孔子(见图 13-1)与公西华的对话就生动地诠释了这一点(论语·先进,第十一篇)。

子路问:"闻斯行诸?"

子曰:"有父兄在,如之何其闻斯行之?"

冉有问:"闻斯行诸?"

子曰:"闻斯行之。"

公西华曰:"由也问闻斯行诸,子曰有父兄在;求也问闻斯行诸,子曰闻斯行之。赤也惑,敢问。"

子曰:"求也退,故进之;由也兼人,故退之。"

从孔子与其弟子的对话中可知,孔子深知冉有性格谦逊,办事犹豫不决,而子路逞强好胜,办事不周全

图 13-1 孔子像

第十三章 人格的评估与测量

的人格特点,为此采用不同的教学方法。这则典故是因材施教的千古美谈,也同时表明个体人格的测量与评估在教育领域的重要意义。实际上在今天,对个体人格间差异准确、科学地测量与评估不但是教育实践领域的基础,而且也是与个体沟通、人才选拔与安置及管理的重要基础。

一、什么是人格测量与评估

简单地说,测量就是依据一定的科学原理对事物的某种属性进行量化。所谓事物的某种属性就是我们所要测量的对象,如果测量对象是个体的人格,那么这种测量就是人格测量(personality measurement)。

在测量实践中对事物的某种属性进行量化时,我们总是需要借助某种测量工具才能进行,比如,想要称某种物体的质量,测量者需要天平;如果想要测量某个体的体温,测量者需要温度计;同样,如果想要测量个体的某种人格特质水平(比如焦虑水平),则测量者需要某种能够测量这种人格特质的工具(如生物反馈仪或焦虑自评量表)等。这些工具表面上看形态各异,差别巨大,但本质上都是借助于某种科学原理制作而成且用以对相应的事物属性进行量化的工具,比如天平的制作凝聚着力的杠杆平衡原理、温度计的制作凝聚着水银的热胀冷缩原理、生物反馈仪的制作凝聚着生物电的科学原理,而焦虑自评量表的制作凝聚着统计学与心理测量学的原理。这些测量工具统称为量表(scale),如果抛去这些工具功能与形态上种种具体属性的不同,则量表本质上就是一个既具有参照点,又具有单位的数字连续体。

(一)参照点

要对测量对象进行量化,首先必须有一个测量的起点,这个起点被称作是参照点。参照点不同,测量的结果便无法或无法直接进行比较。参照点有两种类型。一种是绝对零点,例如物体质量、长度等的测量一般都以绝对零点为参照点,绝对零点的意义为"无",表示什么都测不到。另一种参照点是约定俗成的起点,并不表示测量对象所要量化的属性此时为"无",而是为了方便测量,人们所规定出来的测量起点。例如海拔高度与日常体温的测量,前者以海平面作为测量陆地高度的起点,而后者是以在标准大气压条件下,冰水混合物的温度作为起点。

理想的参照点是绝对零点,但在人格测量中无法找到绝对零点,此时采用的参照点一般是测量对象所在群体的平均水平。假如某内外向量表得分越高越外向,那么我们根据测量分数说某成年个体非常外向,这实际上指的是该成年个体的分数远远高于成年人这个群体的平均分数。

(二)单位

单位是测量量表构成的第二个基本要素,没有单位就无法进行测量,测量单位不同,对具体测验对象的量化结果也不一样。由于测量对象性质不同,故在实践中测量量表的单位多种多样,如测量长度一般用的单位有厘米、米等,测量时间的有秒、小时等,测量质量的有千克、克等。一般而言,好的单位应该满足两个条件:一是有确定的意义,即对同一单位,所有的人的理解意义要相同;二是有相同的量值,即相邻两个单位点间的差别在量上是相等的。

一般而言,对于人格特质这类心理特质的测量而言,它们常常不具有统一的单位,也常不符合等距的要求。即使具有相同的单位,它们的单位意义也不像千克、米等那么直观、易于理解,因为它常常是一种统计单位,需要在一定假设(如假定某种人格特质在人群中正态分布)基础上通过一定的统计转换方能得到。

人格评估也称人格评鉴(personality assessment),它与人格测量是既相互联系,又有差别的一对概念。Goldberg(1972)明确指出人格评鉴具有三个目标:①确定出要测量的重要人格特征;②发展出评鉴这些特征的最优测量;③在研究和实践中建立起有效使用评鉴结果的程序。在这个意义上,人格测量只是完整人格评估程序中一个环节而已。

二、人格测量的特点

人格为什么能够被测量,那是因为个体的人格是在过去长期人生经历的基础上逐渐形成的,人格一旦形成,就具有相对稳定性,比如说一个自信的人,他不会到了明天就变得不自信了。因此,人格特质的相对稳定性就成了人格能被测量的实际基础,也使得人格测量具有实际价值。但人格毕竟是一种心理特征(是否也有相应的生理特征改变,尚需科学的进一步证明),无法直接测量,故对它的测量要比物理测量更加复杂。一般而言,人格测量具有以下基本特征。

(一)间接性

科学发展到今天,我们尚无法直接测量人的人格特质,但由于人格特质具有动力性,因而能对个体的行为产生持久、系统的影响,因此我们可以通过对个体行为样本的有效考察来实现对个体人格特质的测量,这就是人格测量的间接性。例如,一个人喜欢修理自行车,喜欢看机器运转,喜欢阅读机械方面的杂志等,我们就可以推论此人具有机械兴趣的特质。由于个体的特质是从个体的行为模式中推论出来的,所以人格测量迄今为止只能间接地测量。

(二)相对性

在对个体的某类行为或人格特质做比较时,并没有绝对的标准,有的只是一个连续的行为或人格特质序列,这一连续的人格特质序列由个体所在群体的所有人的某类行为特点或人格特质所构成。为对个体的某种人格特质进行测量,我们通常只能把个体的这种人格特质放在其所在群体中进行比较,实现对该个体这种人格特质的测量。因而人格特质的测量具有相对性的特点。例如,我们说张三非常抑郁,那是因为其抑郁水平远远高于其所在群体的平均水平。

(三)客观性

客观性要求是对任何一种测量的一个基本要求。如果测量不具客观性,那么测量的结果就无法进行比较,因而测量也不具有任何价值。人格测量的客观性实际上就是在人格测量的全过程中,实现对测量目标无关因素的排除、控制。具体而言,就是人格测量前的设计中、人格测量过程中及人格测量后的结果解释中要尽量控制和消除无关因素、主观因素、随机因素对最终测量结果的影响。

三、人格测量的种类

长期以来,心理学家及其他领域的研究者,对人格进行了大量的研究,伴随着这些研究出现的人格测量方法也多种多样。大体上,人格测量方法包括问卷式人格测验、投射测验和其他类型的人格测量方法。

（一）问卷式人格测量

这里的问卷指的是按照心理测量学原理及依据标准化程序编制而成的测量量表,其基本特点是量表的结构明确、编制严谨。测量量表所包括的题目是确定的,受测者对每个题目做出回答时可能出现的反应也是明确固定的,只需受测者按照实际情况做出回答即可。问卷式人格测量又可以分为自陈量表和评定量表两大类。

1. 自陈量表

自陈量表(self-report inventories)顾名思义是一种自我报告式量表,即对拟测量的人格特征所编制的许多题目(行为),要求受测者按照自己的情况进行如实回答,测量者再从受测者对这些题目的回答中分析个体的人格特征。比如著名的EPQ(艾克森人格问卷)、16PF(卡特尔16种人格因素问卷)及MMPI(明尼苏达多项人格测验)就属于此类型。

2. 评定量表

评定量表(rating scale)在形式上与自陈量表比较相似,也包括事先确定的一组用以描述个体人格特质的词或句子,要求评定者在一个多重类别的连续体上对受测者的行为和特质做出评定。它与自陈量表最明显的差别在于自陈量表是自评的,而评定量表是他评的。例如临床上经常使用的汉密尔顿抑郁量表(HAMD)、汉密尔顿焦虑量表(HAMA)就是评定量表。

（二）投射测验

投射的意义是指一个人把自己的思想、态度、愿望、情绪等个人特征,不自觉地反应到外界事物或他人身上的一种心理作用,通过对外界事物或他人的反应,表达自己内心的感受,这是一种人类行为的深层动力,是个体意识不到的。投射测验所用的刺激多为意义不明确的各种图形、墨迹、笔迹或其他种类,让受测者在不受限制的情境下,自由地对刺激做出反应,测量者再对受测者的反应结果进行分析,进而推断其人格特质。这类测验以罗夏墨迹测验(Rorschach Inkblot Method)、主题统觉测验(TAT)、文字联想测验、笔迹分析等为代表。

（三）人格测量的其他方法

人格测量除了上述方法之外,还有许多难以归入以上两类的其他方法,较为常见的有以下几种。

1. 客观测量法

此类方法采用较为间接但相对客观的指标来实现对个体的人格特质的测量,它强调测量人格中不明显但更有结构的生理、认知和行为表现。此类方法由于不易受受测者伪装反应及反应定势的影响而被大量使用。

(1) 人格的生理学测量。此类人格测量通过个体的生理指标来测量个体的人格特质,主要是测量应激和唤醒条件下受测者的生理反应,这些反应通过多道生理记录仪完成,较为常见的生理指标有血压、心率、皮肤电、脑电,甚至是血液的化学成分的变化等指标。

(2) 知觉与认知测量。已有相当多的研究表明,人格特质和知觉及认知的某些方面有一定的关系。例如:内向的人较之于外向的人更加警觉、对痛更加敏感、更谨慎等;在一些知觉和学习性的任务(如词汇再认、未完成图案的辨别、黑暗适应等)中的反应速度与某些人格特质有关。这类测验的代表有威特金(H. Vitkin)著名的场独立-场依存性测验、认知风格测验等。但此类测验多数比较粗糙,还无法取代传统的人格测验。

2. 人格的行为观察法

此类方法主要是通过观察一段时间内自然情境或压力情境下受测者的行为表现来分析其个体的人格特质的一种人格测验方法。具体而言,有通过轶事记录、时间取样、事件取样、自我观察的内容分析等技术所收集的资料反映受测者人格特质的特殊观察技术法,也有通过在一种控制情境(通常是压力情境)下观察受测者行为,进而分析受测者个体人格特质的情境测验法,例如无领导团体讨论、军事情境测验法等。

3. 访谈法

访谈法(interview)又称晤谈法,是指通过测量者和受测者面对面地交谈来了解受测者的心理和行为的心理学基本研究方法。因研究问题的性质、目的或对象的不同,访谈法具有不同的形式。根据访谈进程的标准化程度,可将它分为结构型访谈和非结构型访谈。访谈法运用面广,能够简单而详细地收集多方面的分析资料,因而深受人们的青睐。这类方法也是最古老和应用最广泛的一种用以获得受测者个体信息及评估个体人格的一种方法。严格地说,访谈不是测量,访谈的结果经常不能量化,它更像是一门艺术,对测量者的经验要求与临机处理有较高的要求。

4. 实验法

实验法是指有目的严格控制,或者创造一定条件来引起个体某种心理活动的产生,以进行测量的一种科学方法。人的人格具有内隐性,这也为个体的行为伪装提供了充分的空间,现实社会中某人可能从来不会在公交车上给老、弱、病、残、孕让座,但如果在公务员考试上出现这样一个题目,那么他可能就会说自己经常是这么做的。汉奸与贪官表面看起来一般都正气凛然,但在生死关头、重大利益关头,这些人实际做的却与表面看起来的完全不一样。因此,在较为自然的情境下,通过设置一定的情境也是测量个体人格特质的一种可行方法。

四、人格测量质量的评估

人格测量的质量如何？这主要是通过测量的结果是否客观与准确这两个方面来进行评价，在心理测量学中，这两个问题涉及的是测量的信度与效度评估。

（一）人格测量的信度

在心理测量学上，信度（reliability）指的是测量的可靠性或稳定性。具备可靠性或稳定性是任何测量（也包括人格测量）都应该满足的基本要求。例如某受测者接受内外向测试，测量者用同样的内外向量表对其施测，如果第一天测试结果与第二天测试的结果相差较大，我们就说这种测量工具信度不好，测量结果不可靠或不稳定。这种情况就如同对同一个苹果使用同一台秤称量两次，结果质量相差甚远。信度如何评估？心理测量学提供的方法众多（金瑜，2001；戴海崎，2011）。一般来说，良好的人格测量的信度系数应该达到 0.80 以上。

（二）人格测量的效度

在心理测量学中，效度（validity）指的是对其所要测量的特性测量到什么程度的估计。如果完全准确测量到所要测量的特性，则效度极高，其值为 1；如果完全没有测到所要测量的特性，则测量结果完全无效，效度为 0。如果测量结果部分地反映了所要测量的特性，则测量具有一定的准确性与有效性，效度介于 0 与 1 之间。效度与信度这两个测量结果质量估计的重要评价指标是相互联系又有区别的。如果测量结果不可靠，也就谈不上测量的准确性，但是即使测量结果极为可靠、稳定，却并不能表明测量的结果就是准确有效的。例如，同一苹果的真实质量是 500 克，但是某台秤每次称得的质量均为 800 克，此时，我们说该台秤具有可靠、稳定或一致性，但它测量的质量与实际质量有较大的差距，准确性较差，即效度较低。所以，在这个意义上，信度只是效度的必要的条件而已。但由于在实际的心理测量（包括人格测量）中，测量的效度极难量化，所以信度就成了衡量测量质量的极为重要的指标。效度的估计方法请参考有关书籍（金瑜，2001；戴海崎，2011）。

第二节 人格自陈量表

一个自陈量表——焦虑自评量表（SAS）（部分）

顾名思义，焦虑自评量表测量个体的焦虑水平，这里以其部分题目为例，以启发读者深刻掌握人格自陈量表的特点与实质，初步获取直观上的理解（见表 13-1）。

表 13-1 焦虑自评量表（SAS）

序号	问题	1	2	3	4
1	有时，我觉得比平常容易紧张和着急				
2	我会无缘无故地感到害怕				

续表

序号	问题	1	2	3	4
3	我容易心里烦乱或觉得惊恐				
4	我觉得我可能将要发疯				
5	我觉得我一切都好,也不会发生什么不幸				
6	我手脚发抖				
7	我因为头痛、头颈痛和背痛而苦恼				
8	我容易感觉衰弱和疲乏				
9	我觉得心平气和,并且容易安静坐着				
10	我觉得心跳得很快				

一、人格测验的发展

大体上,人格测验的发展可以划分为两个阶段(郑日昌,2005)。

(一)人格测量的现象学时期

这是人们对人格测量的初步尝试,以颅相学、面相学为代表,无论在中国还是在外国,其存在的历史均非常悠久。颅相学认为可以通过触摸一个人的头骨来分析该个体的性格,某部位的隆起是与其某种性格相关联的。面相学则主张通过观察个体的面部特征来确定个体的吉凶祸福。这两种方法强调先天的作用,具有宿命论的思想,在实践中已经证明无效,因此,通过颅相与面相来测量个体人格的做法在心理测量中已经被摒弃了。

(二)科学的人格测验时期

科学评估人格源于高尔顿,1984年,他设立人体测量实验室,通过测量个体的心跳和脉搏的变化来测量情绪,通过观察社会情境中的活动来评估个体的性情、脾气等。这些工作标志着科学地评估人格的开始。E. Kraepelin(克雷普林)由于将自由联想法应用于心理临床应用,而成为人格测验的先驱。其后人格测量进入快速发展时期,各种各样人格测量技术如雨后春笋一样层出不穷。

二、人格自陈量表实质与基本假设

人格自陈量表是心理测验中的一种,心理测验实质上是对行为样本的客观的和标准化的测量(Anastasi 和 Urbina,1997)。前面已经提及人格特质具有很强的动力性,能对个体的行为产生系统性的影响,不同的人格特质均对应着与之相联系的特殊行为系统,因此,测量者只需要通过考察该行为系统所有行为总体中具有代表性、典型性的行为样本即可估计受测者这种人格特质的程度或水平,这个具有代表性的、典型的小型行为样本即组成人格自陈量表。在这一点上,人格测量者与其他学科的科学家进行观察的方法是一样的,例如要检验患者的血液,医生只要分析一个或几个血液样本;如果要检验化学反应合成规律,只需化学物样品即可。理解了这一点也就明白了人格自陈量表的本质。上面提及的焦虑自陈量表的每个题目就是焦虑对应的一种典型行为,焦虑自陈量表的所有题目就是一个小型的具有代表性的、典型性的焦虑行为样本。

当然,Anastasi(1997)指出,测验题目不必与测验所欲测量的行为非常相似,但需要证实两者之间具有经验性对应关系。不管人格测验的形式如何差异巨大,即使如罗夏墨迹测验这种极端形式,它们本质上也是由个体的行为样本所组成。使用自陈量表来对个体人格特质进行测量隐含了两个基本假设:其一是个体对自己的情况是清楚了解的;其二是个体能根据自己的实际情况真实地对每个题目进行回答。但实践中,这两个假设在一定程度上都不能得到充分的满足。首先,潜意识和自下而上启动的研究表明,个体也未必能清楚了解自己的真实情况;其次,在功利性、竞争性的场合由于心理防御机制的存在,个体能否真实地回答各个问题并不确定,这一点想必大家均有所感受。因此,利用人格自陈量表对个体的人格施测是有一定局限性的,这也导致了其他人格测量方法的发展。

三、几个经典自陈量表的介绍

自陈量表的种类非常多,下面介绍两个非常经典而又在实践领域中得到广泛应用的量表,即卡特尔16种人格因素问卷与艾森克人格问卷。

(一)卡特尔16种人格因素问卷

卡特尔16种人格因素问卷简称16PF,由美国伊利诺伊州立大学卡特尔(见图13-2)教授编制,该量表适用于16岁以上的青年和成人,现有5种版本:A、B本为全版本,各有187个项目;C、D本为缩减本,各有106个项目;E本适用于文化水平较低的被试,有128个项目。我国现在通用的16PF是美籍华人刘永和博士在卡特尔的赞助下,与伊利诺伊大学研究员梅瑞狄斯(G. M. Meredith)博士合作的中文修订本。

图 13-2 卡特尔
(Cattel,1905—1998)

16PF中文修订本共187个题目,含16个分测验,分别测量个体乐群性(A)、聪慧性(B)、稳定性(C)、恃强性(E)、兴奋性(F)、有恒性(G)、敢为性(H)、敏感性(I)、怀疑性(L)、幻想性(M)、世故性(N)、忧虑性(O)、实验性(Q1)、独立性(Q2)、自律性(Q3)、紧张性(Q4)等16种基本人格特质。关于等16种人格特质的说明请见表13-2。

表 13-2 16PF中16种人格特质高分者与低分者的特征

因素	名 称	低 分 特 征	高 分 特 征
A	乐群性	缄默、孤独、冷淡	外向、热情、乐群

续表

因素	名称	低分特征	高分特征
B	聪慧性	思想迟钝、学识浅薄、抽象思维差	聪明、富有才识、善于抽象思维
C	稳定性	情绪激动、易烦恼	情绪稳定而成熟、能面对现实
E	恃强性	谦逊、顺从、通融、恭顺	好强、固执、独立、积极
F	兴奋性	严肃、审慎、冷静、寡言	轻松兴奋、随遇而安
G	有恒性	苟且敷衍、缺乏奉公守法的精神	有恒负责、尽职尽责
H	敢为性	畏怯退缩、缺乏自信心	冒险敢为、少有顾虑
I	敏感性	理智的、着重现实、自恃其力	敏感、感情用事
L	怀疑性	依赖随和、易与人相处	怀疑、刚愎、固执己见
M	幻想性	现实、合乎成规、力求完善合理	幻想的、狂妄、放任
N	世故性	坦白、直率、天真	精明强干、世故
O	忧虑性	安详、沉着、通常有自信心	忧虑抑郁、烦恼自扰
Q1	实验性	保守的、尊重传统观念和行为标准	自由、激进，不拘泥于常规
Q2	独立性	依赖、随群附和	自立自强、当机立断
Q3	自律性	矛盾冲突、不顾大体	知己知彼、自律谨严
Q4	紧张性	心平气和、闲散宁静	坚强困扰、激动挣扎

个体在完成 16PF 的作答后，或者手动计分，或者计算机自动记分，从而获得各分测验的原始分，并将这些分数与相对应的常模进行比较，最终转换成标准 10 分制，在标准 10 分制系统中，如果某种特质的标准分数在 4 至 7 之间，则表明这种特质在人群中大体处于中间水平，而在这个范围之外，则表明个体的这种人格特质呈现出典型性特点。测验结果不仅能明确描绘 16 种基本人格特征，还能根据公式进一步推算人格类型的次元因素，次元因素在综合性、概括性上要比基本人格特征高。次元因素的计算公式分别是：

适应与焦虑性 $= (38 + 2L + 3O + 4Q4 - 2C - 2H - 2Q3) \div 10$

内向与外向性 $= (2A + 3E + 4F + 5H - 2Q2 - 1I) \div 10$

感情用事与安详机警性 $= (77 + 2C + 2E + 2F + 2N - 4A - 6I - 2M) \div 10$

怯懦与果断性 $= (4E + 3M + 4Q1 + 4Q2 - 3A - 2G) \div 10$

图 13-3 是某个体 16PF 测试的结果。

根据上面对标准 10 分制的解释，此人在恃强性人格特质上得分为 8 分，大于 7 分这个界限，因此，此人在人群中呈现出典型的恃强特点，支配与攻击倾向比较明显，但在其他 15 种基本人格特质上，此人与常人并无多大差异。但在次元因素上，此人的水平均处于人群的平均水平左右，与大多数人并无明显差异。通过该案例，也可以看出次元人格因素的分析应该与 16 种人格特质结合起来进行解释，否则会遗漏某些重要信息。

值得一提的是 16PF 是了解个体人格基本情况的良好工具，可广泛应用于职业

第十三章 人格的评估与测量

人格因素		低分者特征	低 平均 高 1 2 3 4 5 6 7 8 9 10	高分者特征
乐群性	A	缄默、孤独、冷淡		外向、热情、乐群
聪慧性	B	思想迟钝、学识浅薄、抽象思维差		聪明、富有才识、善于抽象思维
稳定性	C	情绪激动、易烦恼		情绪稳定而成熟、能面对现实
恃强性	E	谦逊、顺从、通融、恭顺		好强、固执、独立、积极
兴奋性	F	严肃、审慎、冷静、寡言		轻松兴奋、随遇而安
有恒性	G	苟且敷衍、缺乏奉公守法的精神		有恒负责、尽职尽责
敢为性	H	畏怯退缩、缺乏自信心		冒险敢为、少有顾虑
敏感性	I	理智的、着重现实、自恃其力		敏感、感情用事
怀疑性	L	依赖随合、易与人相处		怀疑、刚愎己见
幻想性	M	现实、合乎成规、力求完善合理		幻想的、狂妄、放任
世故性	N	坦白、直率、天真		精明强干、世故
忧虑性	O	安详、沉着、通常有自信心		忧虑抑郁、烦恼自扰
实验性	Q1	保守的、尊重传统观念和行为标准		自由,激进,不拘泥于常规
独立性	Q2	依赖、随群附合		自立自强、当机立断
自律性	Q3	矛盾冲突、不顾大体		知己知彼、自律谨严
紧张性	Q4	心平气和、闲散宁静		坚强困扰、激动挣扎

次级个性因素	低分者特征	低 平均 高 1 2 3 4 5 6 7 8 9 10	高分者特征
适应与焦虑性	适 应		焦 虑
内向与外向型	内 向		外 向
感情用事与安详机警性	敏感含蓄		机警冲动
怯懦与果断性	怯 懦		果 断

图13-3 某个体在16PF上的测试结果

生涯规划、人力资源管理等领域。16PF在人才选拔和安置中的应用主要是利用其比较完整的人格测评功能帮助企业挑选和安置适合某个行业、岗位的人员(蔡圣刚,2010)。

(二)艾森克人格问卷

艾森克人格问卷(Eysenck Personality Questionnaire,EPQ),由英国伦敦大学心理系和精神病研究所的艾森克教授(见图13-4)编制。该量表有成人问卷和青少年问卷两种版本。成人问卷有90题,青少年问卷有81题。不论哪种版本均包含4个分量表,即E量表、N量表、P量表和L量表,其中E量表、N量表、P量表分别测量个体内外向、神经质与精神质这三种基本人格特质,而L量表是一个评估被试作答结果有效性的一个量表。EPQ的理论结构已被大量研究所证实。它实施简便,信度较高。当前我国普遍使用的是陈仲庚修订本(1983),共85题。

个体在E量表上得分高,表示人格外向,特点是好交际,渴望刺激和冒险,情感易于冲动。低分表示人格内向,特点是好静,富于内省,除了亲密的朋友外,对一般人缄默冷淡,不喜欢刺激,喜欢有秩序的生活方式,情绪比

图13-4 汉斯·J.艾森克
(H.J.Eyexnck,1916—1997)

较稳定。个体在 N 量表上得分高,则表示可能焦虑、担忧、闷闷不乐、忧心忡忡,常有强烈的情绪反应,以致出现不理智行为。分数低则可能情绪反应缓慢且轻微,易恢复平静,稳重,性情温和,善于自我控制。个体在 P 量表得分高可能意味着孤独,不关心他人,难以适应外部环境,不近人情,感觉迟钝,与别人不友好,喜欢寻衅搅扰,喜欢干奇特的事情,且不顾危险。值得一提的是这里的精神质与神经质并不是指的精神病与神经病,而是人皆有之的基本人格特质,在每个人身上只是程度不同而已。

当个体完成 EPQ 量表的所有题目的回答后,可以得到 4 个分量表的原始分数,将这些分数与常模比较,可以最终转换成 T 分数,T 分数是平均数为 50、标准差为 10 的标准分数系统。如果个体在某种分量表中的得分 T 分介于 40~60 分之间,则个体的这种人格特质在人群中大体处于中间水平,若低于 40 分或高于 60 分,则这种人格特质呈典型性。例如,张三在 E 量表上的 T 分等于 70 分,则表示张三是个典型外向的人。同时,联合应用 EPQ 量表中 E 量表与 N 量表的测试结果,还可以判断个体的气质类型。具体关系如图 13-5 所示。

括号中前一个数值为 N 量表 T 分,后一个数值为 E 量表 T 分。

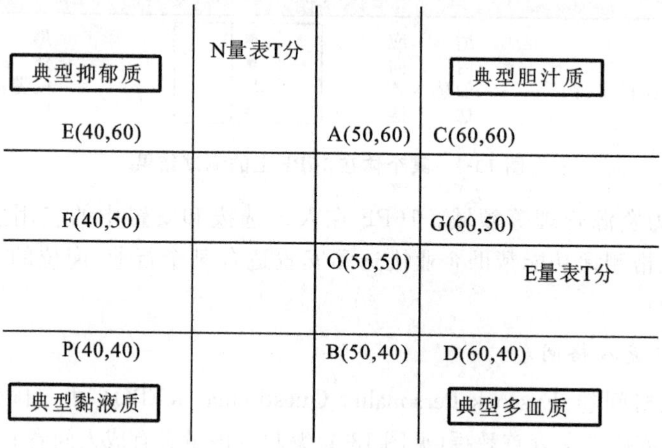

	N量表T分	
典型抑郁质		典型胆汁质
E(40,60)	A(50,60)	C(60,60)
F(40,50)		G(60,50)
	O(50,50)	E量表T分
P(40,40)	B(50,40)	D(60,40)
典型黏液质		典型多血质

图 13-5 气质与 EPQ 中的 N 量表及 E 量表间的关系

第三节 人格投射测验

横看成岭侧成峰,
远近高低各不同。
不识庐山真面目,
只缘身在此山中。
——苏轼

评:同样一山,人人眼中却不相同,非山异也。

第十三章 人格的评估与测量

一、人格投射测验的基本原理

人格投射测验的基本原理是精神分析理论中的外射机制。精神分析理论认为,一个人的人格结构大部分处于潜意识中,通过明确的问题很难表达自己的感受,而当面对意义不明确的刺激时,对刺激的自由反应却常可以使隐藏在潜意识中的欲望、需要、态度、心理投射到外界事物上。人格投射测验的原理也与人格的刺激-反应理论和知觉理论有关(金瑜,2001),刺激-反应理论认为,个体不是被动地接收外界的各项刺激,而是主动地、有选择地给外界的刺激加上某种意义,而后再对之表现出适当的反应。知觉理论认为,人们在知觉反应中,实际上或多或少都含有投射的作用,"情人眼里出西施"就体现了这一点。它体现在两个方面:其一是知觉者常把自己的情绪投射到外部事物上去;其二是人的期望对于知觉经验也往往有影响,人们更容易感知到他们准备感知的事物,所以知觉结果也能反映有意识的期望。

投射技术具有三个基本假设(郑日昌,2005):第一,人们对于外界刺激的反应都是有原因且可以预测的,而不是偶然发生的;第二,个人的反应固然取决于当时的刺激和情境,但个人当时的心理状况、已有的经验、对未来的期望等都对受测者当时的知觉与反应的性质和方向会产生极大的影响;第三,人格结构大部分处于潜意识中,个人无法凭意识说明自己,而当个人面对一种不明的刺激情境时,却常可以使隐藏在潜意识中的欲望、需要、动机冲突等泄露出来,即把一个反映其人格特点的结构加到刺激上去。这些假设在实践中会导致存在诸多困难,具体体现在:①评分缺乏客观标准,且难以量化;②难以建立常模资料,测验结果解释困难;③信度与效度难以衡量;④原理复杂深奥,非经专门训练者不能使用。

二、人格投射测验的特点

与自陈量表人格测验相比较,人格投射测验具有以下几个鲜明的特点。第一,使用的刺激是非结构化的材料,刺激材料含糊、模棱两可,这种刺激允许受测者自由联想或自由反应。在人格投射测验中,刺激材料本身并不重要,只是起到"启动器"的作用。第二,测量目标的隐蔽性,受测者不可能知道他的反应如何被测量者解释,从而减少了伪装的可能性,受测者做此类测验时,很多人认为是在做智力类测验。第三,受测者反应的无意识性,虽然受测者对知觉到的东西是有意识的,但是为什么会知觉成这样却更大程度上是无意识的。这也有利于避免受测者的伪装。第四,结果解释的整体性,它关注人格总体评估,而不是单个特质的评估。第五,结果解释的主观性,同样的结果,不同的测量者进行评定可能会有不同的结果。1984 年,美国的一项调查表明,在美国人格评估协会主要会员使用的人格测验中,使用频率最高的 10 种人格测验中,人格投射测验就占了 7 个,当然使用这些人格投射测验是否有效,很大程度上取决于使用者本人的理论与临床素养。

三、人格投射测验的种类

人格投射测验依据目的、材料、反应方式、测验的编制和实施、对结果的解释方法的不同,有不同分类。林德西(G. Lindzey)根据受测者的反应方式将投射测验分为以下五类。

联想法——要求受测者说出某种刺激(如单字、墨迹)所引起的联想。例如荣格的文字联想测验和罗夏墨迹测验。

构造法——要求受测者根据他所看到的图画,编造一套含有过去、现在、将来等发展过程的故事,通过故事的内容,探测受测者的人格特征,例如默里编制的主题统觉测验。

完成法——向受测者提供一些不完整的句子、故事或辩论等材料,要求受测者自由补充,使之完整。根据受测者完成的结果,探测受测者的人格特征,例如语句完成测验。

选排法——要求受测者根据一定的准则(如意义、美观等)来选择项目,或做各种排列,根据这些选择和排列来推断其人格特征。

表露法——要求受测者以某种方式(例如绘画、游戏、心理剧等)自由表露他的心理状态,通过这些表现探测人格特征,例如画树测验。

四、常见的几种人格投射测验

(一)罗夏墨迹测验(RIM)

罗夏墨迹测验是由瑞士精神病学家罗夏(见图 13-6)于 1921 年编制的,是非常有代表性并在当今世界上广为使用的人格投射测验。它主要是通过观察被试对一些标准化的墨迹图形的自由反应,评估被试所投射出来的个性特征。该测验最初制作时,是先在一张纸的中央滴一些墨汁,然后将纸对折,用力挤压,使墨汁向四面八方流动,形成两边对称但形状不定的墨迹图形(见图 13-7)。按此方法,罗夏制作了多张墨迹图形。对精神病患者进行试验,发现不同类型的患者,对墨迹图形有不同的反应。然后再和低能者、正常人和艺术家等的反应作比较,最后选定其中 10 张作为

图 13-6 罗夏
(H. Rorschach,1884—1922)

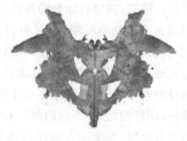

图 13-7 罗夏墨迹图举例

测验材料,逐步确定记分方法和解释被试反应的原则。最后在1921年以"精神诊断"(Psycho Diagnostics)的书名发表(H. Rorschach,1927)。

罗夏墨迹测验共有10张以一定顺序排列的墨迹图,其中5张(第1、4、5、6、7)为黑白图片,墨迹深浅不一;2张(2、3)主要是黑白图片,但加了红色斑点;另3张(8、9、10)为彩色图片。这10张图片皆为对称图形,且内容皆毫无意义。在测验开始前,应有一个标准指导语,要求被试诚实回答。测验的实施分为四个阶段。第一阶段为自由反应阶段。主试按规定顺序和方位将图片递交给被试,同时问被试:"你看这像什么?这使你想到什么?"在该阶段,主试应避免采用诱导性的提问,而应让被试对每个图片自由联想。主试要逐字逐句记录下被试的每一句话、呈现每张图片到第一次反应所需时间、各反应之间较长停顿的时间、每张图片反应所需的总时间、被试的情绪表现、附带的动作及其他行为等。第二阶段为提问阶段。罗夏墨迹测验的一个特别的技术在于,施测时必须对被试的反应做出标记,即用英文字母对各个反应分类,使资料处理简单化。分类按反应区位、反应决定因子和反应内容三个维度来进行。它的具体内容在记分部分将有介绍。在提问阶段,主试再次将图片逐一递给被试,并根据需要按分类的维度提问。与分类维度相对应,询问包括:每一反应是根据图片中的哪一部分做出的?引起该反应的决定因子是什么(例如是否根据墨迹的形状、颜色、阴影做出反应)?自由反应阶段和提问阶段的资料使主试得以将反应用英文字母进行分类。第三阶段为类比阶段,是对提问阶段尚不能充分明了的问题补充说明。如果提问阶段已做了明确记号,就不必经过这一阶段。第四阶段为极限试探阶段。该阶段主要是确定被试是否能从图片中看到某种具体的事物,是否使用的是某个反应领域及决定因子。主试在该阶段往往采用构造化的直接提问方式,使那些在前阶段回答含糊的被试能给出充分的信息。当然,前三个阶段记录越丰富,这一阶段的必要性就越小。但这一阶段是必需的,因为它对澄清主试自身的疑问很有效。

罗夏墨迹测验发表后曾风行一时,20世纪40年代到60年代为其全盛时期。它开创了人格测验的新途径,同时还可用于跨文化的研究,直到今天,在临床上仍是和MMPI相媲美的测验。但是,该测验记分和解释十分复杂,必须由专业人员执行,同时主观性较大,这是该测验的主要缺陷所在。因此,后来的心理学家致力于编制更为客观精确的墨迹测验,比较有代表性的是赫兹曼(Holtzman)与其同事编制的赫兹曼墨迹测验(HIT),在评分方面和图片材料上皆变得更简便、更标准,使测验信度提高。

(二) 主题统觉测验(TAT)

主题统觉测验(Thematic Apperception Test,TAT)是人格投射测验中与罗夏墨迹测验齐名的人格测验,由默里与摩根(C. D. Morgan)于1938年在哈佛大学编制的,主要任务是让被试根据所呈现图片自由联想编造故事。

TAT的理论基础是默里的需要-压力理论。TAT假定个人面对图画情境所编造的故事与其生活经验有密切的关系。故事内容中有一部分固然受当时知觉的影响，但其想象部分却包含着个人意识及潜意识的反应，即被试在编造故事时，常常是不自觉地把隐藏在内心的冲突和欲望等穿插在故事的情节中，借故事中的人物的行为宣泄出来，亦即把个人的心理历程投射在故事之中。基于这一设想，主试便能够通过分析被试的故事，了解个人心理的需求。

TAT 由 30 张内容隐晦不明的黑白图片组成（见图 13-8），另附一张空白卡片。图片的内容多为人物，兼有部分景物。实施时，对每一被试只从 30 张图片中选取 20 张（包括 1 张空白的在内），选取标准依被试的性别及年龄而定（一般 TAT 包括成年男性、成年女性、男孩、女孩 4 类被试及图片组合）。每次给被试一张图片，要求他编一个故事，说明图中所表现的情境（事情）发生的原因、可能的结果及个人的感想。要求故事越生动、越戏剧化越好。每张图片约 5 分钟，采用个别实施的方式。主试需详细记录被试的反应。为节省时间，许多人都不使用整套 TAT 图片，而是依被试问题的性质选 10 至 12 张实施。

图 13-8　TAT 示例图片

TAT 的解释同所有投射测验一样，主观性很强，因此最好由两三位主试共同评估。主试需根据所编故事的内容特质（故事格局、明确的内容、省略情节等）和形式特质（长度、种类、故事的组织、内容描述的恒定性）对被试的需要、情感、冲突、压力作了解。TAT 同罗夏墨迹测验相比，结构性更强一些，但也必须由经验丰富的临床专家来进行记分、解释。统觉测验除了 TAT 之外，还有密歇根图片测验、密西西比 TAT 等。应该注意的是 TAT 是人格测验，临床上不能作为诊断测验，只能通过它来发现一些病理特征，或者说不同精神障碍的人，在此测验中有些什么特征性表现，用以了解不同疾病在人格方面的变化特点。这些信息，也可作诊断参考。

第四节　人格评估的其他方法

> 居天下之广居，立天下之正位，行天下之大道；得志，与民由之；不得志，独行其道。富贵不能淫，贫贱不能移，威武不能屈，此之谓大丈夫。
>
> ——孟子·滕文公下

从大丈夫需具备的特质评估方法上看，这既不属于自陈法，也不属于投射法，而是类似实验法与观察法的综合使用。因此，人格评估方法并非只有自陈量表和投射测验这两大类。

一、评定量表

评定量表在形式上与自陈量表相似。只是作答者是他人（一般指的是临床医生、被试熟人等)而已,要求选择和被试最相符的一项。评定量表最早是由高尔顿创制的,现在广泛地应用于各个领域,尤其是评定量表的结果常作为编制人格测验的效标资料。严格地说,它并非是一种测验,而是观察和晤谈的延伸。观察和晤谈是了解人格的两种途径,但这两种途径是非正式的和非量化的。评定量表是对观察、晤谈内容的总结。由观察者在评定量表上评价他人,将观察结果系统化和数量化,因此评定量表可以说是观察法和测验法的结合。

汉密尔顿抑郁量表(HAMD)就是一个被临床广泛应用的评定量表,由汉密尔顿(1960)编制,适用于有抑郁症状的成年病人。可用于抑郁症、躁郁症、神经症等多种疾病的抑郁症状之评定,尤其适用于抑郁症。该量表有17项、21项和24项等三种版本。以24项版本为例:项目包括抑郁所涉及的各种症状,并可归纳为焦虑躯体化、体重、认知障碍、日夜变化、迟缓、睡眠障碍和绝望感这7类因子。比如其第一个题目是"抑郁心境",其评分标准:没有这种情况记0分;只在问到时才诉述,记1分;在谈话中自发地表达,记2分;不用言语也可以从表情、姿势、声音或欲哭中流露出这种表情,记3分;病人的自发言语和非言语表达(表情、动作),几乎完全表达为这种情绪,记4分。对于汉密尔顿抑郁量表24项版本而言,类似抑郁心境这样涉及抑郁症状的题目共24项。它的一个明显特点是一般采用交谈和观察的方式,由经过训练的两名评定员对被评定者进行HAMD联合检查,待检查结束后,两名评定员独立评分,当2个人同时评定时,可以采用两者得分相加或算术平均数。在一般的心理咨询、治疗和药物研究中,往往用一个人的评分。将个体24个题目(诊断指标)上的得分相加就得到总分。按照Davis的划分,对于24项版本,总分超过35分可能为严重抑郁,超过20分,可能是轻度或中度抑郁,如小于8分,则没有抑郁症状。

从汉密尔顿抑郁量表这个例子中可以看出评定量表简单易行,但由于是他人进行评定,故也会有误差,主要表现在以下几个方面。其一,严格误差,在评定时吹毛求疵,过分严厉;其二,宽容误差,对任何一个被试都选用较优的评语,给分过宽,不愿给人作出不好的评定,使分数集中在量表的上端;其三,趋中误差,倾向于将被试评为中间水平,避免以上的极端评定;其四,逻辑误差,有些评定者把他认为相互关联的特质都作同样的判定;其五,"光环"效应,对一个人总的看法影响了对其具体特质的评定,或以偏概全,对其某一方面的看法影响了对其其他方面的评定;其六,认知误差,由于评定者不了解、不熟悉被试而导致的误差。

为了减少评定的误差,使评定量表更有效,一般可采用如下的一些措施。

第一,对于评定的目标特质应作明确的定义,目标应尽量具体。若必须作综合评定,则应由一些具体评定组成。作为评定者,必须对评定目标反复理解,切实地把握所评特质的含义,并熟悉评定量表的使用方法。

第二,对于评定的结果应作详细的描述,而不能只是用简单的数字或形容词,最好对关键的行为做出明确说明。

第三,必须让评定者对被试进行充分的观察,收集尽可能多的资料。

第四,评定者必须具备公正和客观的态度,避免"光环"效应,严格、宽容及趋中误差。最好让评定者注明评定所依据的事实或理由。

第五,评定的等级避免太细。研究表明,只有受过严格训练的人才能区别11个等级。大多数人对于7级以上就不能做有效辨别了,因此一般将等级定为3~10级之间,尤以5个等级最常见。

第六,最好由多人充当评定者,如果仅有1人,也应当多次观察、评定,结果应当用平均值,以减少评定者的误差。

第七,量表项目等级的排列顺序最好有所变化,不能都将好的反应放在一边,坏的反应放在另一边。

第八,有时可采用相对评定法,即根据常态分布分配各等级应占人数的比例。例如评定5个等级时,对于任一项目应有6%的人评定为1,24%的人为2,40%的人为3,24%的人为4,6%的人为5。

二、情境测验

情境测验属于行为观察法的一种,是将被试置于特定情境下,由主试观察被试行为反应,从而判定人格的方法。该方法常用于教育及军事等领域或特殊人才的选拔。

（一）品格教育测验

品格教育测验(character education inquiry,简称CEI)是由哈特松(Hartshone G. H.)和梅(May M. A.)于20世纪20年代末设计的最著名的情境测验。CEI采用的情境是学龄儿童生活或学习中所熟悉的实际生活情境,用来测量诸如诚实、自我控制及利他主义等品格或行为的特点。例如,主试故意安排给一种学生在考试时可抄袭答案的机会,或者安排在考试后学生自行批改考卷的机会,考察学生是否能诚实作答或批改自己的考卷。

哈特松和梅的诚实测验的另一种方法叫做"不可信的成绩",包括曲线迷、周迷、方迷三种测验。以下以周迷测验为例介绍（见图13-9）。被试先将铅笔尖端放在椭圆形下面的"X"处,当听到主试说"做"时,即刻闭上眼睛,按顺序在每一圆圈中做一记号,连做三次,划中一个得一分。

由于主试事先通过多次实验确定了诚实分数常模,即在不偷看的情况下,各种团体的被试所能获得的最高分数。由常模分数减去被试实得分数,即个人诚实分数,分数越大,说明越不诚实。

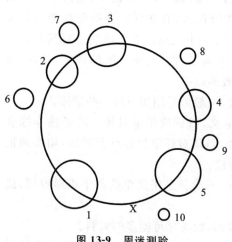

图13-9　周迷测验

（二）情境压力测验

情境压力测验主要应用于军事或领导

人才的选拔上。通常采用设计好的情境,使被试产生情绪上的压力,然后观察被试如何应付情境,从而了解其人格特征。有代表性的情境压力测验有军事情境测验及无领导小组讨论。前者要求被试和其他人完成一项军事行动,主试制造挫折情境,如他人消极抵抗被试,有人捣蛋等,从而观察被试的反应。后者主要是安排数名并不相识的被试,讨论某一问题或完成某项任务,观察每个人的表现及是否有人主动承担起领导者的责任,从而进行人才选拔。

情境测验的优点在于从实际情境中观察被试行为,更真实、自然,不易作假;缺点在于费时、昂贵,且必须由受过训练的主试进行观察评价,因此很不方便。此外,被试在不同的情境下会有不同的反应,因此仅在一个情境下观察被试得出的结论并不一定可靠。

三、人格的客观测量方法

人格的客观测量方法指的是通过测量个体的认知、知觉、生理学的特征来评估人格的方法。研究表明,情绪等人格特征往往与一定的生理反应相联系,例如恐惧、兴奋会导致生理上的变化。对情绪的研究也表明,具体的情绪表现是生理唤醒状态、过去经历的类似情境的记忆及对现实情境的知觉交互作用的结果。以上这些研究表明,人格特征可通过客观测量的方法进行评估。该方法的代表性测验是场独立性-场依存性测验,即镶嵌图形测验(embedded figures test)。

镶嵌图形测验是威特金(H. Vitkin)编制的测查个体场独立性、场依存性认知能力的测验。所谓场独立性、场依存性认知能力,即从复杂的整体中区分部分的能力。场独立性的认知方式意味着个体能不依靠外界线索和环境的作用,根据自身的内在标准和线索认知事物,而场依存性则恰恰相反。镶嵌图形测验如图 13-10、图 13-11 所示,要求被试能够在复杂的整体图形中找出并描出小部分隐蔽于其中的图形。测验的分数反映了被试克服隐蔽的知觉能力,即空间改组能力。因此,那些能够相当准确并迅速地发现镶嵌图形的被试,其场独立性强,而比较困难的被试则场依存性强。威特金后来发现,场独立性、依存性并不只是简单地反映个体的认知能力,还反映了个体的人格特点。典型的场独立性的人独立性强,心理更成熟,能自我接纳,主动地应付环境,以理智思维作为防御机制,明了自己的内部经验;而典型的场依存性的人心理不成熟,依赖性强,内部经验也不协调,被动,倾向于以压抑和否定作为防御机制。男性比女性场独立性更强,随着年龄的增长场独立性也会增强,因此场独立性、场依存性是一种人格特质。

根据这一研究,隐蔽图形测验逐渐成为测量场独立性-场依存性的人格测验,它实质是通过测量个体的认知特点来解释、评估人格特性。

总之,人格测量的各种方法或技术是在心理测量的伟大实践过程中发展起来并逐渐丰富的。虽然本章对目前国内外关于人格测量技术在总体做了一个比较全面的总结,但也还有一些方法(比如社会计量法等)限于篇幅并未提及。我们坚信,随着心理科学的发展及心理科学与其他科学联系的日益紧密,将会有更多新的有关人

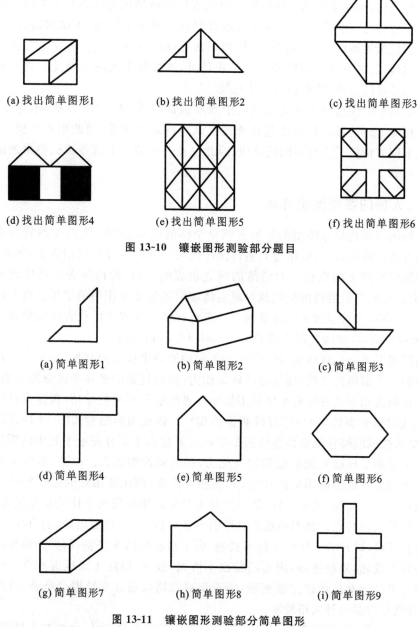

图 13-10 镶嵌图形测验部分题目

图 13-11 镶嵌图形测验部分简单图形

格测量的方法与技术出现在人们的视野中。

 温故知新

正如任何一门科学一样,人格心理学的终极目标也是解决实践中存在的问题,

第十三章 人格的评估与测量

而这其中的一个重要基础领域则是人格的测量。虽然从孔子与弟子的一问一答中,我们可以窥见人格的评估与测量的思想渊源久远,但学者们一般认为以追求客观为目标的科学人格测量却始自于克雷培林(Kraepelin)以自由联想法诊断精神病人的杰出工作。自此以后,人格测量与评估的技术种类日益丰富、精细和综合,成为心理测量领域与能力测量并驾齐驱的两大方向。

本章主要是就人格测量的一些基本概念、原理进行了入门式的介绍,在此基础上,向读者展现了当前在人格测量实践中常用的一些技术和经典工具。通过通篇的阅读或许有一个问题会一直萦绕在读者的头脑中,在本章中一直回避人格本质的探讨,比如内向这种人格特质我们可以用 EPQ 对其进行测量,但内向这种特质是什么,我们并没有探讨。其实这个问题心理学家除了现象学的描述之外也无法正面回答。为什么人格特质的本质未知却又可以进行测量呢?纵观整个人格测量的发展史,无论技术怎样变化,是传统的经典行为采样,还是现代的高科技工具介入后的广义行为采样(如脑电等),人格测量领域基本上走的都是差异心理学的路线,即目标人群(这里指具有某种典型人格特质的群体)与普通人群的差异分析,通过这种比较所得出的不同之处即构成了这种人格特质的测量基础,这是人格测量的精义所在。或许有一天,当人格的测量能够从本质上进行回答的时候,人格的测量与能力测量的界限也会消失,心理测量领域就会成为一个有机的整体,目前脑神经与认知心理学的发展可能会成为这种前景的契机。

本章练习

1. 名词解释

人格测量 量表 自陈量表 投射测验 评定量表 信度 效度

2. 简答题

(1) 人格测量的基本特点有哪些?
(2) 人格测量的基本方法有哪些?
(3) 简述自陈量表的实质与基本假设。
(4) 简述人格投射测验的基本原理与基本假设。
(5) 简述自陈量表与评定量表之间的相同点与不同点。

本章参考文献

[1] Anastasi A., Urbina S. Psychological Testing[M]. 7th ed. New Jersy: Prentice Hall, 1997.

[2] Hamilton. M. A Rating Scale for Depression. Journal of Neurology[J]. Neurosurgery and Psychiatry, 1960, 23:56-62.

[3] 蔡圣刚. 如何提升人员选拔、安置与培训的质量——卡特尔 16PF 人格测评在人力资源管理中应用[J]. 科技管理研究, 2010, 24:12-15.

[4] 陈仲庚. 艾森克人格问卷的项目分析[J]. 心理学报,1983,2:211-218.

[5] Goldberg L. R. Some Recent Trends in Personality Sssessment[J]. Society for Personality Assessment,1972,36:547-560.

[6] 戴海崎,张峰,陈雪枫. 心理与教育测量[M]. 3版. 广州:暨南大学出版社,2011.

[7] 金瑜. 心理测量[M]. 上海:华东师范大学出版社,2001.

[8] 汪向东,王希林,马弘. 心理卫生评定量表手册[G]. 北京:中国心理卫生杂志社,1999.

[9] 郑日昌,蔡永红,周益群. 心理测量学[M]. 北京:人民教育出版社,2005.